教育部职业教育与成人教育司推荐教材

电工实训

（第2版）

主　编　金国砥

副主编　包　红

参　编　吴国良　鲁晓阳

俞　艳　童立立

電子工業出版社

Publishing House of Electronics Industry

北京·BEIJING

内 容 简 介

本书内容主要包括安全用电常识、电工工具和常用仪表、电工常用材料和低压电器、电工用图的识读、基本操作和室内配线、室内照明安装和故障检修、三相异步电动机的拆卸与检修、基本电气控制线路的装接和常见动力设备电气故障的分析与排除。

本书为教育部职业教育与成人教育司推荐教材，是根据职业学校培养目标，结合专业特点来编写的，理论联系实际，注重创新精神和实践能力的培养，本书可作为职业学校的专业教材，也可有针对性地选学部分内容，实施分段教学，还可以作为初、中级技术工人岗位培训教材及自学用书。

为了方便教师教学，本书还配有电子教学参考资料包（包括教学指南、电子教案、习题答案），详见前言。

图书在版编目（CIP）数据

电工实训 / 金国砥主编. —2 版. —北京：电子工业出版社，2011.7
ISBN 978-7-121-14084-6

Ⅰ.①电… Ⅱ.①金… Ⅲ.①电工技术—中等专业学校—教材 Ⅳ. ①TM

中国版本图书馆 CIP 数据核字（2011）第 136846 号

策划编辑：靳 平（jinping@phei.com.cn）
责任编辑：郝黎明 文字编辑：靳 平
印 刷：涿州市京南印刷厂
装 订：涿州市京南印刷厂
出版发行：电子工业出版社
北京市海淀区万寿路 173 信箱 邮编 100036
开 本：787×1 092 1/16 印张：16.75 字数：425.6 千字
印 次：2012 年 10 月第 2 次印刷
定 价：29.80 元

凡所购买电子工业出版社图书有缺损问题，请向购买书店调换。若书店售缺，请与本社发行部联系，联系及邮购电话：（010）88254888。

质量投诉请发邮件至 zlts@phei.com.cn，盗版侵权举报请发邮件至 dbqq@phei.com.cn。

服务热线：（010）88258888。

第2版前言

本书是参照国家制定的电工技能鉴定标准编写的，突出学生（培训人员）能力本位，加强学生操作技能的训练。

本书遵循理论教学“由外到内”，专业教学“先会后懂”，工艺操作强调“习得”，技能训练“低起点运行，高标准落实”的原则；全面提高学生素质，重点培养学生能力，突出能力本位的职业教育思想，满足实际应用需求；紧扣教学大纲，理论联系实际，体现学以致用的原则，应用性强；文句力求简练，通俗易懂，图文并茂，更具直观性；方法上注意将学生的知识、技能融于兴趣之中。本次修订对原教材作了适当的改动与补充，并体现了以下几点：

（1）基础知识。以“必需够用”为原则，围绕学习任务，将相关知识和技能传授给学生，激活学生的技能（知识）储备。

（2）情景模拟。以生活或生产场景的呈现，引出学习任务，以激发学生兴趣，引发学习动机，诱发探究欲望。

（3）操作分析。简析操作技能要点，让学生明确学习目标，引导学生循路探真、有的放矢地学与做。

（4）阅读探研。教材设置了温馨提示、阅读材料、课后练习等几个小栏目，以学生为主教师为辅。

本书由金国砥担任主编并统稿，由包红担任副主编，参与编写的还有吴国良、鲁晓阳、俞艳和童立立。本书在编写过程中得到了浙江天煌科技实业有限公司宋进朝的支持和帮助，在此表示衷心感谢。

编者水平有限，书中难免存在不足或缺陷之处，恳请读者批评指正。

为了方便教师教学，本书还配有电子教学参考资料包（包括教学指南、电子教案、习题答案），请有此需要的教师登录华信教育资源网（http://www.hxedu.com.cn）下载。

编　者

2011年6月

目 录

第 1 章　安全用电常识

【学习目标】

- 了解电对人体的伤害及预防措施
- 熟悉安全用电与电气消防知识
- 学会触电现场救护的基本技能

1.1　电工与电力输送

随着电力工业和现代科学技术的日益发展，电能已经成为人们日常生活和工作中不可缺少的能源。我们的世界几乎是一个电的世界。

电力系统是指由电力线路将一些发电厂、变配电所和电力用户联系起来，形成发电（电的生产）、送电、变电、配电和用电的一个整体。电能一般是由发电厂的发电机产生的，经过升压变压器升压后，再由输电线路输至区域变电所，经区域变电所降压后，再供给各用户使用，如图 1-1 所示。

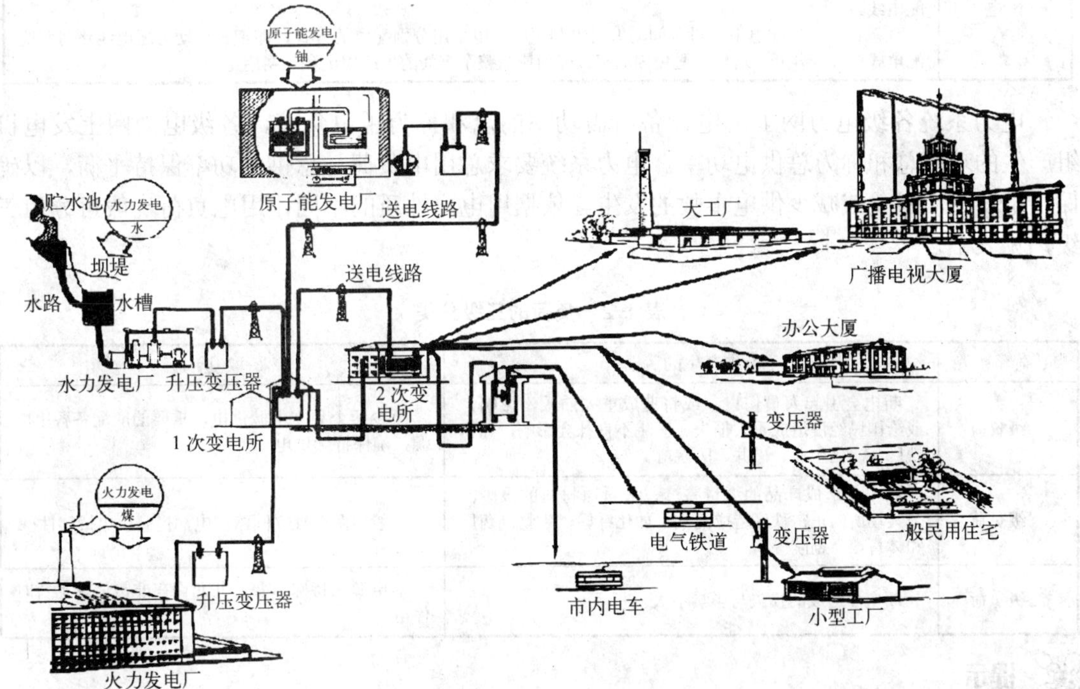

图 1-1　发电、变电、配电、用电网络

通常将除发电厂（发电设备）之外的电力输送系统称电力网。电力网又分为输电电网和配电电网两部分。输电电网（又叫主网架）是以高电压或超高电压将发电厂、变电所或变电所之间连接起来的那部分输电网络。配电电网是指直接送到用户的那部分输电网络。

电能的生产即发电，它是将其他形式的能转变成电能。根据电能的生产所利用能源的不同可分为火力发电、水力发电和原子能发电等。此外，还有风力发电、潮汐发电、太阳能发电、地热发电和等离子发电等。我国由发电厂提供的电能，绝大多数是正弦交流电，其频率为50Hz（又称“工频”）。

电能的输送又称送电。送电的距离越长，送电的容量越大，则送电的电压就要升得越高。一般情况下，送电距离在50km以下，采用35kV电压；送电距离在100km左右，采用110kV电压；送电距离在2000km以上，采用220kV或更高的电压。电能（力）的输送要经过变、输、配三个环节，见表1-1。

表1-1 电能（力）输送的三个环节

环节	说明
变电	指变换电压等级，它可分为升压和降压两种。升压是将较低等级的电压升到较高等级的电压；反之即为降压。变电通常由变电站（所）来完成，相应地可分为升压变电站（所）和降压变电站（所）
输电	指电力的输送，一般由输电电网来实现。输电电网通常由35kV及以上的输电线路及与其相连的变电站组成
配电	指电力的分配，通常由配电电网来实现。配电电网一般由10kV以下的配电线路所组成。现有的配电电压等级为10kV、6kV、3kV、380V、220V等多种，农村常采用的是10kV、0.4kV变配电站，380V、220V配电线路 注意：在工厂配电中，对车间动力用电和照明用电采用分别配电的方式，即把各个动力配电线路与照明配电线路一一分开，这样可避免因局部故障而影响整个车间的生产用电和照明用电

电力系统各级电力网上用电设备所需功率的总和称为用电负荷，各级电力网上发电机组产生的功率总和称为总供电功率，电力系统要求总用电负荷与总供电功率保持平衡，以确保供电质量，避免或减少供电事故的发生。依据用电户性质的不同，用电负荷一般可分为三级，见表1-2。

表1-2 负荷的三级分类

负荷分类	断电产生的后果	采取措施
一级负荷	断电会引起人员伤亡，或将造成重大的政治影响，或给国民经济造成重大损失、产生不良社会影响，如钢铁厂、石化企业、矿井、医院等	至少两个独立电源供电，重要的应配备备用电源，确保持续供电
二级负荷	断电会造成产品的大量减产、大量原材料的报废，公共场所的正常秩序造成混乱，如化纤厂、生物制药厂和体育馆、剧院等	一般由两个独立回路供电，提高供电持续性
三级负荷	断电后造成的损失与影响不大	对电源无特殊需要，并允许在非常情况下暂时停电

 **提示**

在工厂配电系统中，对车间动力用电和照明用电采用分别配电的方式，即把各个动力配电线路与照明配电线路一一分开，这样可以避免因局部故障而影响整个车间的生产用电和照明用电。

请同学们上网查阅相关资料，了解我国 2009 年“地球一小时”活动情况，并与同学交流“关灯”行动的认识。

1.2　触电伤害

电是一种看不见的物质，只能用仪表才能测量。随着我国国民经济的快速增长，以及人民生活水平的不断改善和提高，电气化程度也越来越高。无论城市或农村，人们会经常接触各类电气设备，因此，熟悉“电”，让它安全可靠地为人类服务，显得十分重要。

1.2.1　触电对人体的伤害

当人体某一部分接触到带电的导体（如裸导线、开关、插座的金属带电部分）或绝缘损坏的用电设备时，人体便成为一个带电的导体。如果人体对电流构成回路，那么电流就会通过人体，对人体产生生理和病理伤害，称为触电。触电时电流对人体的危害是多方面的，主要有电击和电伤两种。

1．电击

电击是电流通过人体，破坏人体的心脏、神经系统、肺部等内部器官的正常工作而造成的伤害。按照发生电击时电气设备的状态，电击可分为直接接触电击和间接接触电击两类。直接接触电击是指人体直接触及正常运行的带电体所发生的电击，如 1-2 所示。绝大部分触电死亡事故都是由电击造成的。间接接触电击是指电气设备发生故障后，人体触及意外带电体所发生的电击，如 1-3 所示。

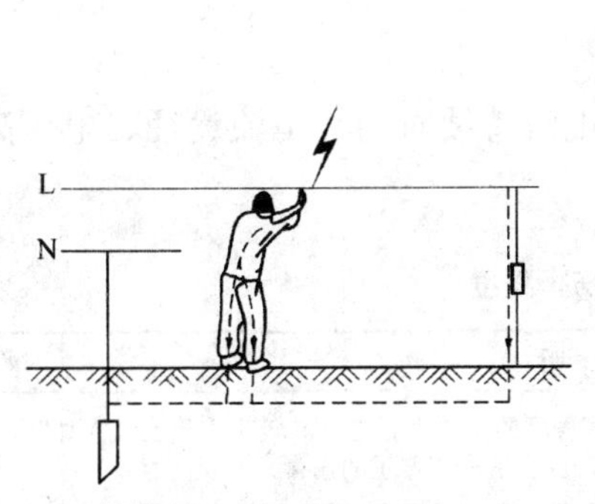

图 1-2　直接电击

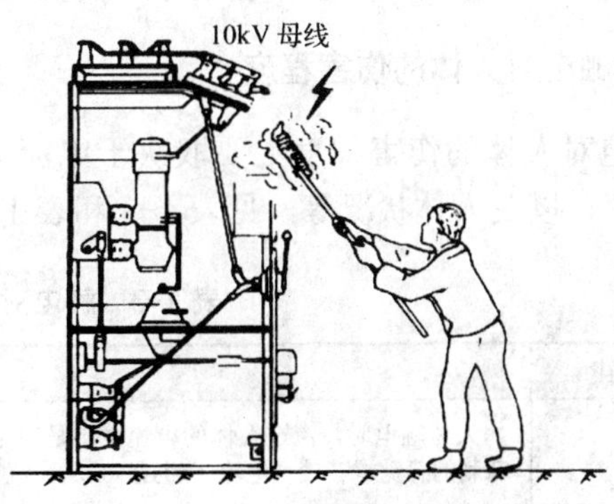

图 1-3　间接电击

人体是导电体，人体的电阻（包括人体内阻和皮肤电阻）一般约为 800～1000Ω。当人体接触带电体时，电流就通过人体与大地或其他导体形成闭合回路。电流通过人体，会引起麻感、针刺感、呼吸困难、痉挛、血压异常、灼热感、昏迷、心室颤动或心跳停止等现象。

2. 电伤

电伤是由电流的热效应、化学效应、机械效应等对人体造成的局部伤害，如图 1-4 所示。电伤分电灼伤、电烙印和皮肤金属化等。

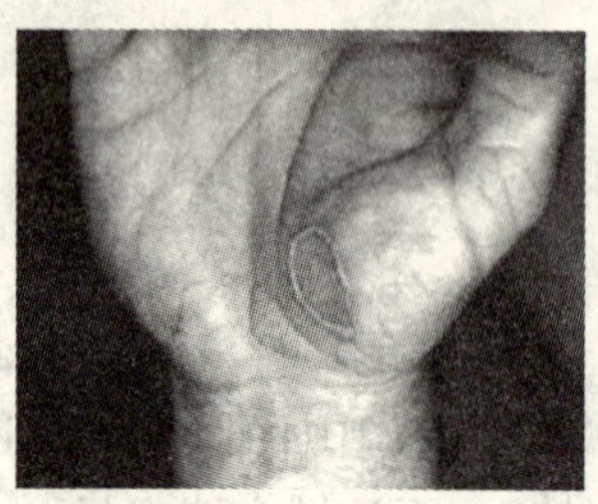
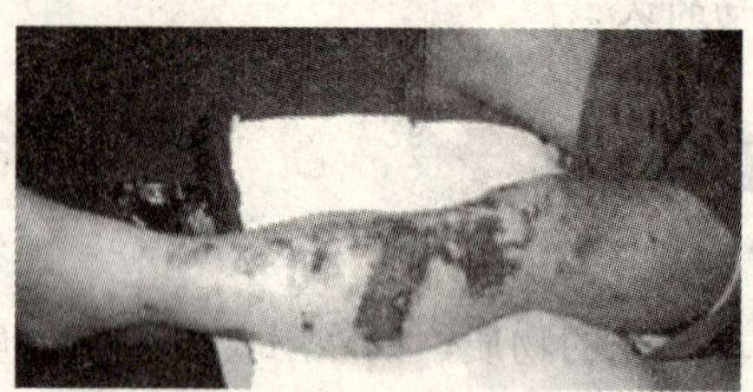

图 1-4 电流的伤害

（1）电灼伤。电灼伤有接触灼伤和电弧灼伤两种。接触灼伤发生在高压触电事故时，在电流通过人体皮肤的进出口处造成的灼伤。一般进口处比出口处灼伤严重，接触灼伤面积虽较小，但深度可达三度。灼伤处皮肤呈黄褐色，可波及皮下组织、肌肉、神经和血管，甚至使骨骼炭化。由于伤及人体组织深层，伤口难以愈合，有的甚至需要几年才能结痂。

电弧灼伤发生在误操作或人体过分接近高压带电体而产生电弧放电时。这时高温电弧将如火焰一样把皮肤烧伤，被烧伤的皮肤将发红、起泡、烧焦、坏死，电弧还会使眼睛受到严重损害。

（2）电烙印。电烙印发生在人体与带电体有良好的接触的情况下，在皮肤表面将留下和被接触带电体形状相似的肿块痕迹。有时在触电后并不立即出现，而是相隔一段时间后才出现。电烙印一般不发炎或化脓，但往往造成局部麻木和失去知觉。

（3）皮肤金属化。由于电弧的温度极高（中心温度可达 6000～10000℃），可使其周围的金属熔化、蒸发并飞溅到皮肤表层而使皮肤金属化。金属化后的皮肤表面变得粗糙坚硬，肤色与金属种类有关，或灰黄（铅），或绿（紫铜），或蓝绿（黄铜）。金属化后的皮肤经过一段时间会自行脱落，一般不会留下不良后果。

3. 触电对人体的伤害程度

触电对人体的伤害程度主要取决于电流大小、电流持续时间、电流途径、电压高低、电流频率，以及人体状况等，见表 1-3 和表 1-4。

表 1-3 触电对人体的伤害程度

触电因素	说明
电流大小	人体触电时，流过人体的电流大小是决定人体伤害程度的主要因素之一。较小电流流过人体时，会有麻刺的感觉；若较大电流（超过 50mA）流过人体时，就会造成较严重的伤害，甚至死亡
电流持续时间	触电电流流过人体的持续时间越长，对人体的伤害程度越大。触电时间越长，电流在心脏间歇期内通过心脏的可能性越大，因而造成心室颤动的可能性也越大。另外，触电时间越长，对人体组织的破坏也越严重
电流途径	电流通过人体的任一部位，都可能造成死亡。电流通过心脏、中枢神经（脑部和脊髓）、呼吸系统是最危险的。因此，从左手到前胸是最危险的电流路径，这时心脏、肺部、脊髓等重要器官都处于电路内，很容易引起心室颤动和中枢神经失调而死亡

续表

触电因素	说　　明
电压高低	触电电压越高，对人体的危害越大。触电致死的主要因素是通过人体的电流。根据欧姆定律，电阻不变时电压越高，流过人体的电流就越大，受到的危害就越严重。这就是高压触电比低压触电更危险的原因。此外，高压触电往往产生极大的弧光放电，强烈的电弧可以造成严重的烧伤或致残，实践证明，电压超过 36V 对人体有触电的危险，36V 以下的电压才是安全的
电流频率	电流频率的不同，触电伤害的程度也不一样，直流电对人体的伤害较轻，30～300Hz 的交流电危害最大，频率在 20kHz 以上的交流电对人体已无危害。所以，在医疗临床上利用高频电流作理疗，但电压过高的高频电流仍会使人触电死亡
人体状况	人的身体状况不同，触电时受到的伤害程度也不同。例如，患有心脏病、神经系统、呼吸系统疾病的人，在触电时受到的伤害程度要比正常人严重。一般来说，女性较男性对电流的刺激更为敏感，感知电流和摆脱电流要低于男性。儿童触电比成人要严重。此外，人体的干燥或潮湿程度、人体健康状态等，都是影响触电时受到伤害程度的因素

表 1-4　不同大小的电流对人体的影响

交流电流（mA）	对人体的影响程度
0.6～1.5	手指有微麻刺感觉
2～3	手指有强烈麻刺感觉
5～7	手部肌肉痉挛
8～10	手部有剧痛感，难以摆脱电源，但仍能脱离电源
20～25	手麻痹、不能摆脱电源，全身剧痛、呼吸困难
50～80	呼吸麻痹、心脑震颤
90～100	呼吸麻痹，延续 3s 以上心脏就会停止跳动
500 以上	延续 1s 以上有死亡危险

提示

流过人体的安全电流应小于 50mA；安全电压应小于 36V，在金属架或潮湿的场所工作，安全电压等级还要降低，通常为 24V 或 12V。

1.2.2　常见触电的方式

常见触电的方式见表 1-5。

表 1-5　常见的触电方式

触电方式	示意图	说　　明
单线触电		当人体的某一部位碰到相线或绝缘性能不好的电气设备外壳时，电流由相线经人体流入大地导致的触电，叫单线触电（或单相触电）

续表

触电方式	示意图	说明
双线触电		当人体的不同部位分别接触到同一电源的两根不同电位的相线，电流由一根相线经人体流到另一根相线导致的触电，叫双线触电（或称双相触电）
跨步电压触电		当电气设备相线外壳短路接地，或带电导线直接接地时，人体虽没有直接接触带电设备外壳或带电导线，但是跨步行走在电位分布曲线的范围内而造成的触电，叫跨步电压触电

1.3　触电防护

安全用电提倡的是“用电安全、预防为主”。在日常的生活、学习和工作中，应自觉遵守安全用电规定，避免由于人为或电气等方面的触电事故。

1.3.1　触电案例

1. 案例1——外壳带电，酿成悲剧

【事故经过】某建筑工地，工人们正在进行水泥圈梁的浇灌。突然，搅拌机附近有人大喊：“有人触电了！”只见在搅拌机进料斗旁边的一辆铁制手推车上，趴着一个人，地上还躺着一个人。当人们把搅拌机附近的电源开关断开后，看到趴在手推车上的那个人的手心和脚心穿孔出血，并已经死亡，年仅18岁。与此同时，人们对躺在地上的那个人进行人工呼吸，他的神志才慢慢恢复。

【事故分析】事故发生后，有关人员马上对事故进行了检查，从事故现象看，显然是搅拌机带电引起的。当合上机器的电源开关时，用验电笔测试搅拌机外壳不带电；当按下搅拌机的启动按钮时，再用验电笔测试设备外壳，氖泡很亮，表明设备外壳带电，用万用表交流挡测得设备外壳对地电压为195V（实测相电压为225V）。经仔细检查，发现电磁启动器出线孔的橡胶圈变形移位，一根绝缘导线的橡胶磨损，露出铜线，铜线与铁板相碰。检查中又发现机器没有接地保护线，其4个橡胶轮离地约300mm，4个调整支承脚下的铁盘在橡皮垫和方木上边，进料斗落地处有一些竹制脚手板，整个搅拌机对地几乎是绝缘的。死者穿布底鞋，双手未戴手套，两手各握铁制手推车的铁把。因夏季天热，又是重体力劳动，死者双手有汗，人体电阻大大降低，估计人体电阻约为500～700Ω，流经人体的电流大于250mA。如此大

的电流通过人体，死者无法摆脱带电体，在很短的时间内导致死亡。另一触电者因单手推车，脚穿的是半新胶鞋，所以尚能摆脱电源，经及时进行人工呼吸，得以苏醒。

【事故教训】这起事故充分说明，临时用电绝不能马虎，一定要遵守电气设备安装、检修、运行规程和安全操作规程，杜绝违章作业。

提示

为安全起见，许多电气设备金属外壳都有接地保护线。

2．案例 2——铝梯作业，高空坠地

【事故经过】某厂熔窑停产检修，一名电工和一名焊工配合在高处焊一钢管。电工站在铝制的金属梯子上，双手把着铁管一端，电焊工拖过焊把线在铁管另一端施焊。焊完后，该电工从梯子上下来。他一手扶着刚焊好的铁管，另一手去扶金属梯子，突然触电摔倒，从 2m 多高的梯子上坠落下来，经多方抢救无效，不幸死亡。

【事故分析】为什么该电工会触电呢？原来电焊机的焊把线从金属梯子上拉到高处作业点，焊把线外皮破损漏电，使金属梯带电，铁管一端焊完后和地连通。当该电工下梯子时，电焊机的空载电压（70V）正加在他的两手之间。

【事故教训】

① 电焊机的二次空载电压虽然只有 60～70V，但不是安全电压，不能麻痹大意。

② 电焊机的焊把线绝缘必须完好，如有破损，应及时包扎好。

③ 登高进行电工作业，不能使用金属材料制成的梯凳，而应该使用竹、木、玻璃钢等绝缘材料制成的登高用具，并且要按规定进行预防性试验，以保证检修人员的安全。

④ 焊接时焊件不应直接用手扶，而应该用适当的绝缘夹件夹住或固定好。

⑤ 在高处作业时，要有防跌措施，如佩带安全带、挂接地线和有人监护等，以防止触电者从高处坠落，造成二次事故。

提示

人身触电事故往往伴随着高空堕落或摔跌等机械性创伤。这类创伤虽起因于触电，但不属于电流对人体的直接伤害，可谓之触电引起的二次事故，亦应列入电气事故的范畴。

3．案例 3——车床带电，危及人身

【事故经过】某厂球阀车间一个车工发现他的车床带电，严重麻手，无法操作。

【事故分析】用万用表测量车床，对地有 29V 电压。断开该车床电源，仍有 29V 对地电压，仔细检查未发现任何漏电的地方。当拆除保护接零线时，车床对地电压消失。再测其他机床均有 29V 对地电压。初步断定带电是由保护接零线引入的。当时，车间点亮四盏 220V 200W 白炽灯。当逐盏关闭 4 盏电灯时，车床对地电压逐渐下降直至消失。说明带电与零线电流有关。检查零线，发现 25mm^2 的铜心橡皮线与 35mm^2 的铝心橡皮线接处表面生成一层白色粉末，使接头产生 9.2Ω的电阻。4 盏照明灯的电流在接头处产生电压降，使车间内零线带上 29V 对地电压。这个车工穿布鞋，站立的地方有积水，虽只有 29V 电压，也会产生麻手的感觉。

【事故教训】零线阻抗增大也会导致触电，所以应重视对电气线路、电气设备的检查和维护。

4. 案例4——电线断落，老汉身亡

【事故经过】 某村有一位老汉在街上行走时，看到路边有一根断落的电线，一头落在地上，一头挂在电线杆上，便好奇地上前捡电线，老汉当即触电，经抢救无效死亡，如图1-5所示。

图1-5　电线断落，老汉触电

【事故分析】 掉在地上的断落电线，是由该村配电室通向磨坊的380V低压动力线路，老汉毫无安全用电常识是造成触电事故的主要原因。该村电工不及时维修更换线路，不安装漏电保护器，给这次事故埋下了隐患。

【事故教训】 加强安全用电常识的教育。对断落在地上的电线，未确认电线已断电前，绝对不能用手直接操作，这时应尽快切断电源，或可用干燥的木棒、竹竿等绝缘工具挑开断落的电线。

5. 案例5——连续触电，后果严重

【事故经过】 某市郊电杆上的电线被风刮断，掉在水田中，一小学生把一群鸭子赶进水田，当鸭子游到落地的断线附近时，一只只死去，小学生便下田去拾死鸭子，未跨几步便被电击倒。爷爷赶到田边急忙跳入水田中拉孙子，也被击倒了，小学生的父亲闻讯赶到，见鸭死人亡，又下田抢救也被电击倒。一家三代均死在水田中。

【事故分析】 低压线（380/220V系统）一相断落，落地点1m附近的跨步电压很高；这些人缺乏电气安全知识，未立即切断电源，造成多人死亡的恶性事故。

【事故教训】 缺乏电气安全用电知识，后果严重。要重视安全用电知识教育，避免类似触电恶性事故的重演。

1.3.2　防护知识

1.“地”的概念及其作用

（1）“地”的概念。它是指距接地体（点）20m以外地方，电位已降至趋于零，该电位等于零的地方，就是我们所说的电气上的“地”。

（2）接地的作用与种类。接地的主要作用是保证人身和设备的安全。常见的接地种类见表1-6。

表1-6　常见的接地种类

接地种类	示意图	说明
工作接地	中性点 高压侧　低压侧 O N 电力变压器 工作接地 接地体	电力系统中，由于运行和安全的需要，为保证电力网在正常情况或事故情况下能安全可靠地工作而将电气回路的中性点与大地相连，称为工作接地。如电力变压器和互感器的中性点接地，都属于工作接地

续表

接地种类	示意图	说明
保护接地	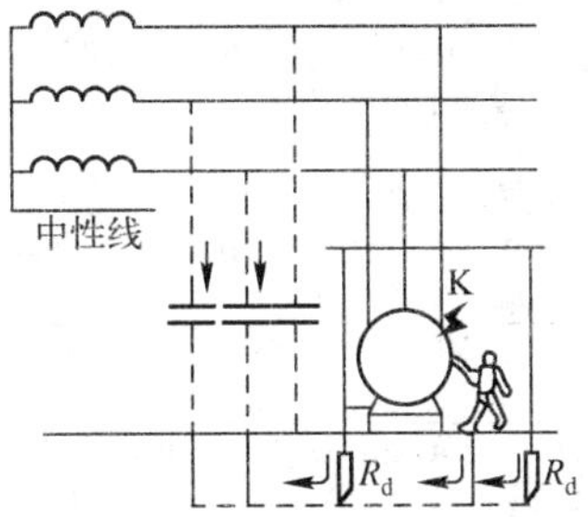中性线 K R_d R_d	将电气设备正常情况下不带电的金属外壳及金属支架等与接地装置连接，称为保护接地。保护接地主要应用在中性点不接地的电力系统中
保护接零	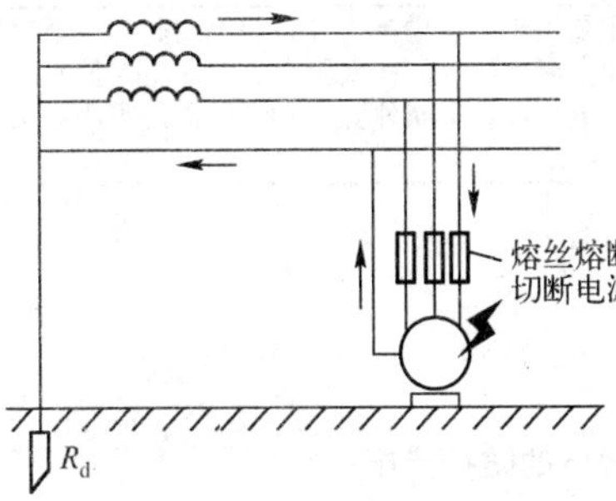熔丝熔断，切断电源 R_d	将电气设备在正常情况下不带电的金属外壳及金属支架等与零线相连，称保护接零。在三相四线制中性点直接接地的电网中，广泛采用保护接零。保护接零必须有灵敏可靠的保护装置配合
重复接地	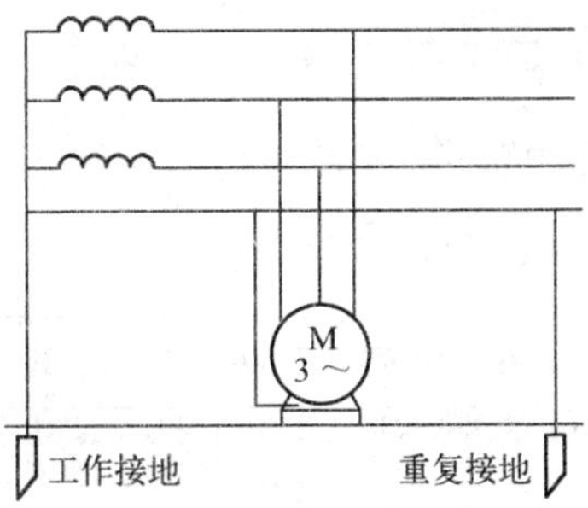M 3～ 工作接地 重复接地	在三相四线制保护接零电网中，除了变压器中性点的工作接地之外，在零线上一点或多点与接地装置的连接称重复接地。重复接地可以降低漏电设备外壳的对地电压，减轻触电时的危险

此外，还有过电压保护接地、静电接地、隔离接地（屏蔽接地）和共同接地等。过电压保护接地是为防止雷电对电气设备的破坏，在变电所、架空线路等电力设备上，采用避雷器等过电压保护装置，通过避雷器将高电压引入接地装置。静电接地是为防止聚集静电荷，对某些管道、容器等采取的措施。隔离接地（屏蔽接地）是把电气设备用金属外壳或屏蔽网封闭再接地。它可以防止外来信号干扰，也可以屏蔽干扰源，例如，工厂的高频淬火设备必须屏蔽接地。共同接地是指在接地保护系统中，将接地干线或分支线多点与接地装置的连接，如图 1-6 所示。

中性线
接地干线
M
3～
共同接地

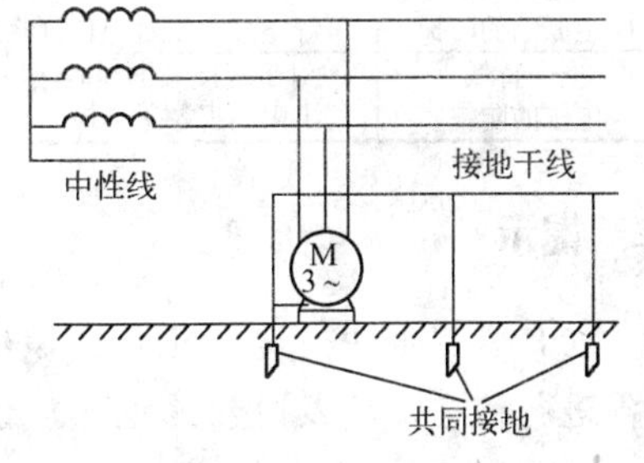

图 1-6 共同接地

2. 直接触电防护

直接触电的防护措施见表 1-7。

表 1-7 直接触电的防护措施

措施	说明
利用绝缘的防护	用陶瓷、环氧纤维、云母、电木、橡胶等绝缘材料将带电部分全部包裹起来，从而防止在正常工作条件下与带电部分的任何接触，电气设备的绝缘必须与所使用的电压相符合，与周围的环境和运行条件相适应。必须定期对绝缘性能进行严格的检查和试验
利用屏护的防护	屏护就是用防护装置将带电部位、场所或范围隔离开来。采用屏护可防止工作人员意外接触或过分接近带电体而发生触电，也可防止设备之间、线路之间由于绝缘强度不够且间距不足时发生事故，常用的屏护装置有遮栏、栅栏、围墙和保护网等
采用安全距离的防护	为防止人和其他物体触及或接近带电体造成事故，要求带电体与地面之间、带电体与其他设施的设备之间、带电体与带电体之间必须保持一定的安全距离
采用安全特低电压的防护	安全电压是指为了防止触电事故而由特定电源供电时所采用的电压系列。其通用条件是供电电压值的上限不得超过 50V。我国规定安全电压等级为 36V、24V、12V、6V。一般环境的安全电压为36V。对于直接触电和间接触电的防护，均可以采用安全电压供电的办法
采用漏电保护装置的防护	漏电保护装置（又叫漏电开关）主要用于防止由电气设备漏电引起的接地短路事故或人体触电事故。漏电保护开关一般有电压型和电流型两种，在采用电压型漏电保护开关时，在保护范围内的电气设备上零线不允许重复接地，电气设备金属外壳不允许接零，零线应保持与相线相同的绝缘水平；否则漏电保护器不能正常运行

3. 间接触电防护

间接触电的防护措施见表 1-8。

表 1-8 间接触电的防护措施

措施	说明
配电系统保护接地防护	保护接地是为了预防与电气设备接触时的触电事故，将电气设备的金属外壳与大地连接在一起的一种最可靠和最有效的措施 保护接零就是将电气设备金属外壳与电网的中性线连接在一起，将碰壳故障转化为短路故障，使漏电保护器动作
自动切断供电防护	自动切断供电防护是将故障条件下对人体造成损害前切断供电，或将接触电压限制在较为安全的范围内的防护
双重绝缘或加强绝缘的防护	双重绝缘是指既有基本绝缘，又有附加绝缘；加强绝缘是将基本绝缘加以进一步加强
非导电场所的防护	在电气装置中，某些电气设备或带电部分，若仅采用基本绝缘防护，当基本绝缘防护失效后，在同时可触及部分可能出现不同的电位，因而导致触电危险。对于这类危险，当不需要或不可能采取自动切断供电的措施时，则可采取非导电场所的防护
电气隔离的防护	采用电气隔离防护是将被保护设备或电路与其他的设备或电路在电气上完全分开，以防止被保护设备或电路的绝缘故障使其外露可导电部分带电时导致的触电危险。电气隔离防护可应用于每一个装置中，但通常应用于装置的某个设备和某些部分
不接地的局部等电位联结的防护	不接地的局部等电位联结的防护是将装置中某一部分的所有能同时触及的外露可导电部分及装置外可导电部分用等电位连接线相互连接起来，形成一个不接地的局部等电位连接环境
安全特低电压的防护	对于直接触电和间接触电的防护，均可以采用安全特低电压供电的办法，其通用条件是供电电压值的上限不得超过 50V

提示

在日常用电中，要防止导线绝缘层的破损，要重视电气设备的“接地”，要定期对电气设备进行检查，要及时排除电器可能出现的各种隐患。

活动与研究

触电事故的发生往往很突然，而且在极短的时间内造成严重的后果。但触电事故也有一些规律，根据这些规律，可以减少和防止触电事故的发生。请同学们上网查阅相关资料，并与同学进行交流：发生触电事故的一些规律。

4. 电气火灾防护

（1）电气火灾的成因。近年发生的众多电气火灾事故，尽管发生的时间、地点各不相同，但初始原因都是“用电”不当引起的。例如，安全意识淡薄，没有严格执行安全操作规程，没有及时更换破损或老化的电线电缆，安装或使用不规范的家用电器等。为什么屡屡发生事故？请看一看由电气引发的全国灾情，针对这些触目惊心的案例，将给人们警示与启迪。

以 2009 年引发火灾的直接原因来看，因违反电气安装使用规定引起的火灾最多，共 19852 起，占火灾总数的 26.8%；其次，生活用火不慎引起火灾 16119 起，占总数的 21.8%。除这两种主要原因外，玩火引起火灾 8138 起，占总数的 11%；吸烟引起火灾 5727 起，占总数的 7.7%；生产作业不慎引起火灾 3171 起，占总数的 4.3%；自燃引起火灾 1418 起，占总数的 1.9%；雷击、静电及其他原因引起火灾 12385 起，占总数的 16.8%；原因不明及正在调查的火灾 7134 起，占总数的 9.9%。2009 年火灾原因起数分布如图 1-7 所示。

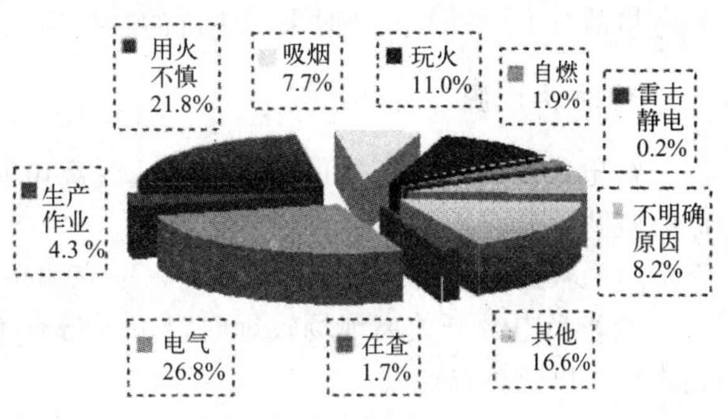

图 1-7 2009 年火灾原因起数分布

（2）电气火灾的特点。在用电过程中，由于管理不当或其他一些意外因素而引发火灾，特别是电气火灾，会给用电人带来巨大损失甚至危及人身安全，所以做好防范工作至关重要。

电火灾特点表现在以下几点：

① 火势蔓延速度快。特别是对高层住宅的电气火灾，由于功能上的需要，高层住宅内部往往设有竖井（电梯）。这些井道一般贯穿若干或整个楼层，如果在设计时没有考虑防火分隔措施或对防火分隔措施处理不好，发生火灾时，由于热压的作用，这些竖井就会成为火势迅速蔓延的途径。

② 安全疏散困难。由于住宅内人员种类繁多，其中有不少老弱病残者、特别是住在高层住宅中的老弱病残者，需要较长时间才能疏散到安全场所，同时人员比较集中，疏散时容易出现拥挤情况，而且发生火灾时烟气和火势蔓延快，给疏散带来困难。

③ 扑救难度大。一是电气着火后电气设备可能是带电的，如不注意，可能引起触电事故；二是有的电气设备本身有大量油，在着火后可能发生喷油或爆炸，会造成更大的事故。

（3）电气火灾的防护。一旦发生电气火灾时，应根据具体情况，采取以下必要安全防护措施：

① 当发生电气火灾时，应做到先断电后灭火。

② 切断电源后，电气火灾可按一般性的火灾组织人员扑救，同时向公安消防部门报警。

③ 带电灭火时，应选用干黄砂、二氧化碳、1211（二氟一氯一溴甲烷）、二氟二溴甲烷或干粉灭火器。严禁用泡沫灭火器对带电设备进行灭火或用水泼救。

④ 充油设备着火时，应在灭火的同时考虑油的安全排放。

⑤ 在救火过程中，灭火人员应占据合理的位置，与带电部位保持安全距离，以防止触电或其他事故的发生。

请同学们上网查阅相关资料，了解我国近年电气火灾情况，并与同学交流对电气火灾的认识。

1.4 触电现场的救护

触电事故的特点是多发性、突发性、季节性、高死亡率并具有行业特征，令人猝不及防。如果延误急救时机，死亡率是很高的，防范得当可最大限度地减少事故的发生。即使在触电事故发生后，若能及时采取正确的救护措施，死亡率亦可大大降低。

1. 脱离电源

触电急救的第一步是使触电者迅速脱离电源，因为电流对人体的作用时间越长，对生命的威胁越大。

（1）救护人员离电源开关较近时，应立即拉开电源开关或拔出插头，切断电源。

（2）当电源开关离现场较远时，可用带有绝缘柄的利器切断电源线，切断时应一相一相进行，以防短路伤人。

（3）如果导线搭落在触电者身上或压在身下，这时可用干燥的木棒、竹竿等挑开导线，或借助绝缘手套、干燥的衣服、绳索等拉开触电者，帮助其脱离电源（必须单手进行）。要注意绝对不能直接用手或潮湿的工具去接触触电者，严防触电。

（4）当发生高压触电时，不能采用（2）、（3）的办法帮助触电者脱离电源。应迅速通知有关部门拉闸停电，或用相应等级的绝缘操作杆使触电者脱离电源。

（5）若触电者触及的是断落在地上的高压电线，在未确认电线已断电前，必须采取防止跨步电压触电的措施（穿绝缘鞋，戴绝缘手套等）；否则不能接近断线点 8～10m 范围内。触电者脱离电源后，要移至10m以外再进行触电急救。

（6）若触电者在高处，应采取必要的措施，以防止触电者从高处坠落，造成二次事故。

2. 现场诊断

当触电者脱离电源后，除及时拨打 120 外，应进行必要的现场诊断和救护，直至医务人员来到为止。触电者呼吸、心跳停止，血液循环中断，氧气无法吸入，二氧化碳不能排出，各个器官细胞缺乏氧气，人体的正常生理功能骤停，造成触电者“假死”。对触电者进行现场诊断的方法见表1-9。

表1-9 对触电者进行现场诊断的方法

诊断方法	示意图	说明
看		侧看触电者的胸部、腹部，有无起伏动作，看触电者有无呼吸

续表

诊断方法	示意图	说明
听	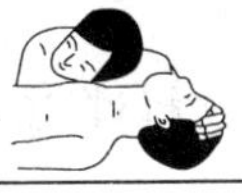	聆听触电者心脏跳动的情况和口鼻处的呼吸声响
摸		触摸触电者喉结旁凹陷处的颈动脉有无搏动

3. 现场救护

若触电者呼吸停止，但心脏还有跳动，应立即采用口对口（鼻）人工呼吸法救护。若触电者虽有呼吸但心脏停止，应立即采用人工胸外挤压法救护。若触电者伤害严重，呼吸和心跳都停止，或瞳孔开始放大，应同时采用口对口（鼻）人工呼吸法和人工胸外挤压法救护。实践证明，这两种方法易学有效，操作简单。实施现场抢救的操作方法见表1-10。

表1-10 现场救护的操作方法

急救方法	实施方法	图示
对“有心跳而呼吸停止”的触电者应采用“口对口（鼻）人工呼吸法”	使触电者仰面躺在平硬的地方，迅速松开紧身衣服及裤带。如发现触电者口内有食物、假牙、血块等异物，可将其身体及头部同时侧转，迅速用一个手指或两个手指交叉从口角处插入，从中取出异物。要注意推到咽喉深处	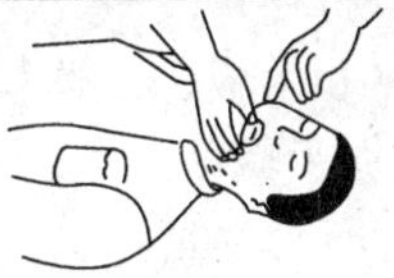
	采用仰头抬颌法通畅气道，一只手放在触电者的前额，另一只手的手指将其颌骨向上抬起，气道即可通畅	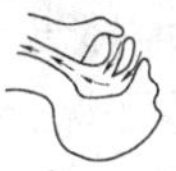
	救护人蹲跪在触电者一侧，用放在其额上的手指捏住其鼻翼，另一只手的食指和中指轻轻托住其下巴，救护人深吸气后，与触电者口对口紧合不漏气，大口吹气，然后放松捏鼻子的手，主气体从触电者的肺部排出，如此反复进行，每5s吹气一次，坚持连续进行，不可间断，直至触电者苏醒为止。对儿童则每分钟20次，吹气量宜小些，以免肺泡破裂	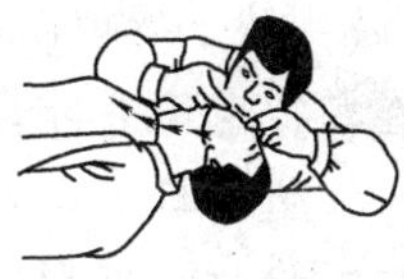 深呼吸后紧贴嘴呼气 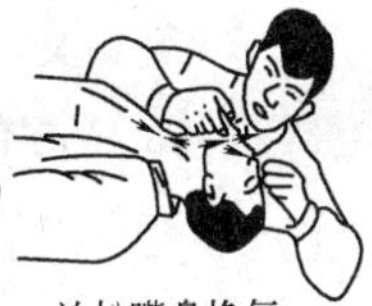　放松嘴鼻换气
对“有呼吸而心脏停跳”的触电者，应采用“人工胸外挤压法”	将触电者仰卧在硬板上或地上，颈部枕垫软物使头部稍后仰，松开裤带，急救者跪跨在触电者腰部	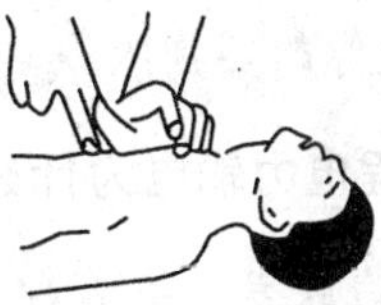 (a) 找准位置 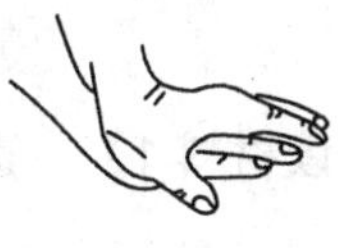　(b) 挤压姿势
	急救者将右手掌根部按于触电者胸骨下二分之一处，中指指尖对准其颈部凹陷的下缘，当胸一手掌，左手掌复压在右手上	
	掌根用力向下压3～4cm，突然放松，挤压与放松的动作要有节奏，每秒进行一次，必须坚持连续进行，不可中断，直至触电者苏醒为止	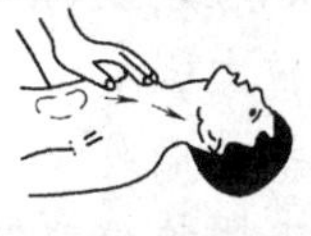 (c) 向下挤压 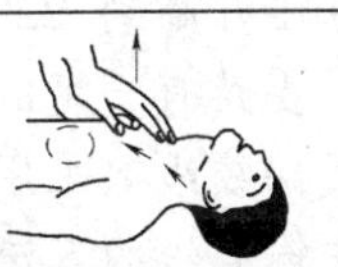　(d) 突然松手
对“呼吸和心跳都已停止”的触电者，应同时采用“口对口（鼻）人工呼吸法”和“人工胸外挤压法”	两人同时进行急救：即每5s吹气一次，每秒挤压一次，且速度都应快些	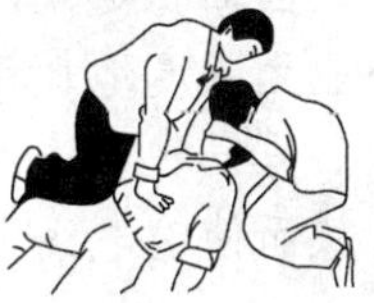

抢救过程中应适时对触电者进行再判定。

（1）抢救过程中移送触电伤员时，抢救中断时间不应超过30s。

（2）伤员好转后，救护人应严密监视，不可麻痹。

（3）慎用药物，禁止采取冷水浇淋、猛烈摇晃等土办法。

请同学们上网查阅相关资料，了解迅速脱离触电现场（电源）的案例，并在课堂上与同学进行交流。

【实训项目1】 模拟现场触电救护

1. 实训要求

通过模拟现场的触电救护，熟悉现场触电急救的基本要领，初步掌握口对口人工呼吸救护法和心脏胸外挤压救护法。

2. 实训器材

干木棒和木板、人体模型等。

3. 实训步骤

➢ 想一想：救护要领

请你想一想现场触电急救的基本要领。

➢ 说一说：救护事项

请你说一说进行现场触电急救的注意事项。

➢ 做一做：救护操作

请在模拟现场进行触电救护。

- ✓ 进行口对口人工呼吸救护的操作。
- ✓ 进行心脏胸外挤压救护法的操作。

➢ 写一写：收获体会

请把你的实训收获和体会写下来。

【阅读材料1】 远程电力输电为什么要采用超高电压传输

一般发电厂的汽轮发电机本身发出的电压只有15750V，把它接入输电电网时，先要将电压升高到220kV或330kV。在远距离输电中，对输电电力用裸绞线有着较高的要求，要具有一定的拉力强度。一般输电铁塔间的距离很远，为了能承受足够的拉力，输电用裸绞线都采用钢芯铜绞线来增添它的强度。除此之外，为了降低电能传输的损耗，要求输电线的直流电阻越小越好。要降低输电线损耗可用两种方法：一种是增大导线的截面积，导线截面积越大，单位长度的电阻就越小，它所能通过的电流也越大。但是，输电线也不能无限度地加粗，线径加粗后，输电线的自重也随之增加，而且线路用材费用也要增加。另一种方法是，提高线路传输电压，随着输电电压的升高，输电电流可大幅度减小，从而使输电线上的损耗大大降低。因为传输功率等于电压和电流的乘积，在

功率相等的情况下，传输电压越高，传输电流就越小，而线路损耗是与传输电流成正比，与传输电压成反比。目前已有将传输电压提高到 500～1000kV 的超高压输电，这样在同等线径的输电线上就能成倍地增加传输电力能力。

【阅读材料 2】　触电事故的规律与预防对策

1. 触电事故的规律

触电事故的发生往往很突然，而且在极短的时间内造成严重的后果。但触电事故也有一些规律，根据这些规律，可以减少和防止触电事故的发生。触电事故通常的一些规律，见表 1-11。

表 1-11　触电事故的一些规律

序号	触电事故的规律	原因说明
1	低压设备触电事故多	国内外统计资料表明，低压触电事故远远多于高压触电事故。主要原因是低压设备远远多于高压设备，与之接触的人比与高压设备接触的人多，而且都比较缺乏电气安全知识。应当指出，在专业电工中，情况是相反的，即高压触电事故比低压触电事故多
2	电气连接部位触电事故多	大量触电事故的统计资料表明，很多触电事故发生在接线端子、缠接接头、压接接头、焊接接头、电缆头、灯座、插销、插座、控制开关、接触器、熔断器等分支线、接户线处。主要是由于这些连接部位机械牢固性较差、接触电阻较大、绝缘强度较低，以及可能发生化学反应的缘故
3	携带和移动式设备触电事故多	主要原因是这些设备是在人的紧握之下运行，不但接触电阻小，而且一旦触电就难以摆脱电源；另一方面，这些设备需要经常移动，工作条件差，设备和电源线都容易发生故障或损坏。此外，单相携带式设备的保护线与中性线容易接错，造成触电事故
4	错误操作和违章作业触电事故多	主要原因是安全教育不够、安全制度不严和安全措施不完善
5	中、青年工人，非专业电工，合同工和临时工触电事故多	主要原因是这些人是主要操作者，经常接触电气设备；而且，这些人经验不足，缺乏电气安全知识，其中有的责任心还不够强，以致触电事故多
6	农村触电事故多	部分省市统计资料表明，农村触电事故约为城市的 3 倍
7	冶金、矿业、建筑、机械行业触电事故多	由于这些行业的生产现场经常伴有潮湿、高温、混乱、移动式设备和携带式设备多，以及金属设备多等不安全因素，以致触电事故多
8	6～9 月触电事故多	每年二、三季度，特别是 6～9 月事故多。主要原因是这段时间天气炎热，人体衣单而多汗，触电危险性较大；而且这段时间多雨、潮湿、地面导电性增强，电气设备的绝缘电阻降低；其次，这段时间在大部分农村都是农忙季节，农村用电量增加

2. 预防触电的对策

前面已经讲到发生触电的原因有很多，归纳起来，主要是缺乏电气常识、电器具不合格或安装不合格而造成的。要防止触电事故的发生，首先要严格遵守安全用电的规则，同时也要在安装电器具时采取妥善的措施，做到以下几点：

（1）不懂电气装修技术的人不能自己安装或修理电气装置，发现电气线路或电器具发生故障时，应请专业电工来修。

（2）凡是产品说明书要求接地（接零）的电器具，应做到可靠的“保护接地”或“保护接零”，并定期检查接地（接零）应良好。有些电器具要根据产品说明要求及整个线路电器具配备情况，加装“熔丝”等保护设备。

（3）电气工作人员应严格地按照电气安全作业规定进行操作或检修电器具，修理前必须断开电源。平时应对电器具经常进行检查，凡不符合要求的电器具应及时检修或停止使用。若必须带电操作，应采取必要的安全措施，且要有专人监护等保护措施。

（4）电灯、电线及其他电器具，不要靠近炉灶安装，以防长期受热、受潮后，绝缘损坏，漏电伤人。

（5）室内应使用塑料电线和橡皮电线，不要使用破旧的电线头来连接。电线的接头处应严密包扎上绝缘胶布，不要让电线的金属芯露出来。

（6）室外的电灯、电线或用电的插座应固定在距地面 1.8m 以上，装于低处时应装设安全插座，且不能随便移动。

（7）电线穿墙壁或楼板时，要用瓷管或塑料管保护。房屋漏雨应及时修理，以免电线受潮，漏电起火，如图 1-8 所示。

（8）不要利用电线杆搭晾棚、瓜架或在电杆、电线上晾晒衣服。电线不要挨近晒衣服、绑烟筒、挂东西等用的铁丝，以免铁丝磨破电线而导致触电，如图 1-9 所示。

（9）不要把牲畜拴在电线杆或电线杆的拉线上，以防止牲畜受惊时把电杆拉倒，弄断电线发生触电。

（10）如果发现电线断落在地面上，在电线断落点 10m 以内，人不得进入，也不能用潮湿的木棍、竹竿去接触电源。发现电线断落，应立即报告附近的电业部门做专门的处理，如图 1-10 所示。

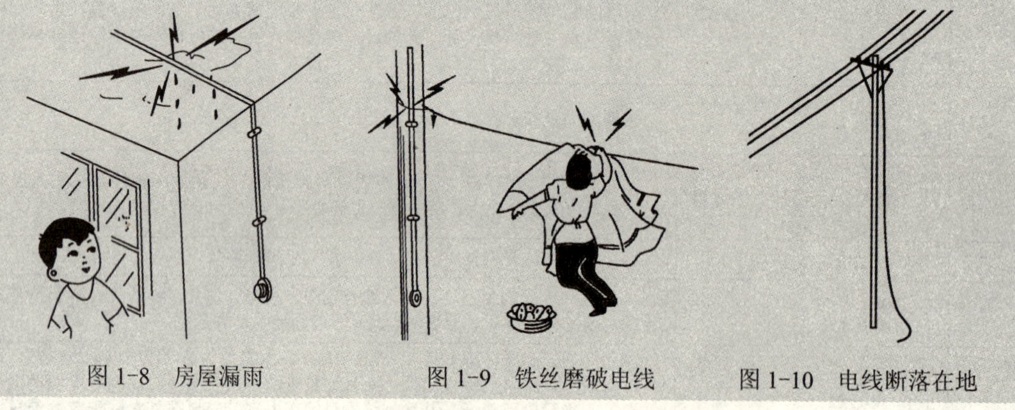

图 1-8　房屋漏雨　　图 1-9　铁丝磨破电线　　图 1-10　电线断落在地

【本章小结 1】

电力系统由发电厂、电力网和用电点（用户）等组成。发电厂是生产电能的工厂。电力网是连接发电厂和用电点（用户）的中间环节。

电力生产要贯彻“安全第一、预防为主”的原则，安全文明生产，人人有责。电气工作人员应按规程培训，并按规程的内容定期参加考核。

触电急救，首先要使触电者迅速脱离电源。脱离电源的方法可用“拉”、“切”、“拽”、“垫”四个字来概括。脱离电源的触电者应立即诊断，采用正确的救护方法，进行现场救护。触电急救中应防止救人者触电，防止被救者出现二次伤害。

触电可分为电击和电伤，其中电击是触电事故中最危险的一种，常见的触电方式有

单线触电、双线触电和跨步电压触电。

接地的种类主要有工作接地、保护接地、保护接零和重复接地四种，在同一供电系统中，保护接地和保护接零不能同时使用。

直接触电的防护措施有绝缘、屏护、安全距离、安全电压和漏电保护装置等。

间接触电的防护措施有保护接地、双重绝缘、电气隔离、等电位环境、不导电环境、漏电保护装置和安全电压等。

【思考与练习1】

1．填空题

（1）电力系统是指______________________________。

（2）电力网一般分为 ________ 和 ________ 两部分。

（3）电能的输送要经过________、________和__________三个环节。

（4）电工应具备①良好的 _______ 和 ________素质；②有电气知识和专业技能；③掌握________；④持有 _______ 证书，并定期参加规程考试。

（5）触电对人体的危害程度如何，主要取决于____、____、____、_____、____等。

（6）触电急救的要点是____________________与____________________。

（7）按接地的目的和原理来分，接地可分为______、______、______和______四种。

（8）接地装置是由______与______组成的整体。

（9）直接触电的防护措施有___、___、______、______和______等。

（10）间接触电的防护措施有______、______、________、______、______、______、_______和_____等。

（11）停电操作时必须执行______、______、_____、_______等四项安全技术措施。

（12）发生电气火灾的原因主要有________、________、_________、________等。

（13）当发生电气火灾时，应先________再_______。

（14）我国住宅的电源电压一般为______，频率为______Hz 。

（15）根据电力部门规定，设备对地电压的安全电压为_____V 及______V 以下。

2．判断题（对打“√”、错打“×”）

（1）民用照明电源电压 220V 是高压电。（　）

（2）低压电压一定是安全电压。（　）

（3）工厂动力用的电源电压是高压电。（　）

（4）一级负荷必须由两个独立电源供电。（　）

（5）各种触电事故中，最危险的一种是电击。（　）

（6）拉拽触电者脱离电源时，救护者应双手操作，使其快速脱离电源。（　）

（7）未经医生允许绝对不允许给心脏停止跳动的触电者注射强心针。（　）

（8）为了提高供电的安全性，在同一供电系统应同时采用保护接地和保护接零。（　）

（9）人工接地线均采用铜质接地线。（ ）

（10）各个电气设备的外壳可以相互串联后接地。（ ）

（11）各个电气设备的接地支线应单独与接地干线或接地体相连，不得串联连接。（ ）

（12）在正常情况下，电气设备的安全电压规定不超过36V。（ ）

（13）在低压电网中，广泛采用的是电压型漏电保护器。（ ）

（14）不得用电工钳同时剪断两根导线。（ ）

（15）在扑救电气火灾时，在未断电之前绝对不允许使用泡沫灭火器。（ ）

3．问答题

（1）为什么要采用高压输电？

（2）什么叫工作接地？配电变压器低压侧的中性点接地的目的是什么？

（3）低压电网的中性线、零线、地线有什么区别？

（4）什么叫保护接地？

（5）什么叫保护接零？实行保护接零应满足哪些条件？

（6）什么叫重复接地？重复接地的作用是什么？

（7）为什么保护接零必须有灵敏可靠的保护装置与之配合？

（8）人体电阻一般有多大？什么情况下人体电阻较小？

（9）什么叫触电？触电对人体的危害有哪几种？

（10）触电的形式有哪四种？

（11）防止触电的措施有哪些？

（12）发现有人触电应如何解除电源？

（13）在抢救触电病人时，应注意哪些事项？

（14）电气装置引起火灾的原因有哪些？

（15）电气设备着火时应如何灭火？

第2章 电工工具和常用仪表

【学习目标】

- ➢ 会使用验电笔、钢丝钳、尖嘴钳、旋具、电工刀等常用电工工具
- ➢ 会使用万用表、兆欧表、钳形电流表等常用电工仪表

2.1 电工工具及其使用

2.1.1 电工常用工具

电工常用工具有钢丝钳、尖嘴钳、剥线钳、旋具、活络扳手、电工刀、验电笔等，见表2-1。

表2-1 电工常用工具及其使用方法

名 称	示 意 图	使 用 说 明
钢丝钳	钳口 切口 齿口 铡口 绝缘管 钳头 钳柄	钢丝钳是一种夹持器件（如螺钉、铁钉等物件）或剪切金属导线的工具。钳口用来绞弯或钳夹导线；齿口用来旋紧或起松螺母，也可以用来绞紧导线接头和放松接头；切口用来剪切导线或拔起铁钉；铡口用来剪切钢丝、铁丝等较硬的金属丝。钢丝钳的结构及握持，如左图所示 通常选用150mm、175mm或200mm带绝缘柄的钢丝钳 使用时注意： 1. 要注意保护好钳柄绝缘管，以免碰伤而造成触电事故 2. 钢丝钳不能当做敲打工具
尖嘴钳	绝缘管 钳头 钳柄	尖嘴钳与钢丝钳相仿，由于尖嘴钳的钳头较细长，因此能在狭小的工作空间操作，如用于灯座、开关内的线头固定等。尖嘴钳的结构及握持，如左图所示 通常选用带绝缘柄的130mm、160mm、180mm或200mm尖嘴钳 使用时注意： 1. 要注意保护好钳柄绝缘管，以免碰伤而造成触电事故 2. 尖嘴钳不能当做敲打工具
剥线钳	钳头 钳柄	剥线钳是用来剥除截面积为 6mm^2 以下塑料或橡胶电线端部（又称“线头”）绝缘层的专用工具。它由钳头和钳柄组成。钳头有多个刃口，直径为0.5～3mm；钳柄上装有塑料绝缘套管，绝缘套管的耐压为500V，如左图所示 通常选用带绝缘柄140mm和180mm剥线钳 使用时注意： 要根据不同的线径来选择剥线钳的不同刃口

续表

名　称	示 意 图	使 用 说 明
旋具	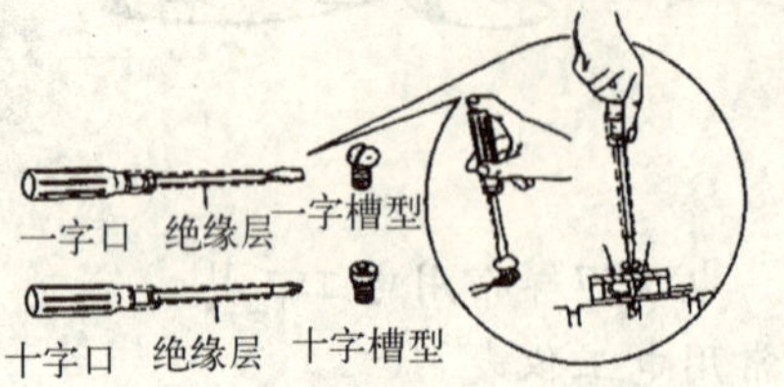 一字口 绝缘层 一字槽型 十字口 绝缘层 十字槽型	旋具是一种用来旋紧或起松螺钉、螺栓的工具 在使用小旋具时，一般用拇指和中指夹持旋具柄，食指顶住柄端；使用大旋具时，除拇指、食指和中指用力夹住旋具柄外，手掌还应顶住柄端，用力旋转螺钉，即可旋紧或旋松螺钉。旋具顺时针方向旋转，旋紧螺钉；旋具逆时针方向旋转，起松螺钉。旋具的结构及握持，如左图所示 使用时注意： 1．根据螺钉大小、规格选用相应尺寸的旋具 2．不能使用穿心旋具 3．旋具不能当凿子用
活络扳手	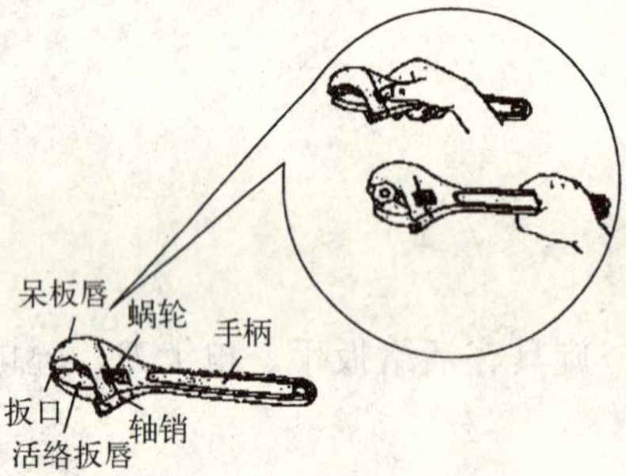 呆板唇 蜗轮 手柄 扳口 轴销 活络扳唇	活络扳手是一种在一定范围内旋紧或旋松六角、四角螺栓、螺母的专用工具。活络扳手的结构及握持，如左图所示 使用时注意： 1．要根据螺母、螺栓的大小选用相应规格的活络扳手 2．活络扳手的开口调节应以既能夹持螺母又能方便地提取扳手、转换角度为宜 3．活络扳手不能当铁锤用
电工刀	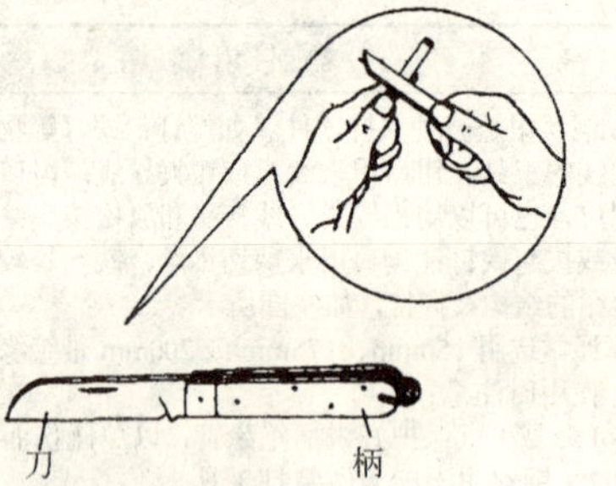 刀 柄	电工刀是一种切削电工器材（如剥削导线绝缘层、切削木枕等）的工具。电工刀的结构及握持，如左图所示 使用时注意： 1．刀口应朝外进行操作。在剥削电线绝缘层时，刀口要放平一点，以免割伤电线的线芯 2．电工刀的刀柄是不绝缘的，因此禁止带电使用 3．使用后要及时把刀身折入刀柄内，以免刀刃受损或危及人身、割破皮肤
验电笔	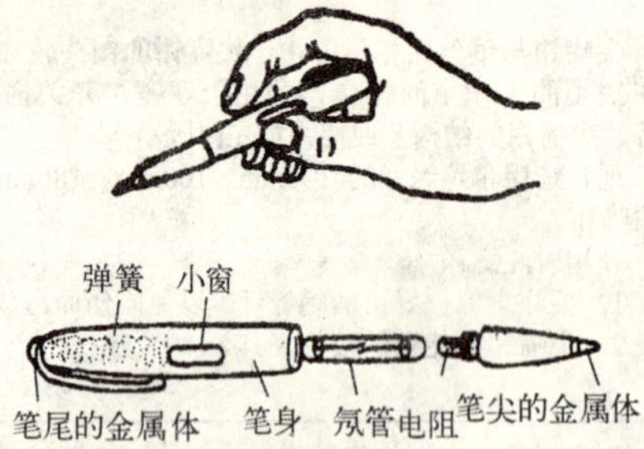 弹簧 小窗 笔尾的金属体 笔身 氖管电阻 笔尖的金属体	验电笔是一种用来测试导线、开关、插座等电器是否带电的工具。使用时，以手指握住验电笔笔身，以食指触及验电笔尾部的金属体（或钢笔式的笔套），食指如果不接触验电笔尾部的金属体，即使被测体带电，氖泡也不会发光 验电笔的结构及握持，如左图所示 使用时注意： 1．在光线很亮的地方应用手遮挡光线，以便看清氖泡是否发光 2．握持验电笔的手，千万不可触及测电的金属体，以防发生触电事故

2.1.2 电工辅助工具

电工常用的辅助工具有钢锯、铁锤、钢凿、冲击电钻、电烙铁，以及电工包和电工工具套等，见表2-2。

表 2-2　电工常用辅助工具及其使用方法

名　称	示　意　图	使 用 说 明
钢锯	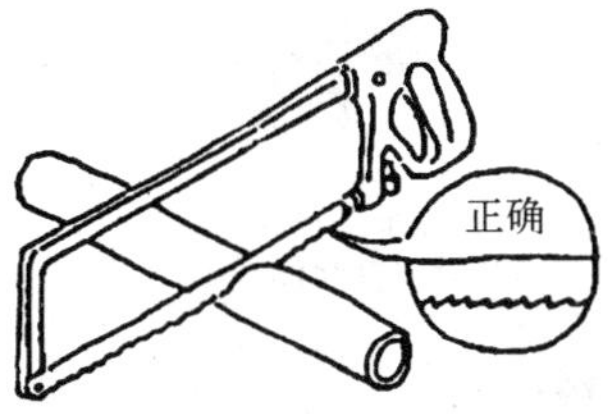	钢锯是一种用来锯割金属材料及塑料管等其他非金属材料的工具 钢锯的结构，如左图所示 使用时注意： 右手满握锯柄，控制锯割推力和压力，左手轻扶锯弓架前端，配合右手扶正钢锯，用力不要过大，均匀推拉
铁锤	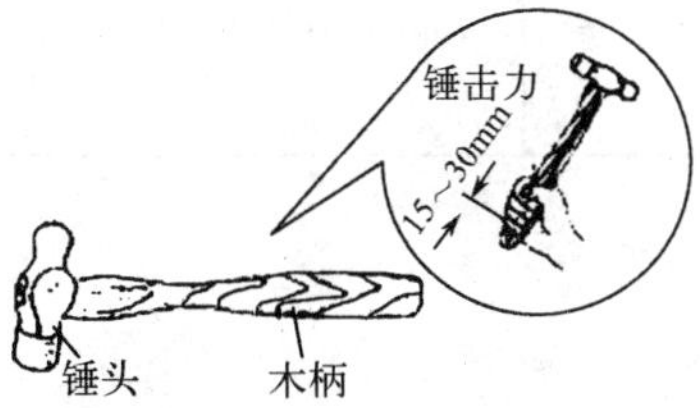	铁锤是一种用来锤击的工具，如拆装电动机轴承、锤打铁钉等 铁锤的结构及握持，如左图所示 使用时注意： 右手应握在木柄的尾部，才能使出较大的力量。在锤击时，用力要均匀、落锤点要准确
钢凿	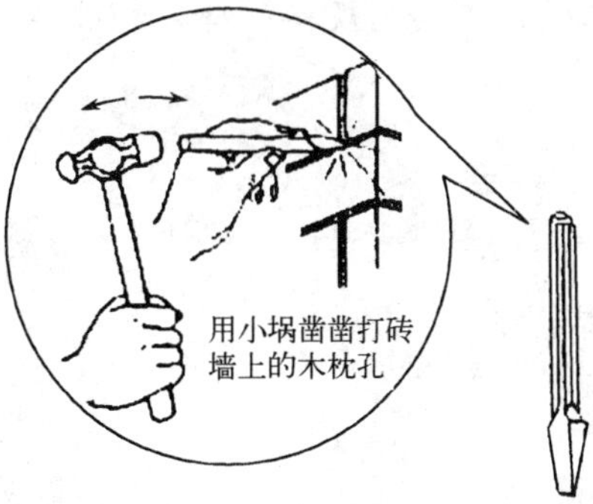	钢凿是一种用来专门凿打砖墙上安装孔（如暗开关、插座盒孔、木砧孔）的工具 钢凿的结构及握持，如左图所示 使用时注意： 在凿打过程中，应准确保持钢凿的位置，挥动铁锤力的方向与钢凿中心线一致
冲击电钻	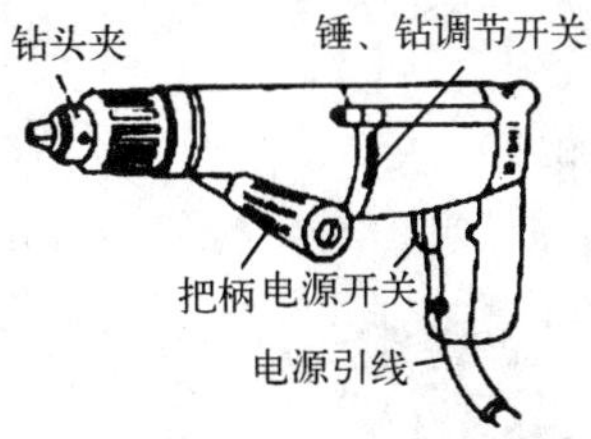 (a) 冲击钻  (a) 冲击钻头	冲击电钻是一种既可使用普通麻花钻头在金属材料上钻孔，也可使用冲击钻头在砖墙、混凝土等处钻孔，供膨胀螺栓使用的工具 冲击电钻的结构，如左图所示 使用时注意： 1．电钻外壳要采取接地保护措施，电钻到电源的导线采用橡胶软护套线，应使用三芯线，其黑线作为接地保护线 2．使用前要检查电钻外观有无损伤，无损伤才可插入电源插座，同时用验电笔测试电钻外壳，只有在外壳不带电时才可以使用电钻 3．钻不同直径的孔应选用相应的钻头 4．冲击孔时，右手应握紧手柄，左手持握把柄，用力要均匀 5．对转速可以调整的电钻，在使用前选择好适当的挡位，禁止在使用时中途换挡
电烙铁	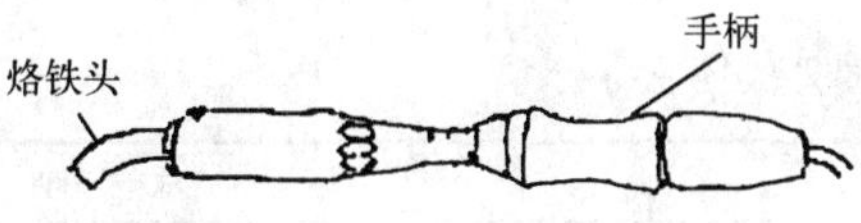 (a) 大功率电烙铁  (a) 小功率电烙铁	电烙铁是一种用来焊接铜导线、铜接头和对铜连接件进行镀锡的工具 电烙铁的结构，如左图所示 使用时注意： 1．要根据焊接物体的大小选用电烙铁 2．焊接不同导线或元件时，应掌握好不同的焊接时间（温度） 3．应及时清除电烙铁头上的氧化物

续表

名　称	示 意 图	使 用 说 明
电工包和电工工具套	电工工具包　电工工具套	电工包和电工工具套是用来放置随身携带的常用工具或零星电工器材（如灯头、开关、螺钉、熔丝、胶布）等的包套 电工包和电工工具套的佩戴，如左图所示 使用时注意： 1. 电工工具套可用皮带系结在腰间，置于右臀部，工具插入工具套中，便于随手取用 2. 电工包横跨在左侧，内有零星电工器材和辅助工具，以便外出使用

请同学们上网查阅相关资料，了解电工常用工具的规格、型号和价格情况，并与同学交流。

【实训项目 2】　电工工具的识别与操作

1. 实训要求

（1）熟悉常用电工工具，了解它们的结构。

（2）掌握正确使用常用电工工具的方法。

2. 实训器材

验电笔、铁锤（手锤）、钢凿、冲击电钻、电工刀、钢锯、木条和膨胀管等。

3. 实训步骤

➢ 想一想：结构用途

请你想一想常用电工工具的结构与用途。

➢ 说一说：方法事项

请你说一说验电笔、铁锤（手锤）、钢凿、冲击电钻、电工刀、钢锯等工具的使用方法及使用时的注意事项。

➢ 做一做：验电打孔

✓ 用验电笔判别单相电源的相线和零线，开关、插座是否带电。

✓ 在砖墙上打孔、削制和安装木楔。

✓ 在水泥墙上钻孔和安装膨胀管。

➢ 写一写：收获体会

请记录常用电工工具的识别与操作的收获体会。

工 具 名 称	适 用 范 围	凿打墙孔注意事项
验电笔		
铁锤（手锤）		
钢凿		
钢锯		

续表

工具名称		适用范围	凿打墙孔注意事项
电工刀			
冲击电钻			
体会			

2.2 常用仪表及其使用

电工常用的仪表有万用表、兆欧表、钳形电流表和电能表等。

2.2.1 万用表

万用表是一种多用途的测量仪表，一般用来测量直流电流、直流电压、交流电压和电阻等，其外形结构及操作步骤见表 2-3。

表 2-3　万用表的使用

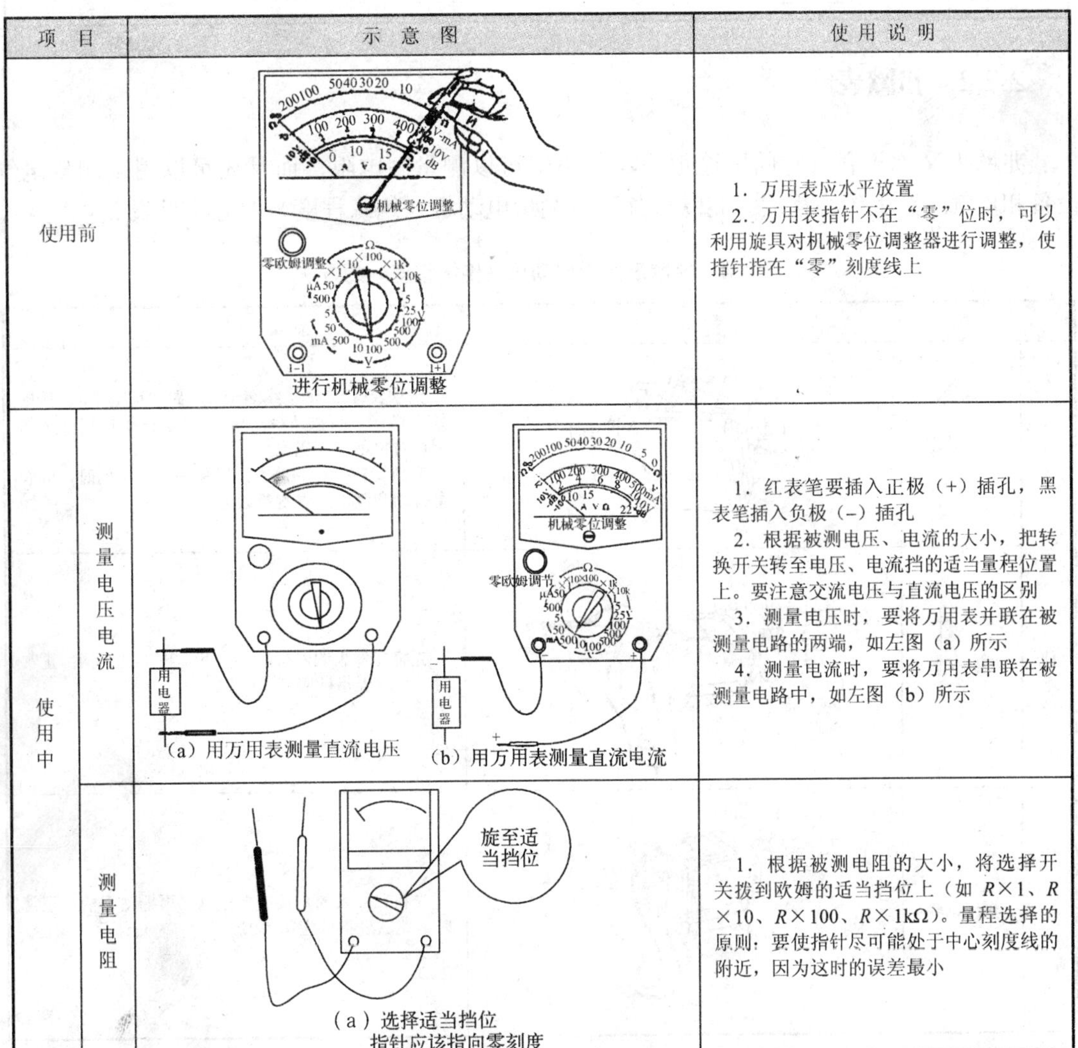

项目		示意图	使用说明
使用前		进行机械零位调整	1. 万用表应水平放置 2. 万用表指针不在“零”位时，可以利用旋具对机械零位调整器进行调整，使指针指在“零”刻度线上
使用中	测量电压电流	（a）用万用表测量直流电压　（b）用万用表测量直流电流	1. 红表笔要插入正极（+）插孔，黑表笔插入负极（-）插孔 2. 根据被测电压、电流的大小，把转换开关转至电压、电流挡的适当量程位置上。要注意交流电压与直流电压的区别 3. 测量电压时，要将万用表并联在被测量电路的两端，如左图（a）所示 4. 测量电流时，要将万用表串联在被测量电路中，如左图（b）所示
	测量电阻	（a）选择适当挡位 指针应该指向零刻度	1. 根据被测电阻的大小，将选择开关拨到欧姆的适当挡位上（如 $R\times1$、$R\times10$、$R\times100$、$R\times1k\Omega$）。量程选择的原则：要使指针尽可能处于中心刻度线的附近，因为这时的误差最小

续表

项目		示意图	使用说明
使用中	测量电阻	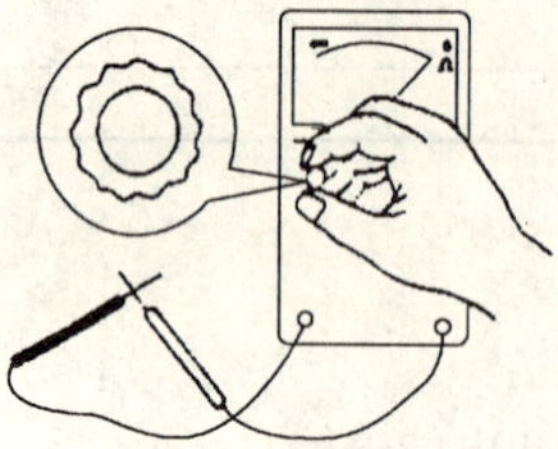 (b) 机械调零 　(c) 测量阻值	2．将红、黑表笔短接，如万用表指针不能满偏（表针不能偏转到零欧姆位置），可进行"欧姆调零"，如左图（a）所示 3．将被测电阻同其他元器件或电源脱离，单手持表棒并跨接在电阻两端，如左图（b）所示 4．读数时，应先根据表针所在位置确定最小刻度值，再乘以倍率，即为电阻的实际阻值。例如，指针指示的数值是 50 Ω，若选择的量程为 $R\times10$，则测得的电阻值为 500 Ω
使用后		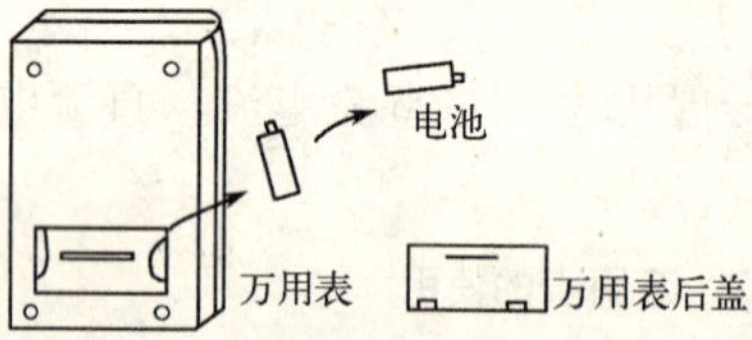 电池　万用表　万用表后盖	1．将选择开关拨到 OFF 或最高电压挡，防止下次开始测量时不慎烧坏万用表 2．长期搁置不用时，应将万用表中的电池取出 3．平时万用表要保持干燥、清洁，严禁振动和机械冲击

2.2.2 兆欧表

兆欧表又称摇表。它的用途很广泛，不但可以测量高电阻，而且还可以用来测量电气设备和电气线路的绝缘程度。兆欧表外形及测量电动机（绝缘程度）的方法见表2-4。

表2-4 兆欧表测量电动机（绝缘程度）的方法

步骤		示意图	使用说明
使用前	放置要求	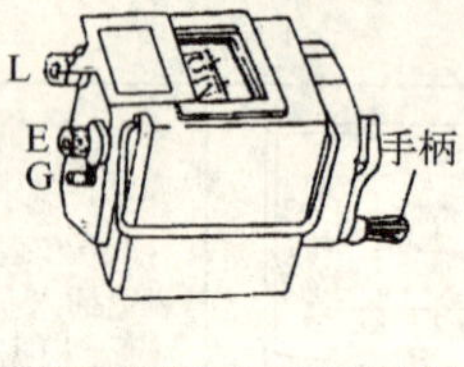 L　E　G　手柄	兆欧表有 3 个接线端子（线路"L"端子、接地"E"端子、屏蔽"G"端子），这三个接线端按照测量对象不同来选用 应放置在平稳的地方，以免在摇动手柄时，因表身抖动和倾斜产生测量误差
	开路试验	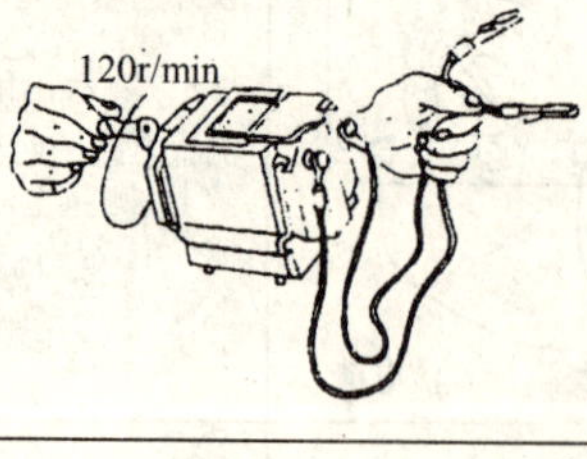 120r/min	先将兆欧表的两接线端分开，再摇动手柄。正常时，兆欧表指针应指"∞"
	短路试验	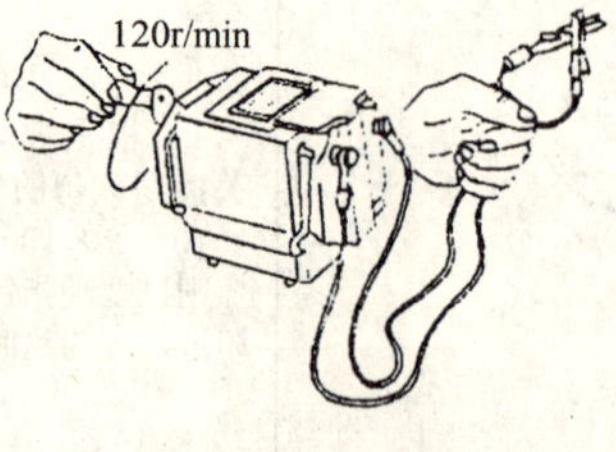 120r/min	先将兆欧表的两接线端接触，再摇动手柄。正常时，兆欧表指针应指"0"

续表

步骤		示意图	使用说明
使用中	对地绝缘性能	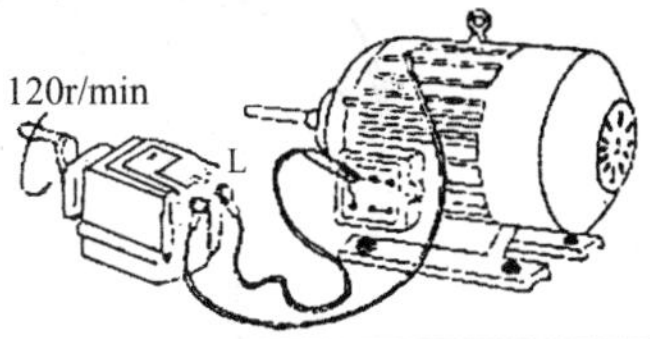 120r/min L	用单股导线将“L”端和设备（如电动机）的待测部位连接，“E”端接设备外壳
	绕组间绝缘性能	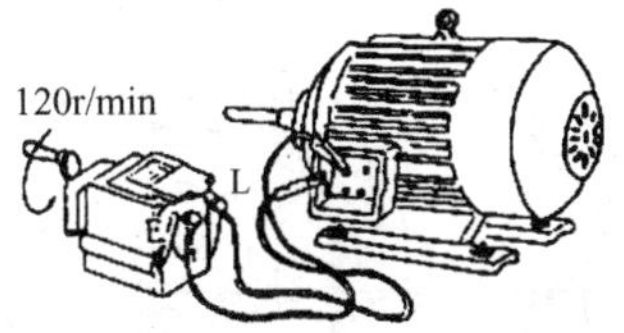 120r/min L E	用单股导线将“L”端和“E”端分别接在电动机两绕组的接线端
使用后		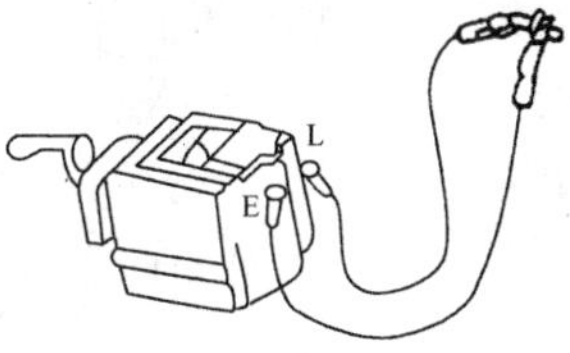 L E	使用后，将“L”、“E”两导线短接，对兆欧表放电，以免触电事故

2.2.3 钳形电流表

钳形电流表是一种在不断开电路的情况下测量交流电流的专用仪表，其外形结构及操作步骤见表 2-5。

表 2-5　钳形电流表的外形结构及操作步骤

钳形电流表外形结构	
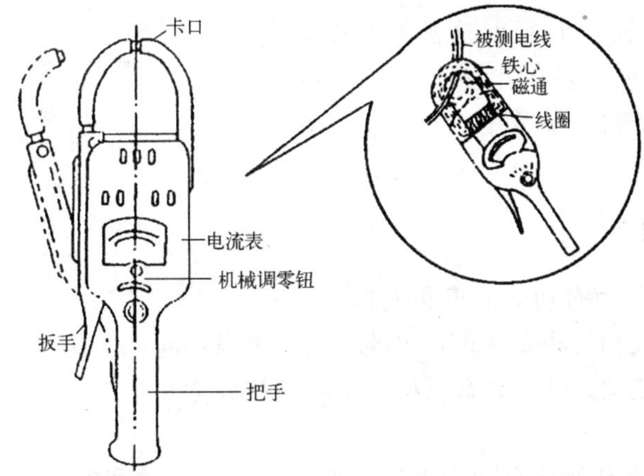 卡口 电流表 机械调零钮 扳手 把手 被测电线 铁心 磁通 线圈	
机械调零	使用前，检查钳形电流表的指针是否指向零位。若发现没指向零位，可用小旋具轻轻旋动机械调零钮，使指针回到零位上
清洁钳口	测量前，要检查钳口的开合情况，以及钳口面上有无污物。若钳口面有污物，可用溶剂洗净，并擦干；若有锈斑，应轻轻擦去
选择量程	测量时，应将量程选择旋钮置于合适位置，使测量时指针偏转后能停在精确刻度上，以减少测量的误差
测量数值	紧握钳形电流表把手和扳手，按动扳手打开钳口，将被测线路的一根载流电线置于钳口内中心位置，再松开扳手使两钳口表面紧紧贴合，将表放平，然后读数，即测得电流值
高挡存放	测量完毕，退出被测电线，将量程选择旋钮置于高量程挡位上，以免下次使用时不慎损伤仪表

2.2.4 转速表及其使用方法

转速表是一种用来测量电动机或其他机械设备转速的仪表，如图 2-1 所示。一般每只转速表都配备一个橡皮头、一个嵌环圆锥体、一根硬质三角针、一根转轴、一只纹锤分支器、一小瓶钟表油和一只滴油器等。

使用转速表时，应把刻度盘转到相应的测量范围上，并在转轴一端加上油。测量转速在 10000r/min 以上时，不宜使用橡皮装置的测量器，最好使用三角钢锥测量器。测量时要拿稳转速表，注意不能歪斜，以保证测速的准确。加油时，必须把刻度盘转到最慢转速，然后给各油眼加油。此外，要避免转速表受到严重震动，以防损坏表的机械结构。

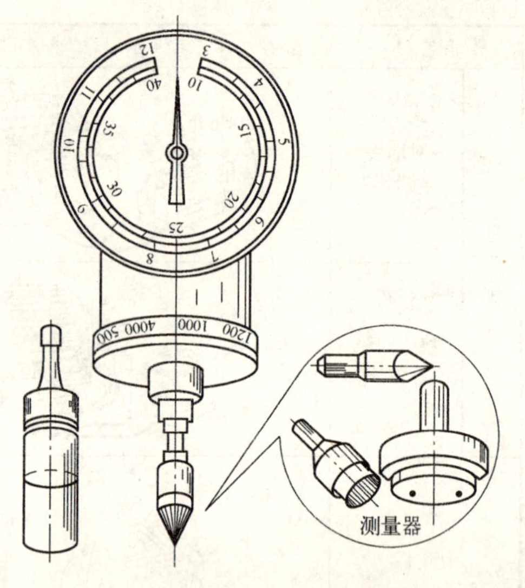

图 2-1 转速表的结构和配件

请同学们上网查阅相关资料，了解电工常用仪表的规格、型号和价格情况，并与同学交流。

2.2.5 电能表

电能表又称电度表、千瓦小时表，俗称火表，是计量线路中用电器所消耗的电量（单位：kW·h）的仪表。图 2-2 所示的是最常用的一种交流感应式电能表。

1 2 3 4

电源 负载

图 2-2 交流感应式电能表

1. 电能表的结构

电能表按其用途分为有功电能表和无功电能表两种，按结构分为单相表和三相表两种。电能表的种类虽不同，但其结构是一样的。它都有驱动元件、转动元件、制动元件、计数机构、支座和接线盒 6 个部件。交流单相电能表的结构如图 2-3 所示。

（1）驱动元件。驱动元件有两个电磁元件，即电流元件和电压元件。转盘下面是电流元件，由铁心及绕在上面的电流线圈所组成。电流线圈匝数少、线径粗，与用电设备串联。转盘上面部分是电压元件，由铁心及绕在上面的电压线圈所组成。电压线圈匝数多、线径细，与照明线路的用电器并联。

（2）转动元件。转动元件由铝制转盘及转轴组成。

（3）制动元件。制动元件是一块永久磁铁，在转盘转动时产生制动力矩，使转盘转动的转速与用电器的功率大小成正比。

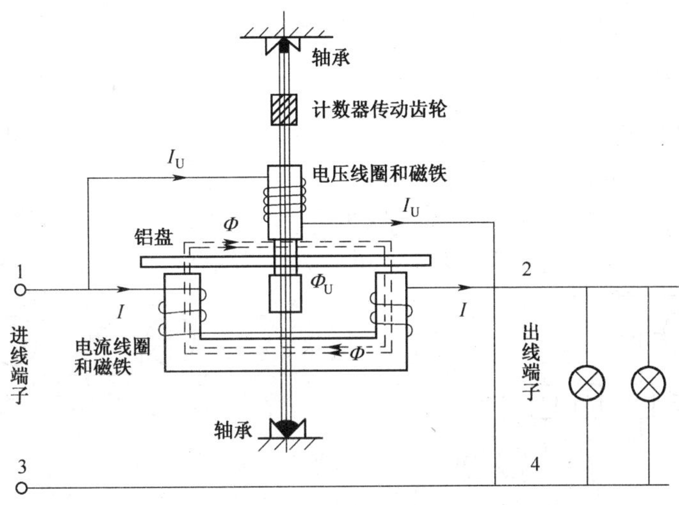

图 2-3　交流单相电能表的结构

（4）计数机构。计数机构由蜗轮杆齿轮机构组成。

（5）支座。支座用于支承驱动元件、制动元件和计数机构等部件。

（6）接线盒。接线盒用于连接电能表内外线路。

2. 电能表的安装和使用要求

（1）电能表应按设计装配图规定的位置进行安装，不能安装在高温、潮湿、多尘及有腐蚀气体的地方。

（2）电能表应安装在不易受震动的墙上或开关板上，离墙面以不低于 1.8m 为宜。这样不仅安全，而且便于检查和"抄表"。

（3）为了保证电能表工作的准确性，电能表必须严格垂直装设。若有倾斜，会发生计数不准或停走等故障。

（4）接入电能表的导线中间不应有接头。接线时接线盒内螺钉应拧紧，不能松动，以免接触不良而引起发热。配线应整齐美观，尽量避免交叉。

（5）电能表在额定电压下，当电流线圈无电流通过时，铝盘的转动不超过一转，功率消耗不超过 1.5W。根据实践经验，一般 5A 的单相电能表无电流通过时每月耗电不到 1 度。

（6）电能表装好后，打开电灯，电能表的铝盘应从左向右转动。若铝盘从右向左转动，说明接线错误，应把相线（火线）的进出线调接一下。

（7）单相电能表的选用必须与用电器总功率相适应。在 220V 电压的情况下，根据公式 $P = UI\cos\phi$可以算出不同规格的电能表可装用电器的最大功率，见表 2-6。

表 2-6　不同规格电能表可装用电器的最大功率

电能表的规格（A）	3	5	10	20	25	30
可装用电器最大功率（W）	660	1 100	2 200	4 400	5 500	6 600

由于用电器不一定同时使用，因此，在实际使用中，电能表应根据实际情况加以选择。

（8）电能表在使用时，电路不允许短路及过载（不超过额定电流的125%）。

3．电能表的接入方式

电能表分为单相电能表和三相电能表，都有两个回路，即电压回路和电流回路，其连接方式有直接接入方式和间接接入方式。

（1）电能表的直接接入方式。在低压较小电流线路中，电能表可采用直接接入方式，即电能表直接接入线路上，如图2-4所示。电能表的接线图一般粘贴在接线盒盖的背面。

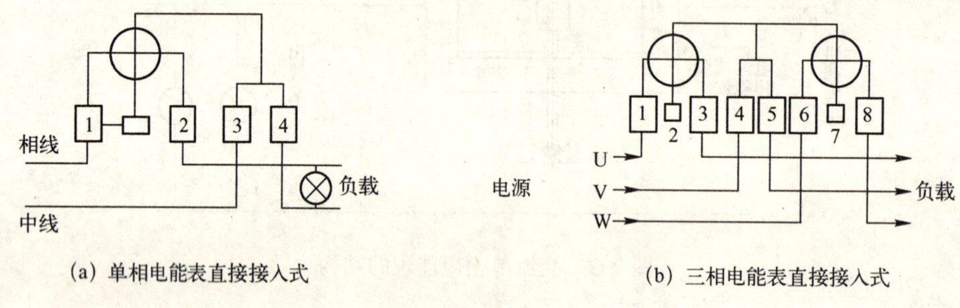

(a) 单相电能表直接接入式　　(b) 三相电能表直接接入式

图2-4　电能表的直接接入方式的接线

（2）电能表的间接接入方式。在低压大电流线路中，若线路负载电路超过电能表的量程，须经电流互感器将电流变小，即将电能表以间接接入方式接在线路上，如图2-5所示。在计算用电量时，只要把电能表上的耗电数值，乘以电流互感器的倍数，就是实际耗电量。

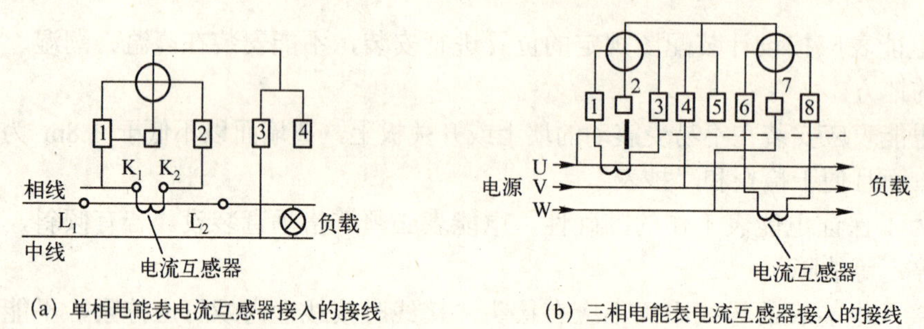

(a) 单相电能表电流互感器接入的接线　　(b) 三相电能表电流互感器接入的接线

图2-5　电能表的间接接入方式的接线

4．新型电能表简介

在科技迅猛发展的今天，新型电能表已快步进入千家万户。下面介绍我国近期开发的具有较高科技含量的长寿式机械电能表、静止式电能表、电卡预付费电能表和防窃型电能表等。

（1）长寿式机械电能表。长寿式机械电能表是在充分吸收国内外先进电能表设计、选材和制作经验的基础上开发的新型电能表，具有宽负载、长寿命、低功耗、高精度等优点。

① 表壳采用高强度透明聚碳酸脂注塑成型，在60～110 ℃范围内不变形，能达到密封防尘、抗腐蚀及阻燃的要求。

② 底壳与端钮盒连体，采用高强度、高绝缘、高精度的热固性材料注塑成型。

③ 轴承采用磁推轴承，支撑点采用进口石墨衬套及高强度不锈钢针组成。

④ 阻尼磁钢由铝、镍、钴等双极强磁性材料制作，经过高、低温老化处理，性能稳定。

⑤ 计度器支架采用高强度铝合金压铸，字轮、标牌均能防止紫外线辐射，不褪色，齿轮轴采用耐磨材料制作，不加润滑油，机械负载误差小。

⑥ 电流线圈线径较粗，自热影响小，表计稳定性好，与端钮盒连接接头采用银焊压接，接触可靠。

⑦ 电压线路功耗小于 0.8W，损耗小，节能。

⑧ 电流量程，一般为 5A。

（2）静止式电能表。静止式电能表是借助于电子电能计量的先进机理，继承传统感应式电能表的优点，采用全屏蔽、全密封的结构，具有良好的抗电磁干扰性能，集节电、可靠、轻巧、高精度、高过载、防窃电等为一体的新型电能表。

静止式电能表由分流器取得电流采样信号，分压器取得电压采样信号，经乘法器得到电压电流乘积信号，再经频率变换产生一个频率与电压电流乘积成正比的计数脉冲，通过分频，驱动步进电动机，使计度器计量，其工作原理如图 2-6 所示。

静止式电能表按电压分为单相电子式、三相电子式和三相四线电子式等，按用途又分为单一式和多功能（有功、无功和复合型）式等。

静止式电能表的安装使用要求，与一般机械式电能表大致相同，但接线宜粗，避免因接触不良而发热烧毁。静止式电能表安装接线如图 2-7 所示。

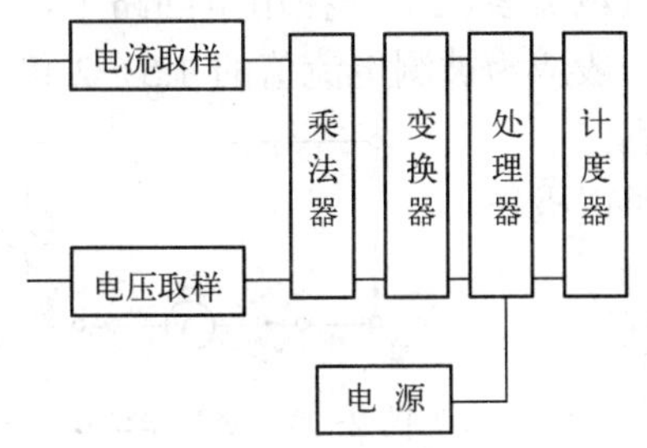

图 2-6　静止式电能表工作原理

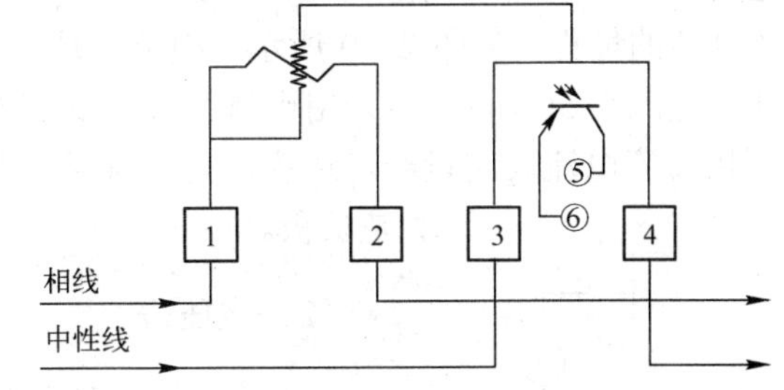

图 2-7　静止式电能表安装接线

（3）电卡预付费电能表。电卡预付费电能表即机电一体化预付费电能表，又称 IC 卡表或磁卡表。它不仅具有电子式电能表的各种优点，而且电能计量采用先进的微电子技术进行数据采集、处理和保存，实现先付费后用电的管理功能。

电卡预付费电能表由电能计量和微处理器两个主要功能块组成。电能计量功能块使用分流—倍增电路，产生表示用电多少的脉冲序列，送至微处理器进行电能计量；微处理器则通过电卡接头与电能卡（IC 卡）传递数据，实现各种控制功能，电卡预付费电能表工作原理如图 2-8 所示。

电卡预付费电能表也有单相和三相之分，单相电卡预付费电能表的接线如图 2-9 所示。

（4）防窃型电能表。防窃型电能表是一种集防窃电与计量功能于一体的新型电能表，可有效地防止违章窃电行为，堵住窃电漏洞，给用电管理带来极大方便。

提示

防窃型电能表特点：

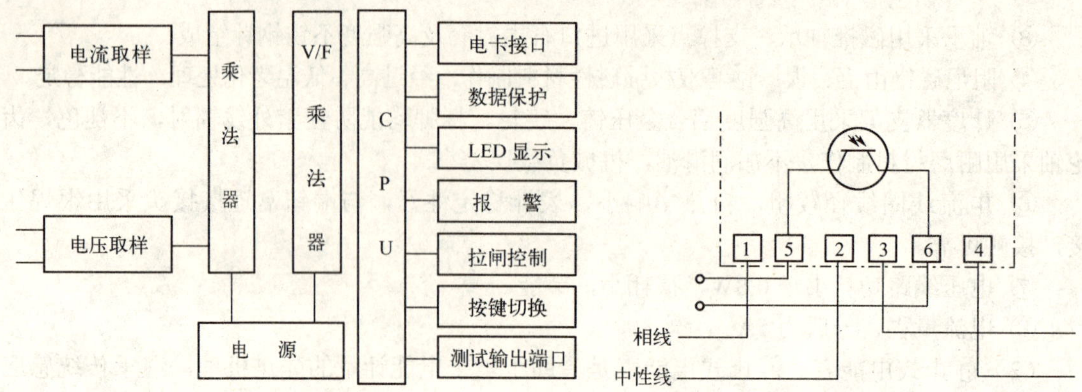

图 2-8　电卡预付费电能表工作原理

图 2-9　单相电卡预付费电能表的接线

① 正常使用时，盗电制裁系统不工作。

② 当出现非法短路电流回路时，盗电制裁系统工作，电能表加快运转，并催促非法用电户停止窃电行为。电能表反转时，此表采用了双向计度器装置，使倒转照样计数。

2.2.6　电流表与电压表

1. 电流表

电流表是一种用来测量电路中电流的仪表，测量时电流表应串联在用电回路中，并注意选用合适的量程，如图 2-10 所示。电流表选用量程一般应为被测电流值的 1.5～2 倍，如果被测量电流在 50A 以上可采用电流互感器以扩大量程。

利用直流电流表测量时，还应注意电流的极性，即正极还是负极。

图 2-10　交流电流的测量

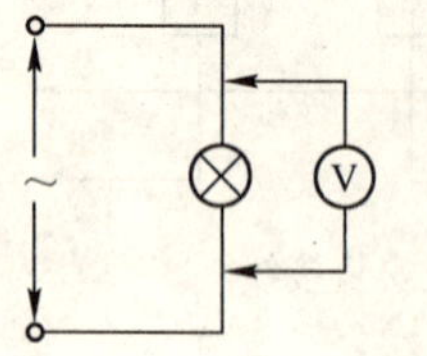

图 2-11　交流电压的测量

2. 电压表

电压表是一种用来测量电源或某段电路两端电压的仪表，测量时电压表应并联在被测电路的两端，并注意选用合适的量程，如图 2-11 所示。电压表选用量程在 600V 以上时应用电压互感器以扩大量程。

利用直流电压表测量时，还应注意电压的极性。

2.2.7　功率表与功率因数表

1. 功率表

功率表是用来测量电路当前的功率（单位：kW）的仪表。通常在测量三相交流电路的功率时，对于三相四线制电路，可用三只单相交流功率表；对于三相三线制电路，则可用两只单相交流功率表或一只三相交流功率表。三相交流功率表测量三相三线制电路功率的接线如图 2-12 所示。

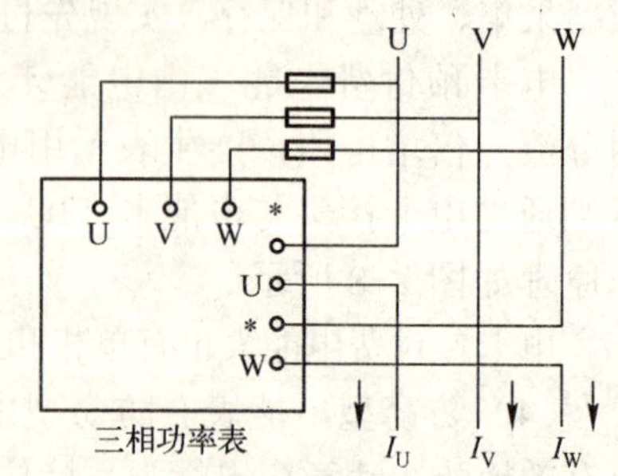

图 2-12　三相交流功率表测量三相三线制电路功率的接线

2．功率因数表

功率因数表是用来测量功率因数的仪表。常见的开关板式功率因数表多为三相。测量时，需要接入三相电压和一相电流（U 相）。功率因数表常用的有 IDS-cosϕ 和 $51T_1$-cosϕ 等几种，功率因数表接线如图 2-13 所示。

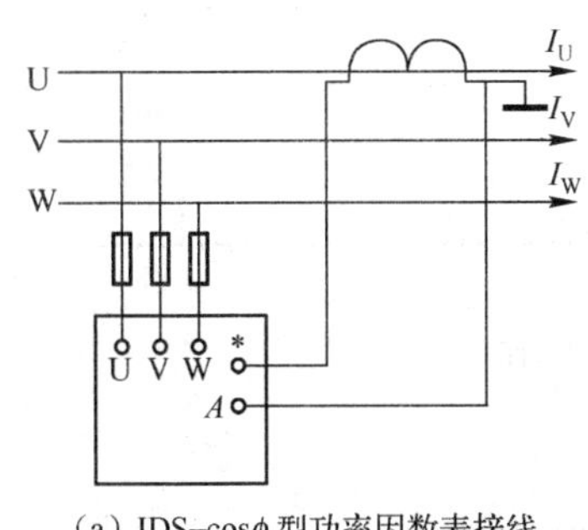

（a）IDS-cosϕ 型功率因数表接线

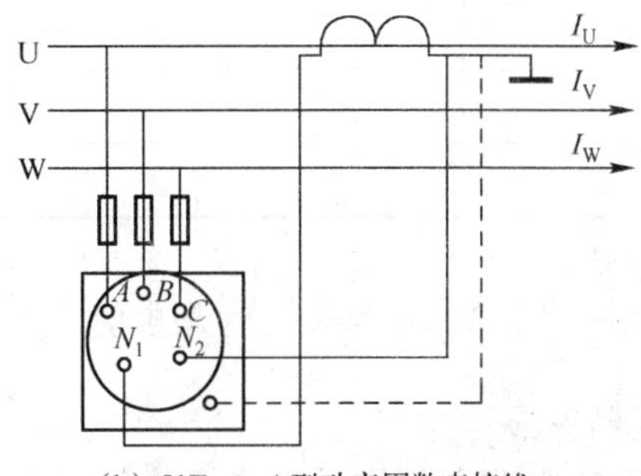

（b）51T-cosϕ 型功率因数表接线

图 2-13　功率因数表接线

功率因数表接线时，应注意按电源相序接线，且电流极必须对应接入对应相的电流，图中注有“*”和“N_1”符号者表示正极性，电流进线不能接错。

【实训项目 3】　电工常用仪表的识别与操作

任务 1　万用表的识别与操作

1．实训要求

（1）了解万用表的基本结构和工作原理。

（2）熟悉掌握万用表测量电流、电压和电阻的方法。

（3）了解万用表的其他用途。

2．实训器材

万用表、电阻器（不同阻值 3～5 只）、直流稳压电源、交流调压器、干电池、线圈及半导体器件（如晶体二极管、晶体三极管等）。

3．实训步骤

➢ 想一想：工作原理

请你想一想万用表的基本工作原理。

➢ 说一说：使用方法

请你说一说万用表的使用方法。

➢ 做一做：测量数值

✓ 熟悉万用表的外部结构和刻度盘的含义。

✓ 进行直流电流、直流电压及电阻的测量。

✓ 进行交流电压的测量。

✓ 进行其他器件（如线圈、二极管、三极管等）的测量。

➢ 写一写：收获体会

请你记录万用表测量电流、电压、电阻及有关器件的收获和体会。

实训内容		测量操作步骤
直流电流的测量		
直流电压的测量		
交流电压的测量		
电阻的测量		
其他器件的测量		
体会		

任务2 兆欧表、钳形电流表的识别与操作

1. 实训要求

（1）了解兆欧表、钳形电流表的结构和工作原理。

（2）能正确选择兆欧表、钳形电流表。

（3）熟练掌握兆欧表、钳形电流表的使用方法及注意事项。

2. 实训器材

兆欧表、钳形电流表、电缆线、变压器及实训室三相供电线路。

3. 实训步骤

➢ 想一想：工作原理

请你想一想兆欧表、钳形电流表的基本工作原理。

➢ 说一说：使用方法

请你说一说兆欧表、钳形电流表的使用方法。

➢ 做一做：测量数值

✓ 熟悉兆欧表的接线方法与使用注意事项。

✓ 利用兆欧表测量电缆线的绝缘电阻。

✓ 利用兆欧表测量变压器的绝缘电阻。

✓ 熟悉钳形电流表的操作方法与使用注意事项。

✓ 利用钳形电流表测量实训室三相电源，并判别三相回路的平衡情况。

➢ 写一写：收获体会

请你把用兆欧表测量电缆线、变压器绝缘电阻和用钳形电流表测量三相平衡电后的收获体会记录下来。

实训内容		测量情况记录
兆欧表测量绝缘电阻	测电缆线绝缘电阻	
	测变压器绝缘电阻	
电流表测量三相电源	测U相电源线	
	测V相电源线	
	测W相电源线	
体会		

【阅读材料 1】　验电笔的妙用

验电笔俗称电笔，在日常使用中有如下妙用：

（1）判断家用电器外壳是否带电。若氖管闪亮，而且和接触相线（火线）时的亮度差不多，说明外壳带电，有危险；若氖管不亮，说明外壳没有电，是安全的，如图 2-14 所示。

（2）判断电器接地是否良好。把验电笔做成电器指示灯时，若氖泡光源闪烁，则表明某线头松动、接触不良或电压不稳定，如图 2-15 所示。

（3）区分照明电路中的相（火）线和零线。用验电笔的金属笔尖与电路中的一根线接触，手握笔尾的金属体部分。若这时验电笔中的氖管发光了，金属笔尖所接触的那根线就是相（火）线，另一根则为零线。

（4）区分交流电和直流电。交流电通过验电笔时氖管中两极会同时发亮，而直流电通过验电笔时氖管时只有一个极发光，如图 2-16 所示。

（5）区分交流电的同相和异相。两手各持一支验电笔，站在绝缘体上，将两支笔同时触及待测的两条导线，如果两支验电笔的氖泡均不太亮，则表明两条导线是同相；若发出很亮的光说明是异相。

图 2-14　判断洗衣机外壳带电情况

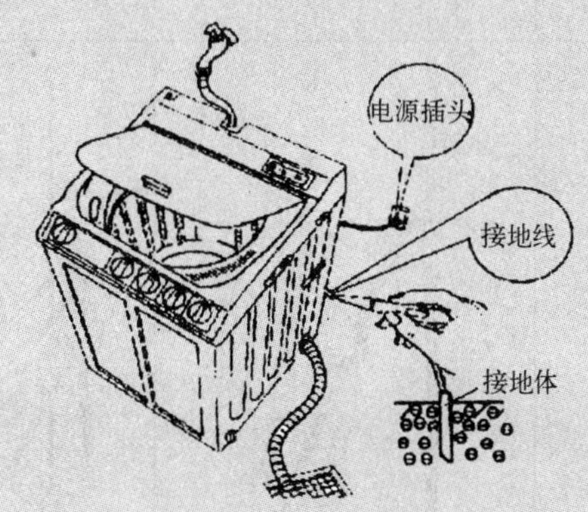

图 2-15　判断洗衣机接地线情况

（6）区分直流电的正负极。把验电笔跨接在直流电的正、负极之间，氖泡发亮的一头是负极，不发亮的一头是正极。

（7）判断直流电源正负极接地。在要求对地绝缘的直流装置中，人站在地上用验电笔接触直流电，如果氖泡发光，说明直流电存在接地现象；反之则不接地。当验电笔尖端一极发亮时，说明正极接地，若手握的一极发亮，则是负极接地。此法可以判断电车的电源情况，如图 2-17 所示。

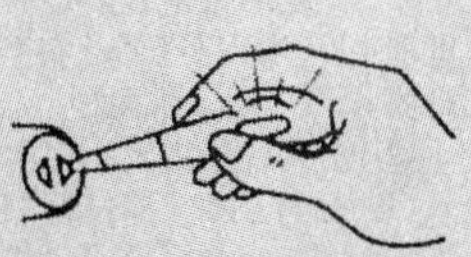

图 2-16　交流电通过验电笔的情况

图 2-17　判断电车的电源情况

（8）用做零线监测器。把验电笔一头与零线相连，另一头与地线相连接，如果零线断路，氖泡即发亮；如果没有断路，则氖泡不发亮。

【阅读材料2】 登高工具的识别与使用

电工在电气照明线路敷设或导线连接中，常常需登高作业。在登高作业时，要特别注意人身安全，要检查登高工具的牢固可靠性，只有这样才能保障登高作业人员的安全。

电工常用的登高工具有梯子、踏板、脚扣，以及腰带、保险绳和腰绳等，见表2-7。

表2-7 电工常用的登高工具

名称	示意图	说明
梯子	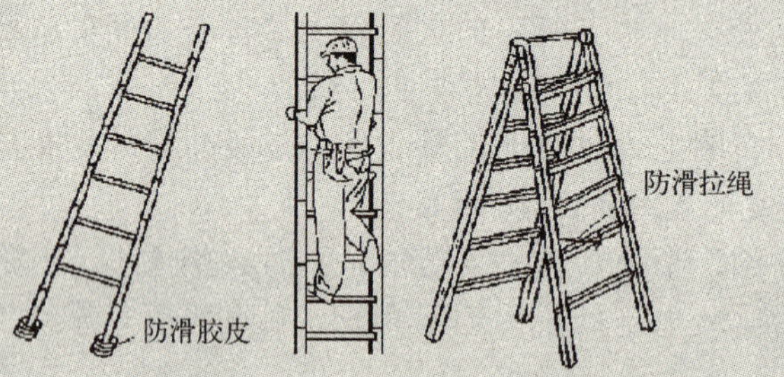 防滑胶皮 防滑拉绳	电工常用的梯子有竹梯和人字梯两种，如左图所示。竹梯通常用于室外登高作业，人字梯通常用于室内登高作业 梯子登高安全知识如下： ① 竹梯在使用前应检查不应有虫蛀及断裂现象；两脚应各绑扎胶皮之类防滑材料 ② 竹梯放置的角为60°～75° ③ 梯子的安放应与带电部分保持安全位置，扶持人应戴安全帽，竹梯不许放在箱子或桶类等物体上使用 ④ 人字梯应在中间绑扎两道防自动滑开的安全绳
踏板	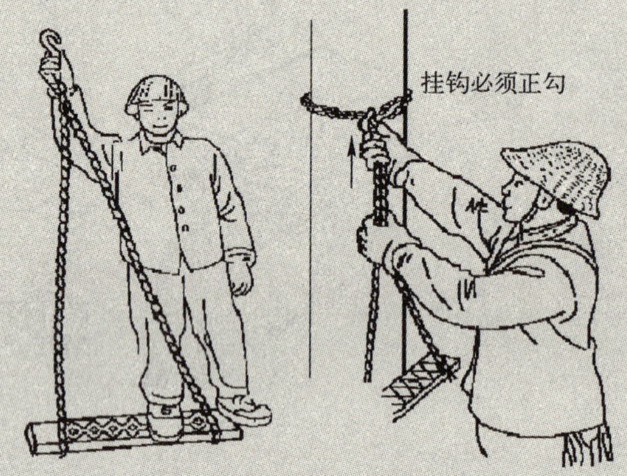 挂钩必须正勾	踏板又叫蹬板，用来登电杆，踏板由板、绳索和挂钩等组成。板是质地坚韧的木质材料，绳索是16mm三股白棕绳，挂钩是钢制的，如左图所示 踏板登高安全知识如下 ① 踏板使用前，一定要检查踏板应无开裂和腐朽，绳索应无断股 ② 挂钩踏板时必须正勾，切勿反勾，以免造成脱钩事故 ③ 登杆前，应先将踏板勾挂好，用人体作冲击载荷试验，检查踏板应合格可靠，同时对腰带也作人体载荷冲击试验 ④ 踏板每半年应进行一次载荷试验
脚扣	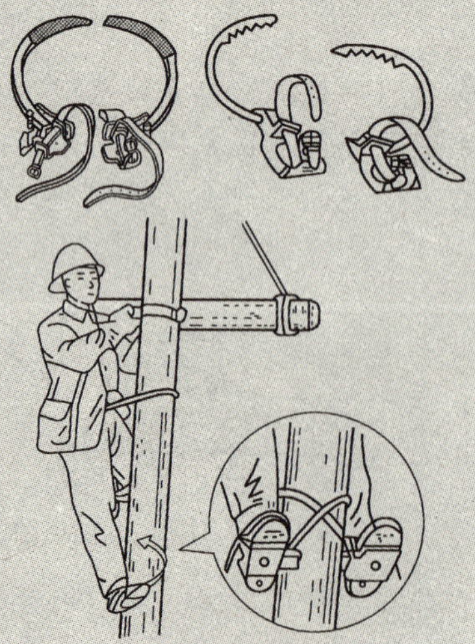	脚扣又叫铁脚，也是攀登电杆的工具。脚扣分为木杆脚扣和水泥杆脚扣两种，如左图所示 脚扣登高安全知识如下 ① 使用前必须仔细检查脚扣各部分应无断裂、腐朽现象，脚扣皮带应牢固可靠；脚扣皮带若损坏，不得用绳子或电线代替 ② 一定要按电杆的规格选择大小合适的脚扣；水泥杆脚扣可用于木杆，但木杆脚扣不能用于水泥杆 ③ 雨天或冰雪天不宜用脚扣登水泥杆 ④ 登杆前，应对脚扣进行人体载荷冲击试验 ⑤ 上、下杆的每一步，必须使脚完全套入脚扣并使脚扣可靠地扣住电杆，才能移动身体，否则会造成事故

续表

名　称	示意图	说　明
腰带、保险绳和腰绳		腰带、保险绳和腰绳是电杆登高操作的必备用品。腰带、保险绳和腰绳如左图所示 腰带用来系挂保险绳和吊物绳，在使用时应系在臀部上部，不应系在腰间 保险绳用来防止失足人体下落时坠地摔伤，其一端要可靠地系结在腰带上，另一端用保险钩勾在电杆的横担或抱箍上 腰绳用来固定人体下部，使用时应系在电杆的横担或抱箍下方，防止腰绳窜出电杆顶部，造成工伤事故

提示

登高作业前，一定要对登高工具、腰带、保险绳进行可靠性检查。患有精神病、高血压、心脏病和癫痫等疾病者，不能参与登高作业。

【阅读材料3】　新型绝缘电阻测试仪

随着科学技术的发展，目前一些智能、多功能型的绝缘电阻测试仪不断问世，它们具有数字显示、操作简单和安全可靠等优点，深受广大用户欢迎。如UNILAP ISO 5kV绝缘电阻测试仪，其实例如图2-18所示。它可以检测电器装置、家用电器、电缆和机器的绝缘状态。它具有500V、1000V、2500V、5000V多种绝缘测试电压挡位，绝缘电阻测量范围为10～30kΩ，每5s有视觉及声音提示绝缘电阻值，测量电流 > 1mA（DC），短路电流 < 2mA（DC），有极限值设置、报警功能、接口和配有分析软件等。

图2-18　绝缘电阻测试仪实物

【本章小结2】

在安装和检修电气设备的过程中，为了保证质量要求和确保操作人员的人身安全，正确使用常用工具及仪表，是我们必须掌握的基本技能。

电工常用工具有钢丝钳、尖嘴钳、剥线钳、旋具、活络扳手、电工刀、验电笔等。

电工常用辅助工具钢锯、铁锤、钢凿、冲击电钻、电烙铁，以及电工包和电工工具套等。

电工常用的仪表有万用表、兆欧表、钳形电流表、电能表和转速表等。

万用表是一种多用途的测量仪表，可以用来测量直流电流、直流电压、交流电压和电阻等。

兆欧表又称绝缘摇表。它的用途很广泛，不但可以测量高电阻，而且还可以用来测量一切电气设备、电气线路的绝缘性能。

钳形电流表是一种在不断开电路的情况下，就能测量交流电流的专用仪表。

转速表是一种用来测量电动机或其他机械设备转速的仪表。

电能表是计量线路中用电器在单位时间所消耗的电量（单位：kW·h）的仪表，交流感应式电能表是最常用的一种。

【思考与练习2】

1．填空题

（1）万用表是一种用来测量__________、__________、__________和______的测量仪表。

（2）万用表刻度盘上标度尺中的“DC”或“ ”是_____用的标尺；标有“AC”或“～”是______用的标尺。

（3）测量电气设备（如电动机）的绝缘性能仪表叫_______。在使用时，应用单股导线将仪表的_____端与设备外壳相连接，仪表的 _____ 端与设备的待测部位相连接。

（4）转速表是一种用来测量_______的仪表。

（5）电能表是测量_________的仪表。

2．判断题（对打“√”，错打“×”）

（1）钢丝钳（或尖嘴钳）仅适用于剖削线芯截面积等于或小于 $2.5mm^2$ 的操作。（ ）

（2）家用电能表是一种计量家用电器电功率的仪表。（ ）

（3）5A 电能表，可装最大功率为 1100W 的照明电器。（ ）

（4）使用万用表时规定：红表笔要插入正极插孔（–），黑表笔插入负极（+）插孔。（ ）

（5）选择万用表量程的原则是：在测量时，使万用表的指针尽可能在中心刻度线附近，因为这时的误差最小。（ ）

3．问答题

（1）如何利用验电笔测试电器（如导线、开关、插座等）是否带电？使用时，应注意什么问题？

（2）怎样正确使用万用表、兆欧表、钳形电流表？

（3）使用冲击电钻时应注意哪些问题？

第3章 电工常用材料和低压电器

【学习目标】

- 会认识导电、绝缘、导磁和安装等常用电工材料，知道其主要用途
- 熟悉熔断器、刀开关、低压断路器、主令电器、接触器和继电器等常用低压电器的分类、技术参数，会正确选用并安装常用低压电器

3.1 常用电工材料

3.1.1 常用导电材料

1. 导电材料

（1）导电材料的分类。能够通过电流的物质称为导电材料，其主要用途是输送电流。导电材料的电阻率一般都在 0.1 Ω·m 以下，按电阻率可分为良导体材料和高电阻材料两类。

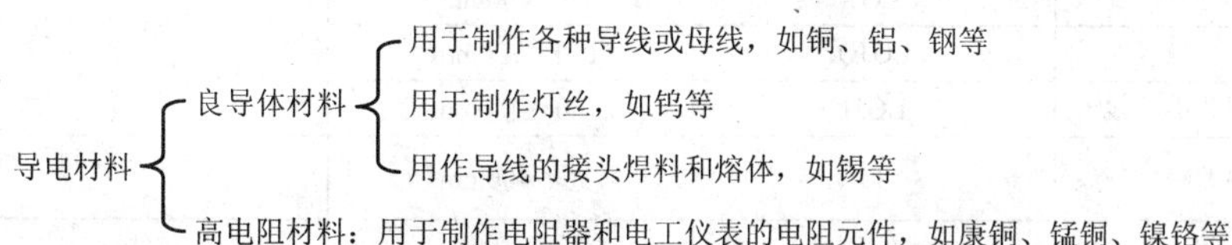

（2）铜和铝。各种金属材料都是导电材料，但并不是所有金属都可作为理想的导电材料。作为导电材料应从技术性能（导电性能好、有一定的机械强度、不易氧化和腐蚀）和经济性能（价格低廉）两方面综合考虑。目前用得最多的导电材料是铜和铝，铜和铝的技术经济性能比较见表 3-1。

表 3-1 铜和铝的技术经济性能比较

性能和用途			铜	铝
技术性能	物理性能	20℃时的电阻率（Ω·m）	1.72×10^{-8}	2.83×10^{-8}
		密度（kg/m^3）	8.89×10^{3}	2.7×10^{3}
		熔点（℃）	1 083	657
	机械强度		常温下有足够的机械强度	机械强度比铜稍差
	化学性能		化学性能稳定，不易氧化和腐蚀	化学性能较稳定，不易腐蚀，较易氧化

续表

性能和用途	铜	铝
经济性能	资源较丰富，价格较低廉	资源丰富，价格低廉
用途	常用导电用铜是含铜量在99.9%以上的工业纯铜，电动机、变压器中使用的是含铜量在99.5%～99.95%之间的纯铜（紫铜），其中硬铜做导电的零部件，软铜做电动机、电器的线圈	目前推广使用的导电材料，在架空线路、照明线路、动力线路、汇流排、变压器和中小电动机的线圈中广泛使用

2．导线

导线又叫电线，是用来传输电能的电工材料。常用的导线有裸导线、绝缘导线、电力电缆线和电磁线等。

（1）裸导线。裸导线是指只有导线部分，没有绝缘层和保护层的导线。裸导线主要分为铜单线和裸绞线两种，常用裸导线的种类和用途见表3-2。

表3-2 常用裸导线的种类和用途

常用种类		型号	截面（或线径）范围	主要用途
铜单线	圆铜线	TR（软圆铜线）	0.02～14mm	用作架空线
		TY（硬圆铜线）		
	圆铝线	LR（软圆铝线）	0.3～10mm	
		LY（硬圆铝线）		
裸绞线	铝绞线	LJ	10～600mm^2	用作10kV以下，挡距为100～125m的架空线
	钢芯铝绞线	LGJ	10～400mm^2	用作35kV以上较高电压或挡距较大的架空线
	轻型钢芯铝绞线	LGJQ	150～700mm^2	
	加强型钢芯铝绞线	LGJJ	150～400mm^2	
	硬铜绞线	TJ	16～400mm^2	用作机械强度高、耐腐蚀的高低压输电线路
	镀锌钢绞线	GJ	2～260mm^2	用作避雷线

常用裸铝绞线的主要技术数据见表3-3，常用裸钢芯铝绞线的主要技术数据见表3-4。

表3-3 常用裸铝绞线的主要技术数据

截面（mm^2）	线芯根数及单线直径（mm）	电线外径（mm）	最大直流电阻（20℃）（Ω/km）	单位质量（kg/km）	计算拉力（kg）	载流量	
						户外（A）	户内（A）
16	7×1.70	5.10	1.98	44	254	105	80
25	7×2.12	6.36	1.28	68	395	135	110
35	7×2.50	7.50	0.92	95	550	170	135
50	7×3.00	9.00	0.64	136	792	215	170
70	7×3.55	10.65	0.46	191	1 042	265	215
95	19×2.55	12.55	0.34	257	1 400	325	260
120	19×2.80	14.00	0.27	322	1 872	375	310
150	19×3.15	15.80	0.21	407	2 220	440	370
185	19×3.50	17.50	0.17	503	2 745	500	425
240	19×4.00	20.00	0.132	656	3 585	610	

注：线芯最高允许温度70 ℃，周围环境温度50 ℃。

表 3-4　常用裸钢芯铝绞线的主要技术数据

截面（mm^2）	结构尺寸		电线外径（mm）	最大直流电阻（20℃）（Ω/km）	单位质量（kg/km）	计算拉力（kg）	载流量（户外）（A）
	铝股（mm）	钢芯（mm）					
10	5×1.60	1×1.20	4.4	3.12	36	280	73
16	6×1.80	1×1.80	5.4	2.04	62	445	110
25	6×2.20	1×2.20	6.6	1.38	92	665	140
35	6×2.80	1×2.80	8.4	0.85	150	1 077	170
50	6×3.20	1×3.20	9.6	0.65	196	1 410	220
70	6×3.80	1×3.80	11.4	0.46	275	1 980	275
95	28×2.08	7×1.80	13.70	0.33	404	3 160	335
120	28×2.29	7×2.00	15.2	0.27	492	3 840	380
150	28×2.59	7×2.20	17.0	0.21	617	4 890	445
185	28×2.87	7×2.50	19.0	0.17	771	6 030	515
240	28×3.29	7×2.80	2106	0.132	997	7 860	610

注：线芯最高允许温度 70 ℃，周围环境温度 35 ℃。

（2）绝缘导线。绝缘导线是指导体外表有绝缘层的导线，它不仅有导线部分，而且还有绝缘层。绝缘层的主要作用是隔离带电体或不同电位的导体。绝缘导线由导电线芯及绝缘包层等构成，型号较多，用途广泛。常用绝缘导线的型号、名称及主要用途见表 3-5。

表 3-5　常用绝缘导线的型号、名称及主要用途

型号		名称	主要用途
铜芯线	铝芯线		
BX	BLX	棉线编织橡胶绝缘导线	适用于交流 500V 及以下，直流 1000V 及以下的电气设备及照明装置的固定敷设，可以明线敷设，也可以暗线敷设
BXF	BLXF	氯丁橡胶绝缘导线	
BXHF	BLXHF	橡胶绝缘氯丁橡胶护套导线	固定敷设，适用于干燥或潮湿场所
BV	BLV	聚氯乙烯绝缘导线	适用于交流额定电压 450/750V、300/500V 及以下动力装置的固定敷设
BVV	BLVV	聚氯乙烯绝缘聚氯乙烯护套导线	
BVR	—	聚氯乙烯绝缘软导线	同 BV 型，安装要求较柔软时用
RV	—	聚氯乙烯绝缘软导线	适用于交流额定电压 450/750V、300/500V 及以下的家用电器、小型电动工具、仪器仪表及动力照明等装置的连接，交流额定电压 250V 以下日用电器、照明灯头的接线等
RVB	—	聚氯乙烯绝缘平型软导线	
RVS	—	聚氯乙烯绝缘绞型软导线	

（3）电力电缆线。电力电缆线的作用是输送和分配大功率电能，主要由缆芯、绝缘层和保护层构成，优点是可埋设于地下，经久耐用，不受气候条件影响。电力电缆线种类很多，常见的有聚氯乙烯绝缘系列电缆线和橡胶绝缘系列电缆线等。工矿企业、农村常用低压电力电缆线的型号、名称及主要用途见表 3-6。

表 3-6 常用低压电力电缆线的型号、名称及主要用途

型号	名称	主要用途
BV	铜芯聚氯乙烯绝缘护套电力电缆线	可敷设在室内外、隧道或沟内，也可以直接埋在 1m 左右的地层内。线芯有单芯、二芯、三芯等
BLV	铝芯聚氯乙烯绝缘护套电力电缆线	
YHQ	轻型铜芯橡胶绝缘护套电力电缆线	可用于 500V 以下移动电器设备。线芯有单芯、二芯、三芯和四芯等，其中四芯常用于接地
YHZ	中型铜芯橡胶绝缘护套电力电缆线	
YHC	重型铜芯橡胶绝缘护套电力电缆线	

（4）电磁线。电磁线是一种涂有绝缘漆或包缠纤维的导线，主要用在电动机、变压器、电气设备、电工仪表、电信装置的绕组和元件上，不能用在布线及电器连接上。常用电磁线的型号、名称及主要用途见表 3-7。

表 3-7 常用电磁线的型号、名称及主要用途

型号	名称	主要用途
Q、QQ、QA、QH、QZ、QXY、QY、QAN	漆包线	用作各种变压器、中小型电机、电器设备、电工仪表的线圈或绕组
Z、ZL、ZB、ZLB、SBEC、SBECB、SE、SQ、SQZ	绕包线	用作大中型变压器、电机、电器设备、电工仪表的线圈或绕组
YML、YMLB、TC	无机绝缘电磁线	用作起重电磁铁、高温制动器、干式变压器的绕线，并用于有辐射的场合
SQJ、SEQJ、QQLBH、QQV、QZJBSB	特种电磁线	用作中频变频机、大型变压器、潜水电机等的线圈或绕组

3.1.2 常用绝缘材料

电阻率大于 10^7 Ω·m 的物质所构成的材料叫绝缘材料，又称电介质。绝缘材料的主要作用是将带电体与不带电体相隔离，将不同电位的导体相隔离，确保电流的流向或人身安全，在某些场合，还起支撑、固定、灭弧、防电晕、防潮湿的作用。

1. 绝缘材料的基本性能

绝缘材料的品质在很大程度上决定了电工产品和电气工程的质量及使用寿命，而其品质的优劣与它的物理、化学、机械和电气等基本性能有关，主要有耐热性、绝缘强度和力学性能。常用绝缘材料的主要性能见表 3-8。

（1）耐热性。耐热性是指绝缘材料承受高温而不改变其物理、化学、机械和电气性能的能力。电气设备的绝缘材料长期在热态下工作，其耐热性是决定绝缘性能的主要因素。

绝缘材料在长期使用过程中，会发生物理和化学的变化，使电气性能和力学性能变坏，即我们通常所说的老化。影响绝缘材料老化的原因很多，热是主要因素，温度过高会加速绝缘材料的老化过程。因此，对各种绝缘材料都规定了使用时的极限温度，并按绝缘材料在其正常运行条件下允许的最高工作温度，分成 Y、A、E、B、F、H、C 7 个耐热等级，其极限工作温度分别为 90 ℃、105 ℃、120 ℃、130 ℃、155 ℃、180 ℃及 180 ℃以上。

（2）绝缘强度。绝缘材料在高于某一极限数值的电压作用下，通过电介质的电流会突然增加，这时绝缘材料被破坏而失去绝缘性能，这种现象称为电介质击穿。电介质发生击穿时的电压称为击穿电压。单位厚度的电介质被击穿时的电压称为绝缘强度，也称击穿强度，

单位为 kV/mm。

（3）力学性能。绝缘材料的力学性能有多种指标，其中主要是抗张强度，表示绝缘材料承受力的能力。

表 3-8　常用绝缘材料的主要性能

材料名称	绝缘强度（kV/mm）	抗张强度（kg/cm^2）	密度（kg/m^3）	膨胀系数（10^{-6}）
空气	2～4	—	1.29	—
白云母	15～78	—	760～3 000	3
琥珀云母	15～50	—	2 750～2 900	3
石棉	5～53	520	2 500～3 200	—
石棉板	1.2～2	140～250	1 700～2 000	—
软橡胶	10～24	70～140	950	—
硬橡胶	20～38	250～680	1 150～1 500	—
绝缘布	10～54	135～290	—	—
干木材	0.8	485～750	360～800	—
胶木	10～30	350～770	1 260～1 270	20～100
瓷器	8～25	180～420	2 300～2 500	3.4～6.5
玻璃	5～10	140	3 200～3 600	7

2．绝缘材料

绝缘材料在电力系统中有广泛的应用，例如：用作电器和电机设备的底板、底座、外壳及绕组绝缘，导线的绝缘保护层，绝缘子等。此外，电力变压器冷却油、油断路器用油、电容器用油、以及电器和电机设备的防锈覆盖油漆等，均需要有良好的绝缘性能，这些也属于绝缘材料范围。电工常用绝缘材料的种类和主要用途见表 3-9。

表 3-9　电工常用绝缘材料的种类和主要用途

名称	常用种类	主要用途	
电工塑料	ABS 塑料	用于制作各种仪表和电动工具的外壳、支架、接线板等	
	尼龙	用于制作插座、线圈骨架、接线板以及机械零部件等，也常用作绝缘护套、导线绝缘护层	
	聚苯乙烯（PS）	用于制作各种仪表外壳、开关、按钮、线圈骨架、绝缘垫圈、绝缘套管	
	有机玻璃	用于制作仪表、绝缘零件、接线柱及读数透镜	
	聚氯乙烯（PVC）	用于制作电线电缆的绝缘和保护层	
	氯乙烯（PE）	用于制作通信电缆、电力电缆的绝缘和保护层	
电工橡胶	天然橡胶	适合制作柔软性、弯曲性和弹性要求较高的电力电缆的绝缘和保护层	
	人工橡胶	用于制作电线电缆的绝缘和保护层	
绝缘薄膜		主要用于制作电动机、电器线圈和电线电缆的绝缘以及电容器的介质	
绝缘粘带	电工胶布	电工用途最广、用量最多的绝缘粘带	绝缘粘带
	聚氯乙烯胶带	可代替电工胶布，除包扎电线电缆外，还可用于密封保护层	
	涤纶胶带	除包扎电线电缆外，还可用于密封保护层及胶扎物件	

3.1.3 常用导磁材料

物质在磁场的作用下显示出磁性的现象叫磁化。各种铁磁物质在磁场的作用下，都会呈现出不同的磁性。导磁材料按其特性不同，一般分为软磁材料和硬磁材料两大类，常用导磁材料的特点和主要用途见表 3-10。

表 3-10 常用导磁材料的特点和主要用途

名 称	特 点	常用种类	型 号	主要用途
软磁材料	容易磁化，撤掉外磁场后磁性容易消失	电工硅钢薄板	DR、DW	用于变压器、扼流圈、继电器和电动机的铁心
		铁氧体软磁材料	R、RK	
		电工用纯铁	DT	
硬磁材料	在磁场作用下达到磁饱和状态后，即使撤掉磁场还能较长时间地保持强而稳定的磁性	合金硬磁材料	—	用来制造磁电系仪表的磁钢、永磁电动机的磁极铁心
		铁氧体硬磁材料	—	

3.1.4 常用安装材料

安装材料是电气工程中的主要材料之一，可以是金属材料或非金属材料。常用安装材料按其用途可分为线管和线槽两大类。

1. PVC 塑料线管

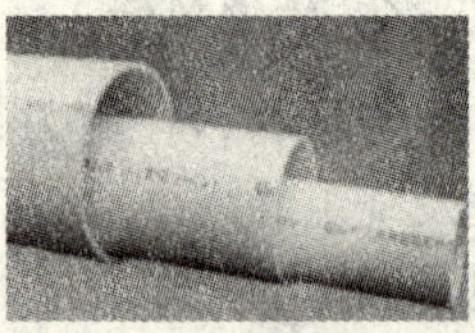

为了使导线免受腐蚀和外来机械损伤，常把导线穿在管内敷设。用来穿电线的管子叫线管，如图 3-1 所示。常用线管有 PVC 塑料线管，又称 PVC 阻燃电线管，简称 PVC 管，属于冷弯型硬质塑料管。具有耐腐蚀、耐压、抗冲击、阻燃、绝缘性能好及施工方便等优点，在电气安装中得到广泛应用，PVC 塑料线管的主要用途见表 3-11。

图 3-1 PVC 塑料线管

表 3-11 PVC 塑料线管的主要用途

名 称	常用种类	主要用途
PVC 塑料线管	重型硬管 半硬管 轻型硬管	因 PVC 塑料线管价格便宜，且有许多优越于金属管的性能，除易燃、易爆场所的明敷设禁止使用 PVC 塑料线管外，其他场所已取代金属电线管

PVC 塑料线管选用时，应考虑配管的截面积，以便于穿线。一般要求管内导线的总的截面积（包括绝缘层）不超过 PVC 塑料线管内径截面积的 40%。PVC 塑料线管的选用见表 3-12 所示。

表 3-12 PVC 塑料线管的选用

标称直径（mm）	外直径及误差（mm）	轻型管壁厚（mm）	重型管壁厚（mm）
15	20±0.7	2.0±0.3	2.5±0.4
20	25±1.0	2.0±0.3	3.0±0.4
25	32±1.0	3.0±0.45	4.0±0.6
32	40±1.2	3.5±0.5	5.0±0.7

续表

标称直径（mm）	外直径及误差（mm）	轻型管壁厚（mm）	重型管壁厚（mm）
40	51±1.7	4.0±0.6	6.0±0.9
50	65±2.0	4.5±0.7	7.0±1.0
65	76±2.3	5.0±0.7	8.0±1.2
80	90±3.0	6.0±1.0	—

2. PVC 塑料护套线

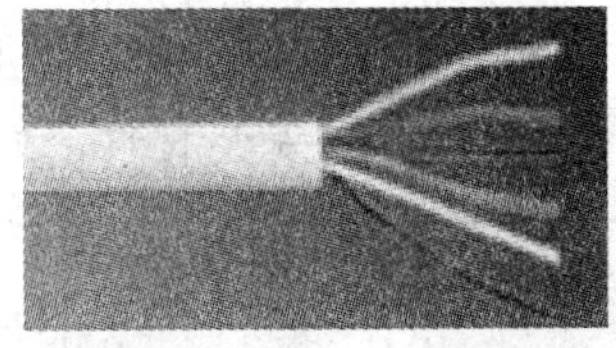

图 3-2　PVC 塑料护套线

塑料护套线是一种具有双层塑料保护层的双芯或多芯绝缘导线。采用塑料护套线进行明敷设，具有防潮、耐酸、耐腐蚀、安装方便，造价低廉等优点，可以直接敷设在空心板墙壁及其他建筑物表面。常用的塑料护套线为聚氯乙烯绝缘护套导线，型号为 BVV（铜芯线）、BLVV（铝芯线），如图 3-2 所示。室内使用塑料护套线敷设时，铜芯截面积不得小于 0.5mm^2，铝芯截面积不得小于 1.5mm^2。室外使用塑料护套线敷设时，铜芯截面积不得小于 1.0mm^2，铝芯截面积不得小于 2.5mm^2。

3. PVC 塑料线槽

图 3-3　PVC 塑料线槽

常用线槽，由底板和盖板两部分组成，两板通过钩状槽相互结合，将导线放入底板槽内，然后压上盖板，两板便紧扣在一起。若要取下盖板，只要用手一扳即可，装拆非常方便。PVC 塑料线槽如图 3-3 所示。

PVC 塑料线槽又称 PVC 阻燃线槽，呈白色，它由难燃的聚氯乙烯塑料经阻燃处理制成，是一种新型布线材料。PVC 塑料线槽布线适合住宅、办公室等干燥和不易受机械损伤的场所。常用 PVC 塑料线槽规格见表 3-13。

表 3-13　常用 PVC 塑料线槽的规格

编　号	规格（mm×mm）	尺　寸		
		宽	高	壁厚（mm）
GA15	15×10	15	10	1.0
GA24	24×14	24	14	1.2
GA39/01	39×18	39	18	1.4
GA39/02	39×18（双坑）	39	18	1.4
GA39/03	39×18（三坑）	39	18	1.4
GA60/01	60×22	60	22	1.6
GA60/02	60×40	60	40	1.6
GA80	80×40	80	40	1.8
GA100/01	100×27	100	27	2.0
GA100/02	100×40	100	40	2.0

【实训项目 4】　常用电工材料的识别

1. 实训要求

会识别各种电工常用导电材料、绝缘材料、导磁材料和安装材料。

2. 实训器材

各种电工常用导电材料、绝缘材料、导磁材料和安装材料。

3. 实训步骤

➢ 想一想：用途特点

请你想一想各种电工常用导电材料、绝缘材料、导磁材料和安装材料的特点、用途。

➢ 比一比：性能价格

到商店或上网查询 1～3 种电工常用的导电材料、绝缘材料、导磁材料和安装材料，并做好记录。

类　别	名　称	型号规格	单　位	价　格	生产厂家
导电材料					
绝缘材料					
导磁材料					
安装材料					

➢ 找一找：电工材料

在家、教室、实习工场等场所，找一找你身边的导电材料、绝缘材料、导磁材料和安装材料。

➢ 写一写：收获体会

请把你的实训收获和体会写下来。

3.2 常用低压电器

3.2.1 常用低压电器的分类

电器是指对电路和电气设备进行保护、控制和调节的电工器件。它在电力输配电系统和电力拖动自动控制系统中应用极为广泛。

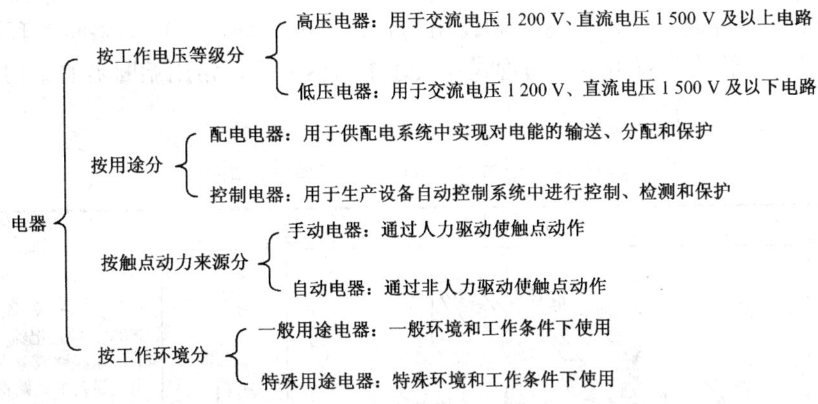

低压电器按它在电气线路中的用途可分为低压配电电器和低压控制电器，见表 3-14。

表 3-14　低压电器的分类

种　类	适用场合	工作要求	举　例
低压配电电器	用于低压配电系统中，对电器及用电设备进行保护和通断、转换电源或负载	在系统发生异常情况下动作准确，并有足够的热稳定性和动稳定性	熔断器、刀开关、低压断路器等
低压控制电器	用于低压电力传动、自动控制系统和用电设备中，使其达到预期的工作状态	体积小，重量轻，工作可靠	按钮、行程开关、接触器、继电器等

3.2.2 熔断器

低压熔断器是低压供配电系统和控制系统中最常用的安全保护电器，主要用于短路保护，有时也可用于过载保护。其主体是用低熔点金属丝或金属薄片制成的熔体，串联在被保护电路中。在正常情况下，熔体相当于一根导线，当电路短路或过载时，电流很大，熔体因过热而熔化，从而切断电路起到保护作用。

1. 压熔断器的分类

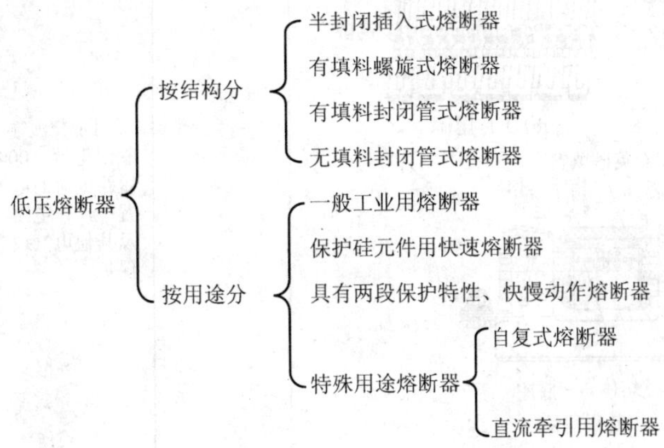

低压熔断器的种类不同，其特性和使用场合也有所不同，常用的熔断器有瓷插式、螺旋式、无填料封闭管式、有填料封闭管式（快速熔断器）等，常用熔断器的结构、符号和用途见表3-15。

表3-15 常用熔断器的结构、符号和用途

种类	结构示意图	符号	用途
瓷插式熔断器	动触头 熔丝 静触头 瓷底 瓷盖	FU	一般在交流额定电压380V、额定电流200A及以下的低压线路或分支线路中，作电气设备的短路保护及过载保护
螺旋式熔断器	瓷帽 熔断管 瓷套 上接线盒 下接线座 瓷座 结构		广泛应用于交流额定电压380V、额定电流200A及以下的电路，用于控制箱、配电瓶、机床设备及振动较大的场所，作短路保护
无填料封闭管式熔断器	熔断管 夹座 黄铜套管 钢纸管 黄铜帽 插刀 熔体 夹座		用于交流额定电压500V或直流额定电压440V及以下电压等级的动力网络及成套电气设备中，作导线、电缆及较大容量电气设备的短路与过载保护
有填料封闭管式（快速）熔断器	(a)熔管 锡桥 (b)工作熔体 石英砂填料 熔断指示器 指示器熔丝 触刀 熔管 熔体 底座 (c)整体结构		用于交流额定电压380V、额定电流1000A以下的较大短路电流的电力网络和配电装置中，作电路、电机、变压器及其他电气设备的短路和过载保护

2．低压熔断器的技术参数

（1）额定电压：熔断器长期正常工作能承受的最大电压。

（2）额定电流：熔断器（绝缘底座）允许长期通过的电流。

（3）熔体的额定电流：熔体长期正常工作而不熔断的电流。

（4）极限分断能力：熔断器所能分断的最大短路电流值。

常用低压熔断器的基本技术参数见表 3-16。

表 3-16　常用低压熔断器的基本技术参数

类　别	型　号	额定电压（V）	额定电流（A）	熔体额定电流等级（A）
插入式熔断器	RCA-5	交流 380 220	5	2、4、5
	RCA-10		10	2、4、6、10
	RCA-15		15	6、10、15
	RCA-30		30	15、20、25、30
	RCA-60		60	30、40、50、60
	RCA-100		100	60、80、100
螺旋式熔断器	RL1-15	交流 500 380 220	15	2、4、6、10、15
	RL1-60		60	20、25、30、35、40、50、60
	RL1-100		100	60、80、100
	RL1-200		200	100、125、150、200
螺旋式熔断器	RL2-25	交流 500 380 220	25	2、4、6、10、15、20、25
	RL2-60		60	25、35、50、60
	RL2-100		100	80、100

3．低压熔断器的选用

选用低压熔断器时，一般只考虑熔断器的额定电压、额定电流和熔体的额定电流这 3 项参数，其他参数只有在特殊要求时才考虑。

（1）低压熔断器的额定电压。低压熔断器的额定电压应不小于电路的工作电压。

（2）低压熔断器的额定电流。低压熔断器的额定电流应不小于所装熔体的额定电流。

（3）熔体的额定电流。根据低压熔断器保护对象的不同，熔体额定电流的选择方法也有所不同。

① 保护对象是电炉和照明等电阻性负载时，熔体额定电流 I_{RN} 不小于电路的工作电流 I_N，即 $I_{RN} \geqslant I_N$。

② 保护对象是电动机时，因电动机的启动电流很大，熔体的额定电流应保证熔断器不会因电动机启动而熔断，一般只用做短路保护而不能作过载保护。

对于单台电动机，熔体的额定电流应不小于电动机额定电流 I_N 的 1.5～2.5 倍，即

$$I_{RN} \geqslant (1.5 \sim 2.5) I_N$$

对于多台电动机，熔体的额定电流应不小于最大一台电动机额定电流 I_{Nmax} 的 1.5～2.5 倍，加上同时使用的其他电动机额定电流之和$\sum I_N$，即

$$I_{RN} \geqslant (1.5 \sim 2.5) I_{Nmax} + \sum I_N$$

轻载启动或启动时间较短时，系数可取小些，若重载启动或启动时间较长时，系数可取大些。

③ 保护对象是配电电路时，为防止熔断器越级动作而扩大停电范围，后一级熔体的额定电流比前一级熔体的额定电流至少要大一个等级。同时，必须校核熔断器的极限分断能力。

4. 熔断器的安装要点

低压熔断器的安装要点见表3-17。

表3-17 熔断器的安装要点

序号	示意图	说明
1	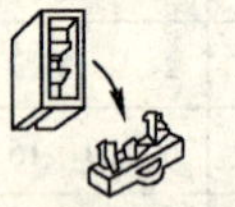	拔下熔断器瓷插盖，将瓷插式熔断器垂直固定在配电板上
2	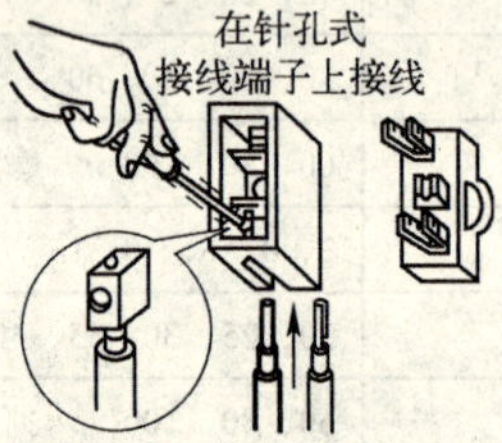 在针孔式接线端子上接线	用单股导线与熔断器底座上的接线端子（静触点）相连
3	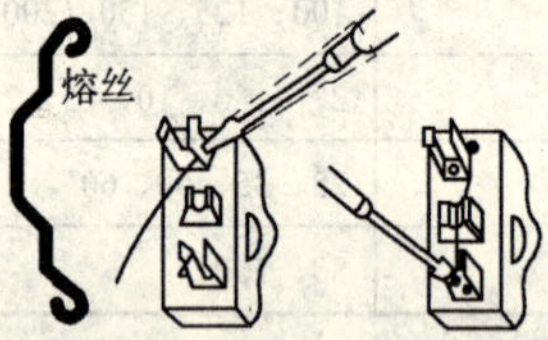 熔丝	安装熔体时，必须保证接触良好，不允许有机械损伤。若熔体为熔丝时，应预留安装长度，固定熔丝的螺钉应加平垫圈，将熔丝两端沿压紧螺钉顺时针方向绕一圈
4	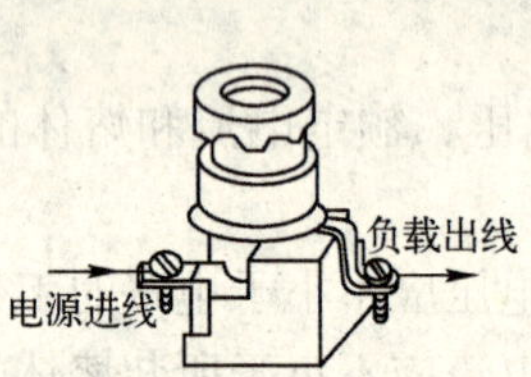 负载出线 电源进线	螺旋式熔断器的电源进线应接在下接线端子上，负载出线应接在上接线端子上
5	严禁在三相四线制电路的中性线上安装熔断器，而在单相二线制的中性线上要安装熔断器	
6	安装熔断器除保证适当的电气距离外，还应保证安装位置间有足够的间距，以便于拆卸、更换熔体	
7	更换熔体时，必须先断开负载。因熔体烧断后外壳温度很高，容易烫伤，因此不要直接用手拔管状熔体	

3.2.3 刀开关

刀开关是低压供配电系统和控制系统中最常用的配电电器，常用于电源隔离，也可用于不频繁地接通和断开小电流配电电路或直接控制小容量电动机的启动和停止，是一种手动操作电器。

1．刀开关的分类

- 刀开关
  - 按结构分
    - 开启式刀开关
    - 封闭式刀开关
  - 按刀的极数分
    - 单极刀开关
    - 双极刀开关
    - 三极刀开关
  - 按合闸方式分
    - 单掷刀开关
    - 双掷刀开关
  - 按操作方式分
    - 手柄直接操作刀开关
    - 杠杆—手操作刀开关
    - 气动操作刀开关
    - 电动操作刀开关
  - 按接线方式分
    - 板前接线式刀开关
    - 板后接线式刀开关

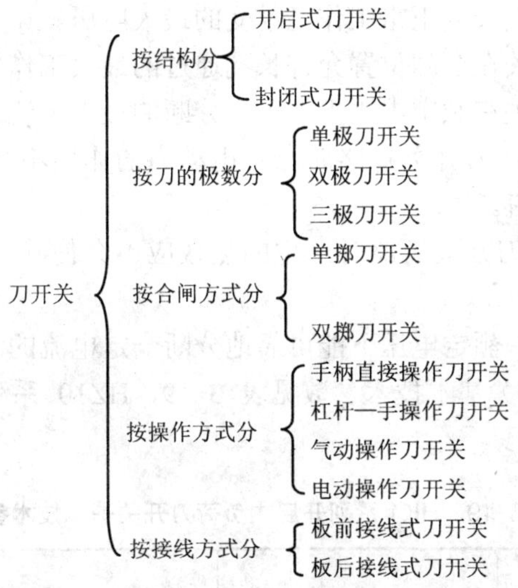

在电力设备自动控制系统中，通常将刀开关和熔断器合二为一，组成具有一定接通分断能力和短路分断能力的组合式电器，其短路分断能力由组合电器中的熔断器分断能力决定。目前，使用最为广泛的是开启式负荷开关（瓷底胶盖闸刀开关）和转换开关（组合开关），其结构、符号和用途见表 3-18。

表 3-18　常用刀开关的结构、符号和用途

种　类	结构示意图	符　号	用　途
开启式负荷开关	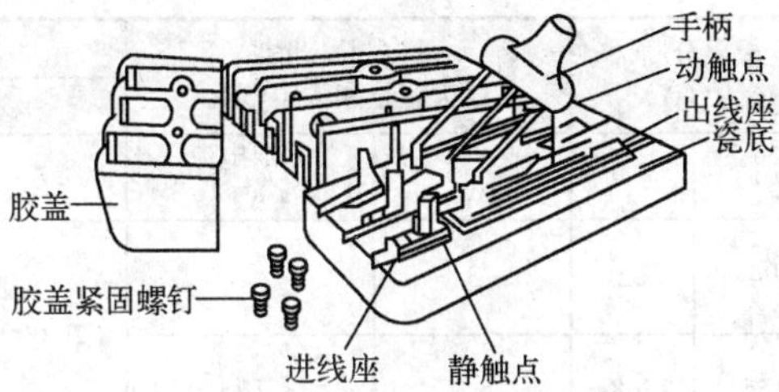手柄 动触点 出线座 瓷底 胶盖 胶盖紧固螺钉 进线座 静触点	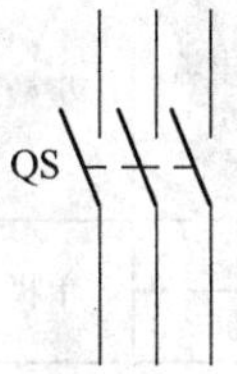QS	用于照明、电热设备电路和功率小于 5.5kW 异步电动机直接启动的控制电路中，供手动不频繁地接通或断开电路
转换开关	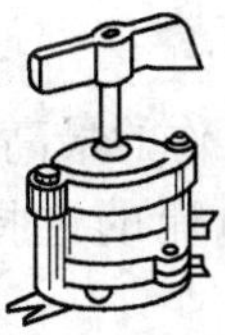 外形 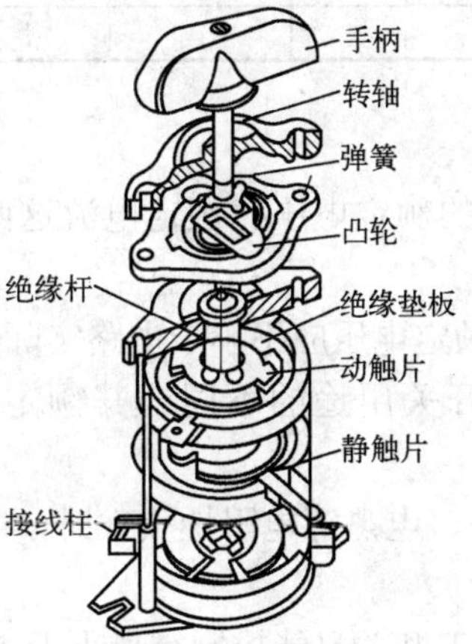手柄 转轴 弹簧 凸轮 绝缘杆 绝缘垫板 动触片 静触片 接线柱 结构	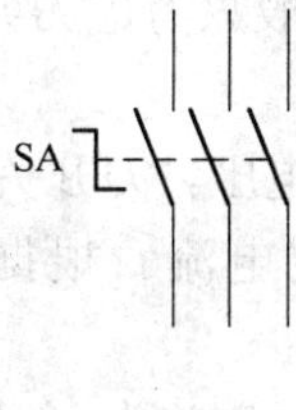SA	多用于机床电气控制线路中作为电源引入开关，也可用作不频繁地接通或断开电路，切换电源和负载，控制 5.5kW 及以下小容量异步电动机的正反转或Y－△启动

2. 刀开关的技术参数

（1）额定电压：刀开关长期正常工作能承受的最大电压。

（2）额定电流：刀开关在合闸位置允许长期通过的最大工作电流。

（3）分断能力：刀开关在额定电压下能可靠分断的最大电流。

（4）电动稳定性电流：刀开关短路时产生电动力的作用不会使其产生变形、损坏或触刀自动弹出的最大短路电流。

（5）热稳定性电流：刀开关短路时产生的热效应不会使其因温度升高发生熔焊的最大短路电流。

（6）电寿命：刀开关在额定电压下能可靠地分断一定电流的总次数。

HK1 系列开启式刀开关基本技术参数见表 3-19，HZ10 系列转换刀开关基本技术参数见表 3-20。

表 3-19　HK1 系列开启式负荷刀开关基本技术参数

<table>
<tr><th rowspan="3">型　号</th><th rowspan="3">极　数</th><th rowspan="3">额定电流（A）</th><th rowspan="3">额定电压（V）</th><th rowspan="3">可控制电动机最大容量（kW）</th><th colspan="4">配用熔丝规格</th></tr>
<tr><th colspan="3">熔丝成分</th><th rowspan="2">熔丝线径（mm）</th></tr>
<tr><th>铅</th><th>锡</th><th>锑</th></tr>
<tr><td>HK1-15</td><td>2</td><td>15</td><td>220</td><td>1.5</td><td></td><td></td><td></td><td>1.45～1.59</td></tr>
<tr><td>30</td><td>2</td><td>30</td><td>220</td><td>3.0</td><td>98%</td><td>1%</td><td>1%</td><td>2.30～2.52</td></tr>
<tr><td>60</td><td>2</td><td>60</td><td>220</td><td>4.5</td><td></td><td></td><td></td><td>3.36～4.00</td></tr>
<tr><td>HK1-15</td><td>3</td><td>15</td><td>380</td><td>2.2</td><td></td><td></td><td></td><td>1.45～1.59</td></tr>
<tr><td>30</td><td>3</td><td>30</td><td>380</td><td>4.0</td><td></td><td></td><td></td><td>2.30～2.52</td></tr>
<tr><td>60</td><td>3</td><td>60</td><td>380</td><td>5.5</td><td></td><td></td><td></td><td>3.36～4.00</td></tr>
</table>

表 3-20　HZ10 系列转换刀开关基本技术参数

<table>
<tr><th rowspan="3">型　号</th><th rowspan="3">额定电压（V）</th><th rowspan="3">额定电流（A）</th><th rowspan="3">极数</th><th colspan="2" rowspan="2">极限分断能力（A）</th><th colspan="2" rowspan="2">可控制电动机最大容量和额定电流</th><th colspan="2">电寿命</th></tr>
<tr><th colspan="2">交流 cosφ</th></tr>
<tr><th>接通</th><th>分断</th><th>容量（kW）</th><th>额定电流（A）</th><th>≥0.8</th><th>≥0.3</th></tr>
<tr><td rowspan="2">HZ10-10</td><td rowspan="5">交流 380</td><td>6</td><td rowspan="2">单极</td><td rowspan="2">94</td><td rowspan="2">62</td><td rowspan="2">3</td><td rowspan="2">7</td><td rowspan="4">20 000</td><td rowspan="4">10 000</td></tr>
<tr><td>10</td></tr>
<tr><td>HZ10-25</td><td>25</td><td rowspan="3">2、3</td><td rowspan="2">155</td><td rowspan="2">108</td><td rowspan="2">5.5</td><td rowspan="2">12</td></tr>
<tr><td>HZ10-60</td><td>60</td></tr>
<tr><td>HZ10-100</td><td>100</td><td></td><td></td><td></td><td></td><td>10 000</td><td>5 000</td></tr>
</table>

3. 刀开关的选用

刀开关的选用，一般只考虑刀开关的额定电压、额定电流这两项参数，其他参数只有在特殊要求时才考虑。

（1）刀开关的额定电压。刀开关的额定电压应不小于电路实际工作的最高电压。

（2）刀开关的额定电流。根据刀开关用途的不同，其额定电流的选择方法也有所不同。

① 当用作隔离开关或控制一般照明、电热等电阻性负载时，其额定电流应等于或略高于负载的额定电流。

② 当用于直接控制时，瓷底胶盖闸刀开关只能控制容量小于 5.5kW 的电动机，其额定

电流应大于电动机的额定电流；组合开关的额定电流应不小于电动机额定电流的 2～3 倍。

4．刀开关的安装要点

开启式负荷刀开关的安装要点见表 3-21。

表 3-21　开启式负荷刀开关的安装要点

序　号	示 意 图	说　明
1		卸下胶盖，将刀开关垂直安装在配电板上，并保证手柄向上推为合闸。不允许平装或倒装，以防止产生误合闸
2	电源进线 负载出线	接线时，电源进线应接在开关上面的进线端子上，负载出线接在开关下面的出线端子上，保证开关分断后，在闸刀和熔体上不带电
3		负荷开关必须安装熔体时，安装的熔体要放长一些，形成弯曲形状

注：开启式负荷开关应安装在干燥、防雨、无导电粉尘的场所，其下方不得堆放易燃易爆物品。

3.2.4　低压断路器

低压断路器又名自动空气开关或自动空气断路器，是能自动切断故障电流并兼有控制和保护功能的低压电器。它主要用在交直流低压电网中，既可手动又可电动分合电路，且可对电路或用电设备实现过载、短路和欠电压等保护，也可用于不频繁启动电动机。

1．低压断路器的分类

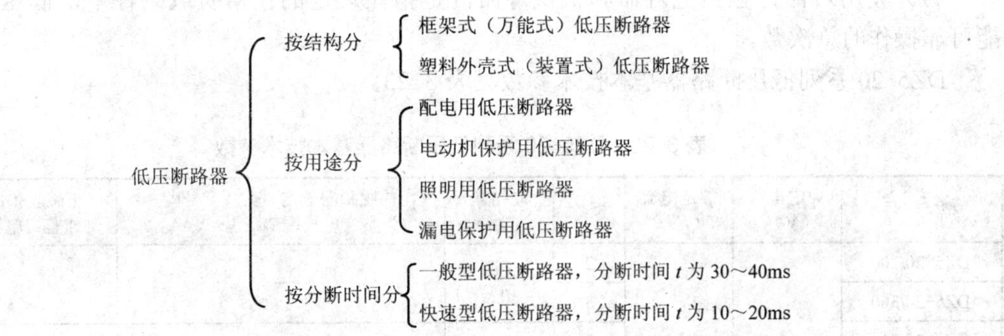

在自动控制中，塑料外壳式和漏电保护器因其结构紧凑、体积小、重量轻、价格低、安装方便和使用安全等优点，应用极为广泛。几种常用低压断路器的结构、符号和用途见表 3-22。

表 3-22 低压断路器的结构、符号和用途

种 类	结构示意图	符 号	用 途
塑料外壳式低压断路器	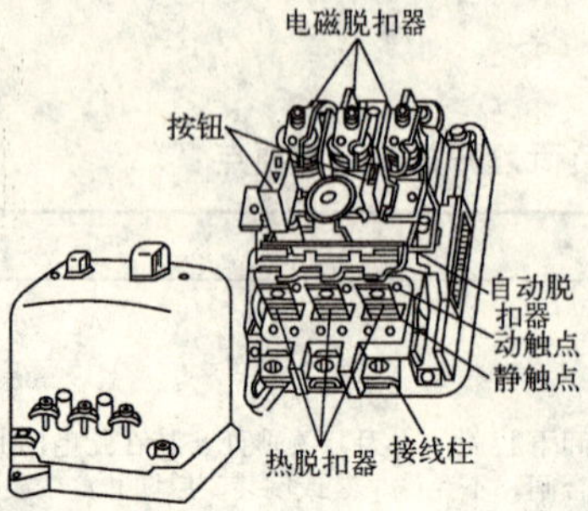 电磁脱扣器 按钮 自动脱扣器 动触点 静触点 热脱扣器 接线柱	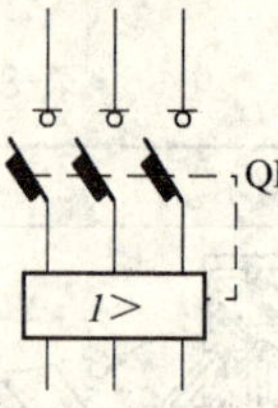 QF $I>$	通常用作电源开关，有时用于电动机不频繁启动、停止控制和保护
框架式断路器	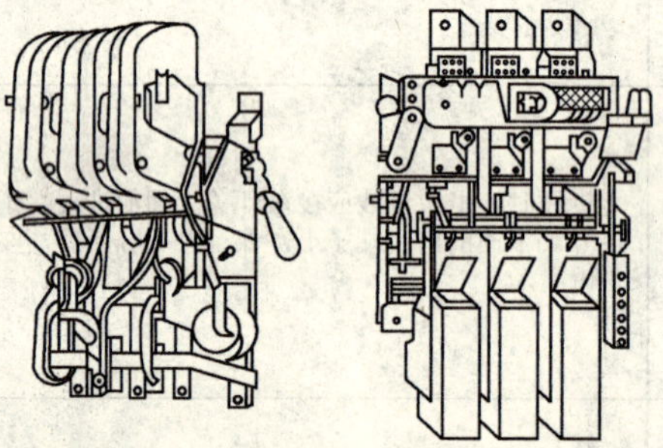		用于需要不频繁的接通和断开容量较大的低压网络或控制较大容量电动机的场合

2．低压断路器的技术参数

（1）额定电压：低压断路器长期正常工作所能承受的最大电压。

（2）壳架等级额定电流：每一塑壳或框架中所能装的最大额定电流脱扣器。

（3）断路器额定电流：脱扣器允许长期通过的最大电流。

（4）分断能力：在规定条件下能够接通和分断的短路电流值。

（5）限流能力：对限流式低压断路器和快速断路器要求有较高的限流能力，能将短路电流限制在第一个半波峰值下。

（6）动作时间：从电路出现短路的瞬间到主触头开始分离后电弧熄灭，电路完全分断所需的时间。

（7）使用寿命：包括电寿命和机械寿命，是指在规定的正常负载条件下，低压断路器能可靠操作的总次数。

DZ5-20 系列低压断路器基本技术参数见表 3-23。

表 3-23 DZ5-20 系列低压断路器基本技术参数

型 号	额定电压（V）	额定电流（A）	极数	脱扣器类别	热脱扣器额定电流（括号内为整定电流调节范围）（A）	电磁脱扣器瞬时动作整定电流（A）
DZ5-20/200	交流 380	20	2	无脱扣器	—	—
DZ5-20/300			3			
DZ5-20/210			2	热脱扣器	0.15（0.10～0.15） 0.20（0.15～0.20）	为热脱扣器额定电流的 8～12 倍（出厂时整定于 10 倍）
DZ5-20/310			3			

续表

<table>
<tr><th>型　号</th><th>额定电压（V）</th><th>额定电流（A）</th><th>极数</th><th>脱扣器类别</th><th>热脱扣器额定电流（括号内为整定电流调节范围）（A）</th><th>电磁脱扣器瞬时动作整定电流（A）</th></tr>
<tr><td>DZ5-20/220</td><td rowspan="4">直流 220</td><td rowspan="4">20</td><td>2</td><td rowspan="2">电磁脱扣器</td><td rowspan="4">0.30（0.20～0.30）
0.45（0.30～0.45）
0.65（0.45～0.65）
1.00（0.65～1.00）
1.50（1.00～1.50）
2.00（1.50～2.00）
3.00（2.00～3.00）
4.50（3.00～4.50）
6.50（4.50～6.50）
10.00（6.50～10.00）
15.00（10.00～15.00）
20.00（15.00～20.00）</td><td rowspan="4">为热脱扣器额定电流的 8～12 倍（出厂时整定于 10 倍）</td></tr>
<tr><td>DZ5-20/320</td><td>3</td></tr>
<tr><td>DZ5-20/230</td><td>2</td><td rowspan="2">复式脱扣器</td></tr>
<tr><td>DZ5-20/330</td><td>3</td></tr>
</table>

3．低压断路器的选用

在电气设备控制系统中，常选用塑料外壳式断路器或漏电保护式断路器；在电力网主干线路中主要选用框架式断路器；在建筑物的配电系统中一般采用漏电保护式断路器。

在考虑具体参数时，主要考虑额定电压、壳架等级额定电流和断路器额定电流这三项参数，其他参数只有在特殊要求时才考虑。

（1）低压断路器的额定电压。断路器的额定电压应不小于被保护电路的额定电压。

① 断路器欠电压脱扣器额定电压等于被保护电路的额定电压。

② 断路器分励脱扣器额定电压等于控制电源的额定电压。

（2）低压断路器的壳架等级额定电流。低压断路器的壳架等级额定电流应不小于被保护电路的计算负载电流。

（3）低压断路器整定电流。低压断路器整定电流不小于被保护电路的计算负载电流。

① 断路器用于保护电动机时，断路器的长延时电流整定值等于电动机额定电流。

② 断路器用于保护三相笼型异步电动机时，其瞬时整定电流等于电动机额定电流的8～15倍，倍数与电动机的型号、容量和启动方法有关。

③ 断路器用于保护三相绕线式异步电动机时，其瞬时整定电流等于电动机额定电流的3～6倍。

（4）断路器用于保护和控制频繁启动电动机时，还应考虑断路器的操作条件和使用寿命。

4．低压断路器的安装要点

（1）低压断路器应垂直安装。断路器底板应垂直于水平位置，固定后，断路器应安装平整。

（2）板前接线的低压断路器允许安装在金属支架上或金属底板上，但板后接线的低压断路器必须安装在绝缘底板上。

（3）电源进线应接在断路器的上母线上，而负载出线则应接在下母线上。

（4）当低压断路器用作电源总开关或电动机的控制开关时，在断路器的电源进线则必须加装隔离开关、刀开关或熔断器，作为明显的断开点。

（5）为防止发生飞弧，安装时应考虑断路器的飞弧距离，并注意灭弧室上方接近飞弧距离处不跨接母线。

3.2.5 主令电器

主令电器是用来接通和分断控制电路，以“命令”电动机及其他控制对象的启动、停止或工作状态变换的一类电器。

1. 主令电器的分类

主令电器的种类有按钮、行程开关（又称位置开关或限位开关）以及各种照明开关等。几种常用主令电器的外形、符号和结构见表3-24。

表3-24 常用主令电器的外形、结构和符号

名称	外　形	结构和符号（按触点结构不同分）	用　途
按钮	LA10-1　LA10-3H　LA10-3K LA18-22　LA18-22J　LA19-11I LA14-1　LA15 LA19-11　LA18-22X　LA18-22Y	按钮帽　复位弹簧　支柱连杆　常闭静触点　桥式动触点　常开静触点　外壳　1　2　3　4 复合按钮　SB 3　4 常开按钮（启动按钮）　SB 1　2 常闭按钮（停止按钮）　SB	一种手动操作接通或分断小电流控制电路的主令电器。一般情况下它不直接控制主电路的通断，而是在控制电路中发出“指令”去控制接触器、继电器等电器，再由它们来控制主电路
行程开关	(a)直动式 (b)单轮旋转式　(c)双轮旋转式	SQ　常开触点 SQ　常闭触点 SQ　复合触点	一种利用生产机械运动部件的碰撞使触点动作来实现接通或分断控制电路，从而达到一定控制目的的电器。一般情况下，这类开关被用来限制机械运动的位置或行程，使运动机械按一定位置或行程自动停止、反向运动、变速运动或自动往返运动等

2. 主令电器的技术参数

（1）按钮开关的技术参数。常用按钮开关的基本技术参数见表3-25。

表3-25 常用按钮的基本技术参数

型号	额定电压（V）	额定电流（A）	结构形式	触点对数		按钮数	按钮颜色
				常开	常闭		
LA2	交流500 直流440	5	元件	1	1	1	黑、绿、红
LA10-2K			开启式	2	2	2	黑红或绿红
LA10-3K			开启式	3	3	3	黑、绿、红
LA10-2H			保护式	2	2	2	黑红或绿红
LA10-3H			保护式	3	3	3	黑、绿、红
LA18-22J			元件（紧急式）	2	2	1	红
LA18-44J			元件（紧急式）	4	4	1	红
LA18-66J			元件（紧急式）	6	6	1	红
LA18-22Y			元件（钥匙式）	2	2	1	黑
LA18-44Y			元件（钥匙式）	4	4	1	黑
LA18-22X			元件（旋钮式）	2	2	1	黑
LA18-44X			元件（旋钮式）	4	4	1	黑
LA18-66X			元件（旋钮式）	6	6	1	黑
LA19-11J			元件（紧急式）	1	1	1	红
LA19-11D			元件（带指示灯）	1	1	1	红、绿、黄、蓝、白

（2）行程开关的技术参数。常用行程开关的基本技术参数见表3-26。

表3-26 常用行程开关的基本技术参数

型号	额定电压（V）	额定电流（A）	结构形式	触点对数		工作行程	超行程
				常开	常闭		
LX19K	交流380 直流220	5	元件	1	1	3mm	1mm
LX19-111			内侧单轮，自动复位	1	1	~30°	~20°
LX19-121			外侧单轮，自动复位	1	1	~30°	~20°
LX19-131			内外侧单轮，自动复位	1	1	~30°	~20°
LX19-212			内侧双轮，不能自动复位	1	1	~30°	~15°
LX19-222			外侧双轮，不能自动复位	1	1	~30°	~15°
LX19-232			内外侧双轮，不能自动复位	1	1	~30°	~15°
JLXK1-111			单轮防护式	1	1	12° ~15°	≤30°
JLXK1-211			双轮防护式	1	1	~45°	≤45°
JLXK1-311			直动防护式	1	1	1~3mm	2~4mm
JLXK1-411			直动滚轮防护式	1	1	1~3mm	2~4mm

3. 主令电器的选用

（1）按钮的选用。

① 根据使用场合选择按钮的种类。

② 根据用途选择合适的形式。

③ 根据控制回路的需要确定按钮数。

④ 根据工作状态指示和工作情况要求选择按钮的颜色。

（2）行程开关的选用。

① 根据使用场合及控制对象选择种类。

② 根据安装环境选择防护形式。

③ 根据控制回路的额定电压和额定电流选择系列。

④ 根据机械与行程开关的转动和位移的关系选择合适的操作头型号。

4．主令电器的安装要点

（1）将按钮安装在面板上时，应布置整齐，排列合理，可根据电动机启动的先后顺序，从上到下或从左到右排列。

（2）同一个机床运动部件的几种不同工作状态（如上下、前后、左右、松紧等），应使每一对相反状态的按钮安装在一组。

（3）为应对紧急情况，当按钮板上安装的按钮较多时，应用红色蘑菇头按钮作总停按钮，且应安装在显眼而容易操作的地方。

（4）按钮的安装固定应牢固，接线应可靠。用红色按钮表示停止，绿色或黑色按钮表示启动或通电。

（5）行程开关应牢固安装在安装板和机械设备上，不得有晃动现象。

（6）在安装行程开关过程中，要将挡块和传动杆及滚轮的安装距离调整在适当的位置上。

3.2.6 接触器

接触器是电力拖动与自动控制系统中一种重要的低压电器。它是利用电磁力的吸合与反向弹簧力作用使触点闭合或分断，从而使电路接通、断开的电器，是一种自动的电磁式开关。接触器有欠电压保护及零压保护功能，控制容量大，可用于频繁操作和远距离控制，具有工作可靠，性能稳定，维护方便，使用寿命长等优点，能实现运距离操作和自动控制。

1．接触器的分类

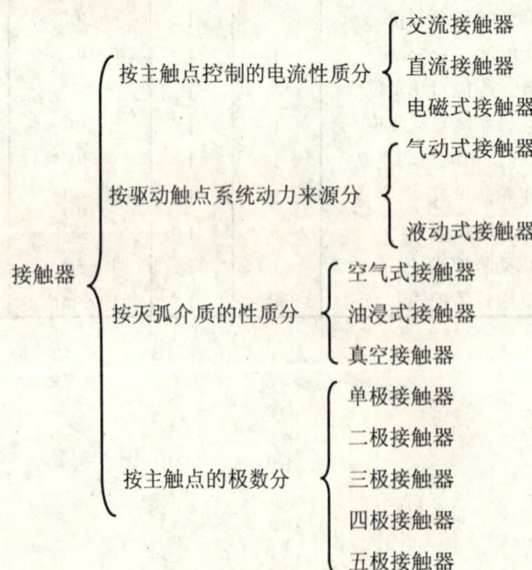

在工厂电气设备自动控制中，使用最为广泛的接触器是电磁式交流接触器。交流接触器的结构如图3-4所示，以CJ20系列交流接触器为例，外形及符号如图3-5所示。

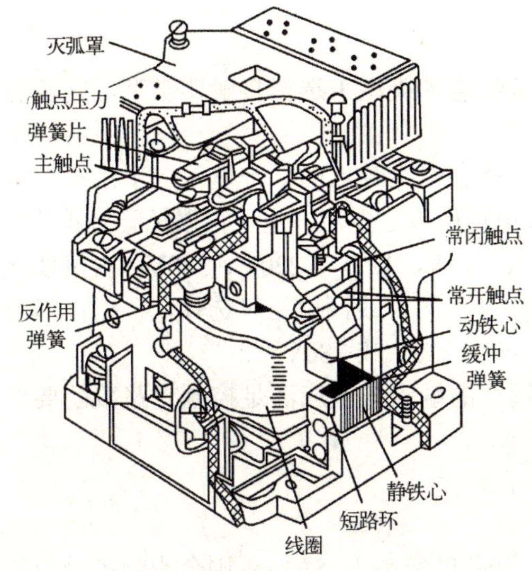

图 3-4　交流接触器的结构

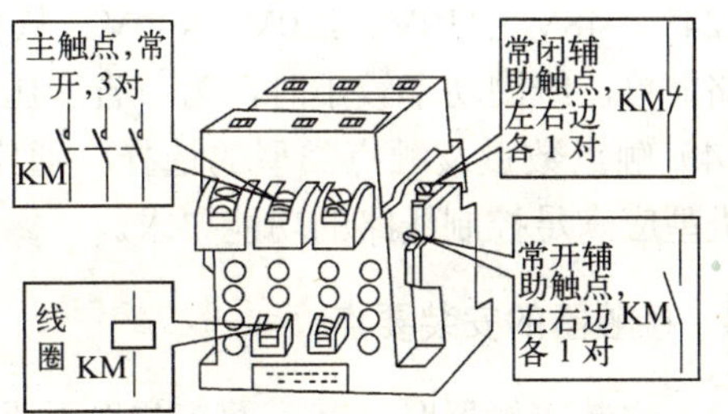

图 3-5　CJ20 系列交流接触器的外形及符号

2. 接触器的技术参数

（1）额定电压：接触器主触点长期正常工作所能承受的最大电压。

（2）吸引线圈额定电压：吸引线圈长期正常工作所能承受的最大电压。

（3）额定电流：接触器在额定工作条件下允许长期通过的最大电流。

（4）通断能力：接触器在规定条件下能通断的最大电流。

（5）额定频率：接触器的电源频率。

（6）额定工作制：标准的额定工作有 8 小时工作制、长期工作制、反复短时工作制和短时工作制。

（7）机械寿命：在无需修理的情况下所承受的不带负载的操作次数。

（8）电寿命：在规定使用类别和正常操作下无需修理或更换零件的负载操作次数。

常用交流接触器的基本技术参数见表 3-27。

表 3-27　常用交流接触器的基本技术参数

型号	主触点			辅助触点			线圈		可控制三相异步电动机的最大功率（kW）		额定操作频率（次/时）
	对数	额定电流（A）	额定电压（V）	对数	额定电流（A）	额定电压（V）	电压（V）	功率（VA）	220V	380V	
CJ0-10	3	10	380	2 常开 2 常闭	5	380	36、 110、 127、 220、 380、 440	14	2.5	4	≤600
CJ0-20	3	20						33	5.5	10	
CJ0-40	3	40						33	11	20	
CJ0-75	3	75						55	22	40	
CJ10-10	3	10						11	2.2	4	
CJ10-20	3	20						22	5.5	10	
CJ10-40	3	40						32	11	20	
CJ10-60	3	60						70	17	30	

3. 接触器的选用

（1）类型的选择。根据所控制的电动机或负载电流类型来选择接触器类型，交流负载选用交流接触器，直流负载选用直流接触器。

（2）主触点的额定电压和额定电流的选择。接触器主触点的额定电压应不小于负载电路的工作电压。主触点的额定电流应不小于负载电路的额定电流，也可根据经验公式计算。

（3）线圈电压的选择。交流线圈电压有 36V、110V、127V、220V、380V；直流线圈电压有 24V、48V、110V、220V、440V。从安全角度考虑，线圈电压可选择低一些；但当控制线路简单，线圈功率较小时，为节省变压器，可选 220V 或 380V。

（4）触点数量及触点类型的选择。通常接触器的触点数量应满足控制支路数的要求，触点类型应满足控制线路的功能要求。

4. 接触器的安装要点

（1）安装接触器时，其底面应与地面垂直，倾斜度应小于 5°，否则会影响接触器的工作特性。

（2）安装接线时，不要使螺钉、垫圈、接线头等零件脱落，以免掉进接触器内部而造成卡住或短路现象。

（3）对有灭弧室的接触器，应先将灭弧罩拆下，待安装固定好后再将灭弧罩装上。

（4）接触器触点表面应经常保持清洁，不允许涂油。当触点表面因电弧作用形成金属小珠时，应及时铲除，但银合金表面产生的氧化膜，由于接触电阻很小，不必铲修，否则会缩短触点寿命。

3.2.7 继电器

继电器是一种根据外界的电气量（电压、电流等）或非电气量（热、时间、转速、压力等）的变化来接通或断开控制电路的自动电器，主要用于控制、线路保护或信号转换。

1. 继电器的分类

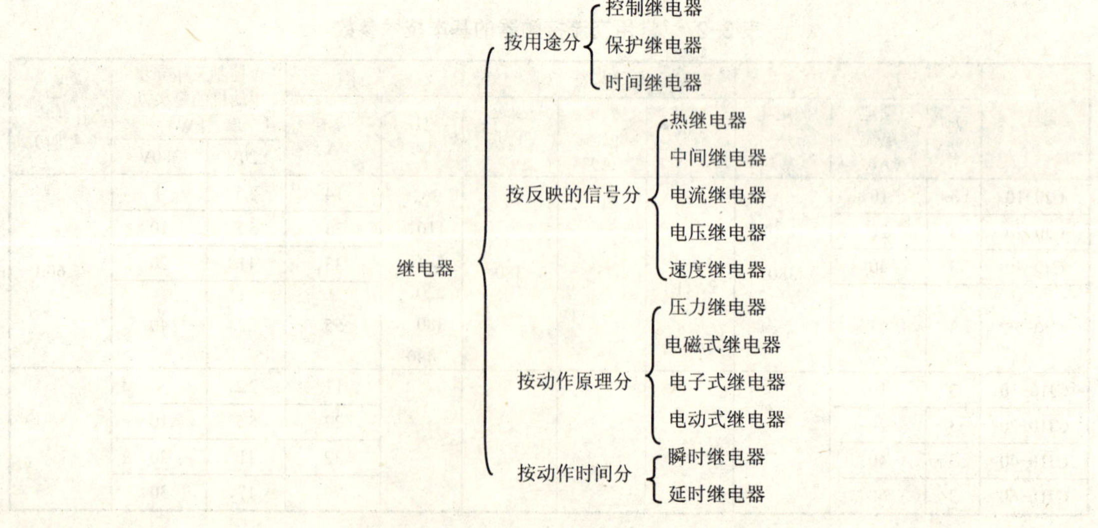

2. 热继电器

热继电器是利用电流的热效应来推动机构使触点闭合或断开的保护电器。它主要用于电动机的过载保护、断相保护、电流的不平衡运行保护及其他电气设备发热状态的控制。它的热元件串联在电动机或其他用电设备的主电路中，常闭触点串联在被保护的二次电路中。一旦电路过载，有较大电流通过热元件，热元件形变向上弯曲，使扣板在弹簧拉力作用下带动绝缘牵引极，分断接入控制电路中的常闭触点，切断主电路，从而起过载保护作用。

（1）热继电器的分类。

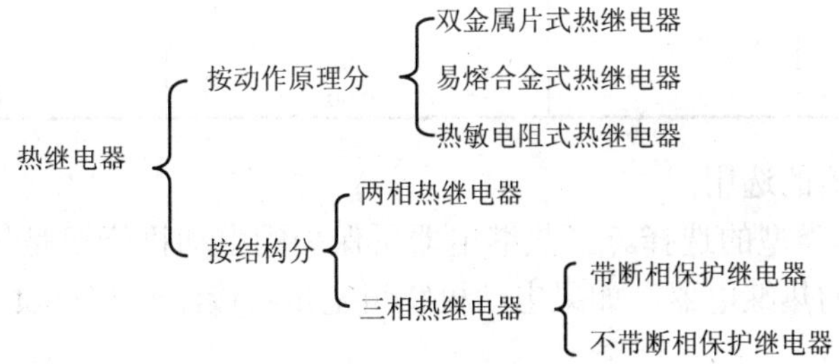

常用的双金属片式热继电器的结构、外形及符号如图 3-6 所示。

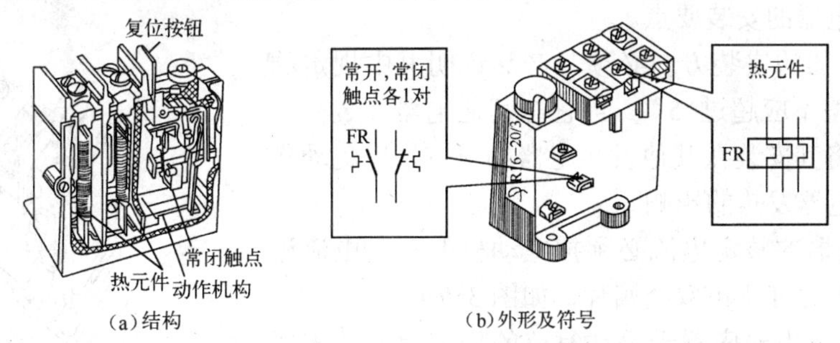

图 3-6　热继电器结构、外形及符号

（2）常用热继电器的基本技术参数。

① 触点额定电流：热继电器触点长期正常工作所能承受的最大电流。

② 热元件额定电流：热元件允许长期通过的最大电流。

③ 整定电流调节范围：长期通过热元件而热继电器不动作的电流范围。

常用热继电器的基本技术参数见表 3-28。

表 3-28　常用热继电器的基本技术参数

型　号	额定电流（A）	热元件等级	
		额定电流（A）	整定电流调节范围（A）
JB0-20/3 JB0-20/3D JR16B-20/3 JR16B-20/3D	20	0.35 0.50 0.72 1.10 1.60 2.40 3.50 5.00 7.20 11.00 16.00 22.00	0.25～0.35 0.32～0.50 0.45～0.72 0.68～1.10 1.00～1.60 1.50～2.40 2.20～3.50 3.20～5.00 4.50～7.20 6.80～11.00 10.0～16.0 14.0～22.0

续表

型号	额定电流（A）	热元件等级	
		额定电流（A）	整定电流调节范围（A）
JB0-40/3 JB16-40/3D	40	0.64	0.40～0.64
		1.00	0.64～1.00
		1.60	1.00～1.60
		2.50	1.60～2.50
		4.00	2.50～4.00
		6.40	4.00～6.40
		10.00	6.40～10.0
		16.00	10.0～16.0
		25.00	16.0～25.0
		40.00	25.00～40.00

（3）热继电器的选用。

① 热继电器类型的选择。当热继电器所保护的电动机绕组是星状接法时，可选用两相结构或三相结构的热继电器；如果电动机绕组是角状接法时，必须采用三相结构带断相保护的热继电器。

② 热继电器整定电流的选择。热继电器整定电流值一般取电动机的额定电流的1～1.1倍。

（4）热继电器的安装要点。

① 热继电器的安装方向必须与产品说明书中规定的方向相同，误差不应超过 5°。当它与其他电器安装在一起时，应注意将其安装在其他发热电器的下方，以免动作特性受到其他电器发热的影响。

② 热继电器的整定电流必须按电动机的额定电流进行调整，绝对不允许弯折双金属片，如图3-7所示。

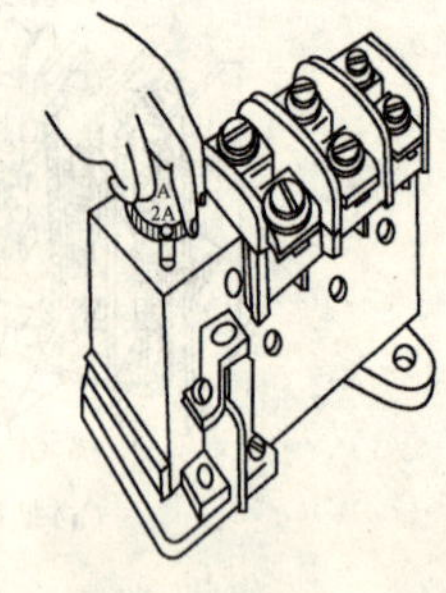

图3-7 热继电器整定电流的调整

③ 一般热继电器应置于手动复位的位置上，若需要自动复位时，可将复位调节螺钉以顺时针方向向里旋紧。

④ 热继电器进、出线端的连接导线，应按电动机的额定电流正确选用，尽量采用铜导线，并正确选择导线截面积。

⑤ 热继电器由于电动机过载后动作，若要再次启动电动机，必须待热元件冷却后，才能使热继电器复位。一般自动复位需要5min，手动复位需要2min。

3. 时间继电器

时间继电器是指从得到输入信号（线圈的通电或断电）起，需经过一段时间的延时后才输出信号（触点的闭合或分断）的继电器。

时间继电器用于接收电信号至触点动作需要延时的场合。在机床电气自动控制系统中，作为实现按时间原则控制的元件或机床机构动作的控制元件。

（1）时间继电器的分类。

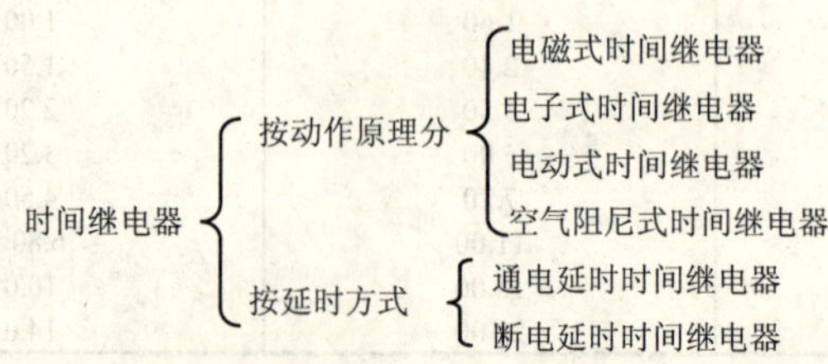

时间继电器的种类较多，常用的有空气阻尼式、电动式及电子式时间继电器等。

空气阻尼式时间继电器是交流电路上应用较广泛的时间继电器，其结构、外形及符号如图 3-8 所示。

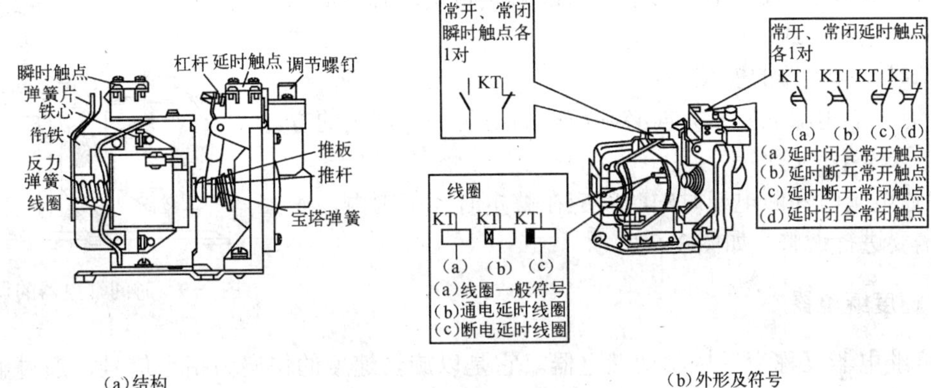

(a)结构　　(b)外形及符号

图 3-8　空气阻尼式时间继电器的结构、外形及符号

空气阻尼式时间继电器的特点是：延时精度低且受周围环境影响较大，但延时时间长、价格低廉、整定方便，主要用于延时精度要求不高的场合。

电子式时间继电器与电动式时间继电器的外形结构及特点见表 3-29。

表 3-29　电子式时间继电器与电动式时间继电器的外形结构及特点

名　称	外 形 结 构	特　点
电子式时间继电器		① 体积小、延时范围大、精度高、寿命长，调节方便 ② 应用于自动控制系统
电动式时间继电器		① 延时时间不受电源电压波动及环境温度变化的影响，调整方便，重复精度高，延时范围大 ② 结构复杂，寿命短，受电源频率影响较大，不适合频繁操作

（2）时间继电器的基本技术参数。JS7 系列空气阻尼式时间继电器的基本技术参数见表 3-30。

表 3-30　JS7 系列空气阻尼式时间继电器的基本技术参数

型号	瞬时动作触点数量		延时动作触点数量				触点额定电压（V）	触点额定电流（A）	线圈电压（V）	延时范围（s）	额定操作频率（次/小时）
			通电延时		断电延时						
	常开	常闭	常开	常闭	常开	常闭					
JS7-1A	—	—	1	1	—	—	380	5	24、36、110、127、220、380	0.4～60 及 0.4～180	600
JS7-2A	1	1	1	1	—	—					
JS7-3A	—	—	—	—	1	1					
JS7-4A	1	1	—	—	1	1					

（3）时间继电器的选用。时间继电器的选用主要考虑延时方式和线圈电压。

① 时间继电器延时方式的选择。时间继电器有通电延时型和断电延时型两种，应根据控制线路的要求来选择延时方式。

② 时间继电器线圈电压的选择。根据控制线路的要求来选择时间继电器的线圈电压。

（4）时间继电器的安装。

① 时间继电器的安装方向必须与产品说明书中规定的方向相同，误差不应超过5°。

② 通电延时和断电延时的时间应在整定时间范围内，安装时按需要进行调整，如图3-9所示。

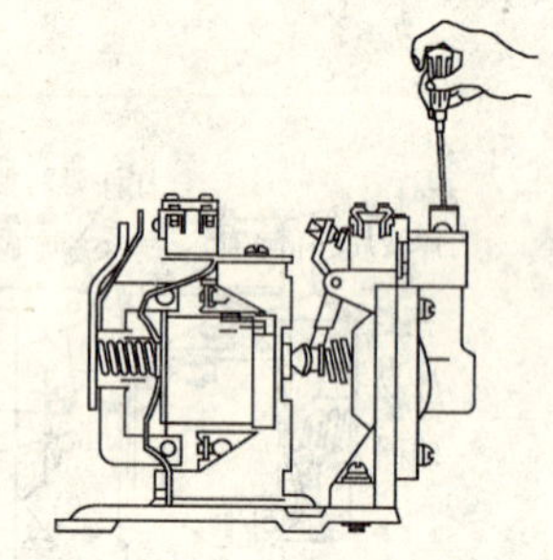

图3-9　时间继电器的调整

4．速度继电器

速度继电器又称为反接制动继电器。它是以旋转速度的快慢为指令信号，通过触点的分合传递给接触器，从而实现对电动机反接制动控制。速度继电器的结构、外形及符号如图3-10所示。

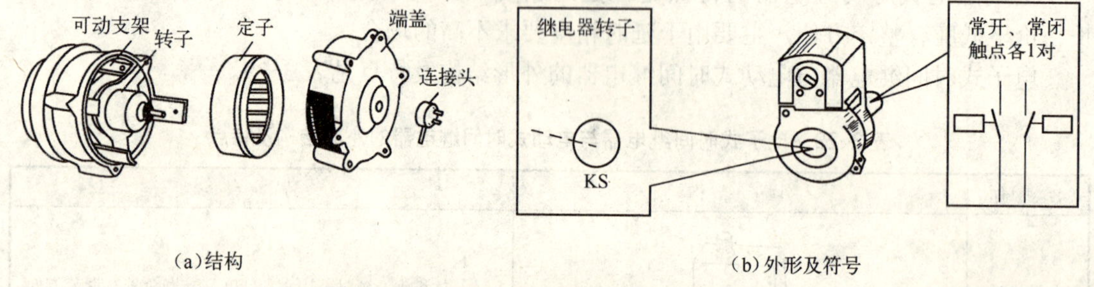

(a)结构　(b)外形及符号

图3-10　速度继电器的结构、外形及符号

速度继电器常用在铣床和镗床的控制电路中。转速在120r/min以上时，速度继电器就能动作并完成控制功能，当降到120r/min以下时触点复位。

（1）速度继电器的基本技术参数。常用速度继电器的基本技术参数见表3-31。

表3-31　常用速度继电器的基本技术参数

型　号	触点额定电压（V）	触点额定电流（A）	触点数量		额定工作转速（r/min）	允许操作频率（次/小时）
			正转时动作	逆转时动作		
JY1	380	2	1常开 1常闭	1常开 1常闭	100～3 600	<30
JFZ0					300～3 600	

（2）速度继电器的选择。速度继电器主要根据电动机的额定转速来选择合适的系列和类型。

（3）速度继电器的安装要点。

① 速度继电器的转轴应与电动机同轴连接。

② 速度继电器安装接线时，正反向的触点不能接错，否则不能起到反接制动时接通和

断开反向电源的作用。

5. 中间继电器

中间继电器是将一个输入信号变换成一个或多个输出信号的继电器。它的输入信号为通电和断电，输出信号是触点动作，并可将信号分别传给几个元件或回路。

中间继电器的结构和工作原理与接触器基本相同，所不同的是中间继电器触点数量较多，并且无主、辅触点之分，各对触点允许通过的电流大小也相同，额定电流约为 5A。中间继电器的外形结构及符号如图 3-11 所示。

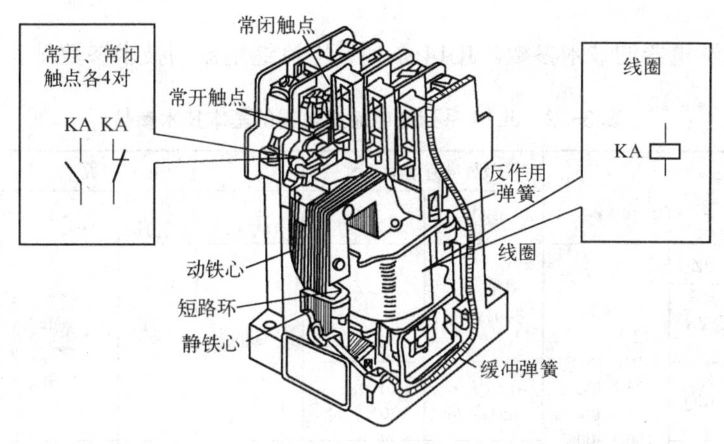

图 3-11　中间继电器的外形结构及符号

（1）中间继电器的基本技术参数。JZ 系列中间继电器的基本技术参数见表 3-32。

（2）中间继电器选用。中间继电器选用的一般原则是：根据被控制电路的电压等级，所需触点的数量、种类、容量等要求来选择。

表 3-32　JZ 系列中间继电器的基本技术参数

<table>
<tr><th rowspan="2">型　号</th><th colspan="6">触 点 参 数</th><th rowspan="2">操作频率（次/小时）</th><th rowspan="2">线圈消耗功率（VA）</th><th rowspan="2">线圈电压（V）</th></tr>
<tr><th>常开</th><th>常闭</th><th>电压（V）</th><th>电流（A）</th><th>分断电流（A）</th><th>闭合电流（A）</th></tr>
<tr><td>JZ7-44</td><td>4</td><td>4</td><td rowspan="3">380
220
127</td><td rowspan="3">5</td><td rowspan="3">2.5
3.5
4</td><td rowspan="3">13
13
20</td><td rowspan="3">1 200</td><td rowspan="3">12</td><td rowspan="3">12、24、36、48、110、127、220、380、420、440、500</td></tr>
<tr><td>JZ7-62</td><td>6</td><td>2</td></tr>
<tr><td>JZ7-80</td><td>8</td><td></td></tr>
</table>

（3）中间继电器的安装要点。中间继电器的安装与接触器相似。使用时由于没有主、辅触点之分，其触点容量较小，与接触器的辅助触点容量相似，故大多用于控制电路。

6. 电流继电器

电流继电器是根据通过线圈电流的大小接通或断开电路的继电器。它串联在电路中，作过电流或欠电流保护。当线圈电流高于整定值时动作的继电器称为过电流继电器，线圈电流低于整定值时动作的继电器称为欠电流继电器。常见的过电流继电器外形结构及符号如

图 3-12 所示。

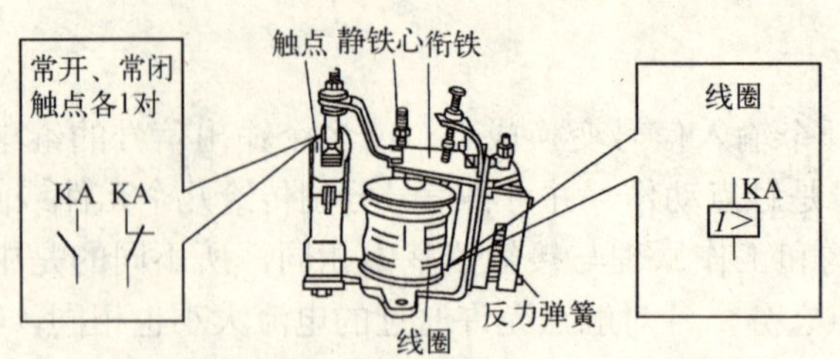

图 3-12 常见的过电流继电器外形结构及符号

（1）过电流继电器的技术参数。JL14 系列过电流继电器的技术参数见表 3-32。

表 3-32 JL14 系列过电流继电器的基本技术参数

电流种类	型号	线圈额定电流（A）	吸合电流调整范围		触点参数			复位方式
			吸引	释放	电压（V）	电流（A）	触点组	
直流	JL14-□□Z	1、1.5、2.5、5、10、15、25、40、60、100、150、300、600、1200、1500	（70%～300%）I_N		440	5	3 常开，3 常闭 2 常开，1 常闭 1 常开，2 常闭 1 常开，1 常闭	自动
	JL14-□□ZS							手动
	JL14-□□ZQ		（30%～65%）I_N	（10%～20%）I_N				自动
交流	JL14-□□J		（110%～400%）I_N		380	5	2 常开，2 常闭 1 常开，1 常闭	自动
	JL14-□□JS							手动
	JL14-□□JG						1 常开，1 常闭	自动

（2）过电流继电器的选用。

① 保护中小容量直流电动机和绕线式异步电动机时，线圈的额定电流一般可按电动机长期工作的额定电流来选择；对于频繁启动的电动机，线圈的额定电流可选大一级。

② 过电流继电器的整定值，应考虑到动作误差，可按电动机最大工作电流的 1.7～2 倍来选用。

（3）过电流继电器的安装要点。过电流继电器在安装时，需将线圈串联于主电路中，常闭触点串联于控制电路中与接触器线圈连接，起到保护作用。

【实训项目 5】 认识交流接触器

1. 实训要求

（1）能说出常用交流接触器的型号、基本技术参数、价格和生产厂家。

（2）能拆卸、组装和简单检测交流接触器。

2. 实训器材

尖嘴钳、旋具、活络扳手、镊子、万用表、交流接触器。

3. 实训步骤（各校可结合实际，选做其中 2～3 项）

➢ 说一说：结构参数

请你说一说交流接触器的分类、主要结构和基本技术参数。

➢ 比一比：性能价格

到商店或上网查询交流接触器，记录各种交流接触器性能价格。

序号	型号	额定电流	额定电压	主触点对数	辅助触点对数	线圈功率	价格	生产厂家
1								
2								
3								
4								
5								

➢ 做一做：拆装检测

拆卸、组装和简单检测某一型号的常用交流接触器，记录交流接触器拆装和检测情况。

<table>
<tr><td colspan="2">型　号</td><td colspan="2">容量（A）</td><td>拆 装 步 骤</td><td colspan="2">主要零部件</td></tr>
<tr><td colspan="2"></td><td colspan="2"></td><td rowspan="11"></td><td>名称</td><td>作用</td></tr>
<tr><td colspan="4">触点对数</td><td rowspan="10"></td><td rowspan="10"></td></tr>
<tr><td>主</td><td>辅</td><td>常开</td><td>常闭</td></tr>
<tr><td></td><td></td><td></td><td></td></tr>
<tr><td colspan="4">触点电阻</td></tr>
<tr><td colspan="2">常开</td><td colspan="2">常闭</td></tr>
<tr><td>动作前
（Ω）</td><td>动作后
（Ω）</td><td>动作前
（Ω）</td><td>动作后
（MΩ）</td></tr>
<tr><td></td><td></td><td></td><td></td></tr>
<tr><td colspan="4">电磁线圈</td></tr>
<tr><td>线径
（mm）</td><td>匝数</td><td>工作电压
（V）</td><td>直流电阻
（Ω）</td></tr>
<tr><td></td><td></td><td></td><td></td></tr>
</table>

➢ 写一写：收获体会

请把你的实训收获和体会写下来。

【实训项目 6】　认识常用继电器

1. 实训要求

（1）能说出常用继电器（热继电器、时间继电器）的型号、基本技术参数、价格和生产厂家。

（2）能拆卸、组装和简单检测常用继电器（热继电器、时间继电器）。

2. 实训器材

尖嘴钳、旋具、活络扳手、万用表、热继电器、时间继电器。

3. 实训步骤（各校可结合实际，选做其中 2～3 项）

➢ 说一说：结构参数

请你说一说常用继电器（热继电器、时间继电器）的分类、主要结构和基本技术参数。

➢ 比一比：性能价格

到商店或上网查询常用继电器（热继电器、时间继电器），记录其性能价格。

<table>
<tr><th rowspan="2">序　号</th><th rowspan="2">热继电器型号</th><th rowspan="2">额定电流（A）</th><th colspan="2">热元件等级</th><th rowspan="2">价　　格</th><th rowspan="2">生产厂家</th></tr>
<tr><th>额定电流（A）</th><th>整定电流调节范围（A）</th></tr>
<tr><td>1</td><td></td><td></td><td></td><td></td><td></td><td></td></tr>
<tr><td>2</td><td></td><td></td><td></td><td></td><td></td><td></td></tr>
<tr><td>3</td><td></td><td></td><td></td><td></td><td></td><td></td></tr>
</table>

序号	时间继电器型号	瞬时动作触点数量	延时动作触点数量	触点额定电压	触点额定电流	延时范围	价格	生产厂家
1								
2								
3								

➢ 做一做：拆装检测

拆卸、组装和简单检测某一型号的热继电器、时间继电器，记录拆装和检测情况。

<table>
<tr><td colspan="2">型　　号</td><td>类　　型</td><td colspan="2">主要零部件</td></tr>
<tr><td colspan="2"></td><td></td><td>名　　称</td><td>作　　用</td></tr>
<tr><td colspan="3">热元件电阻值（Ω）</td><td rowspan="5"></td><td rowspan="5"></td></tr>
<tr><td>U相</td><td>V相</td><td>W相</td></tr>
<tr><td></td><td></td><td></td></tr>
<tr><td colspan="3">整定电流调整值（A）</td></tr>
<tr><td colspan="3"></td></tr>
</table>

<table>
<tr><td>型　　号</td><td>线圈电阻（Ω）</td><td colspan="2">主要零部件</td></tr>
<tr><td></td><td></td><td>名　　称</td><td>作　　用</td></tr>
<tr><td>动合触点对数</td><td>动断触点对数</td><td rowspan="6"></td><td rowspan="6"></td></tr>
<tr><td></td><td></td></tr>
<tr><td>延时触点对数</td><td>瞬时触点对数</td></tr>
<tr><td></td><td></td></tr>
<tr><td>瞬时
分断触点对数</td><td>瞬时
闭合触点对数</td></tr>
<tr><td></td><td></td></tr>
</table>

➢ 写一写：收获体会

请把你的实训收获和体会写下来。

【阅读材料1】　电线选购要诀

1．电线优劣的鉴别

电线在电气安装中担负着连接、输送电流的重要任务，因此在选用时要引起足够重视。鉴别电线优劣应该做到"三看"、"一试"和"一量"。

（1）三看：一看电线应有厂名、厂址、检验章，应印有商标、规格、电压；二看电线导体颜色，铜导体应呈淡紫色，铝导体应呈银白色。若铜表面发黑或铝表面发白则说明金属被氧化；三看线芯应位于绝缘层的正中。

（2）一试：取一根电线头用手反复弯曲，手感柔软、抗疲劳强度好、塑料或橡胶手感弹性大且电线绝缘体上无龟裂的才是优等品。

（3）一量：测量一下实际购买的电线与标准长度是否一致。一般说，国家对成圈成盘的电线电缆交货长度标准有明确规定：成圈长度应为 100m，成盘长度应大于 100m，其长度误差不超过总长度的 0.5%，若达不到标准规定下限即为不合格。

2．电线选购注意事项

（1）了解导线的安全载流量，即能承受的最大电流量。电流通过电线会使电线发热，这本来是正常现象，但如果超负载使用，细导线通过大流量，就容易引起火灾。

（2）了解线路允许电压损失。导线通过电流时产生电压损失不应超过正常运行时允许的电压损失，一般不超过用电器具额定电压的 5%。

（3）注意导线的机械强度。在正常工作状态下，导线应有足够的机械强度，以防断线。

【阅读材料 2】　其他接触器简介

1．B 系列交流接触器

该系列产品是引进德国技术进行生产的，可取代 CJ0、CJl0 等系列产品，适用于交流、频率为 50Hz 或 60Hz、电压在 660V 以下、电流在 475A 及以下的电力线路中，供远距离接通、分断电路及频繁地起动和控制电动机，其工作原理与 CJl0 系列变流接触器基本相同。

其结构特点：有“正装”、“倒装”两种布局形式；通用件多；配有多种可供用户选择的触头配件，方便组合；安装方式可用导轨或螺钉固定。因而，目前工厂电气控制设备中大量采用。

2．真空接触器

该系列产品的特点是主触头在真空灭弧室内，灭弧能力强，且体积小、寿命长、维修工作量小。

常用的有 CJK 系列产品，适用于交流频率为 50Hz、额定电压在 660V 或 1140V 以下、额定电流在 600A 及以下的电力线路中，供远距离接通或分断电路及频繁地启动和控制电动机，可与各种保护装置配合使用，组成防爆型电磁启动器。

3．固体接触器

又称半导体继电器，是利用半导体开关电器元件来完成接触功能的电器，一般由晶闸管构成。具有体积小的特点，常用于工厂电气控制设备的控制线路中。

【阅读材料 3】　万能转换开关简介

万能转换开关是利用多组相同结构的触头组件叠装而成的多回路控制电器。常用作控制线路的转换及电气测量仪表的转换，也可用于控制小容量异步电动机的启动、反转及变速等。万能转换开关的结构及符号如图 3-13 所示。

万能转换开关的选用主要根据用途、接线方式、所需触头挡数及额定电流来选择。

万能转换开关安装时应与其他电器或机床的金属部件有一定间隙，一般水平安装；它的通断能力不高，当用来控制电动机时，LW5 系列只能控制 5.5kW 以下的小容量电动机。若用于控制电动机的正反转，则只有在电动机停转后才能反向起动；它本身不带保护，使用时必须与其他电器配合；当其有故障时，必须立即切断电路，检查有无妨碍可动部分正常转动的故障，检查弹簧有无变形或失效，触点工作状态和触点是否正常等。

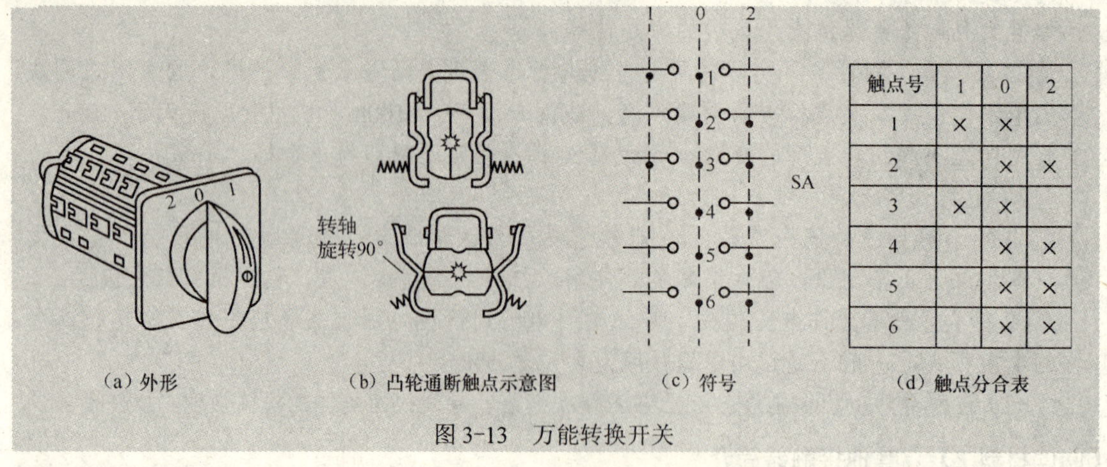

触点号	1	0	2
1	×	×	
2		×	×
3	×	×	
4		×	×
5		×	×
6		×	×

图 3-13 万能转换开关

 **提示**

日常因电器设备漏电过大或发生触电时，保护器跳闸，这是正常的情况，决不能因动作频繁而擅自拆除漏电保护器。正确的处理方法是查清、消除漏电故障后，再继续将漏电保护器投入使用。

【本章小结3】

常用电工材料分为导电材料、绝缘材料、导磁材料和安装材料四大类。

铜和铝是常用导电材料，导电材料主要用作导线（电线）。常用的导线可分为裸导线、绝缘导线、电力电缆线和电磁线等。

绝缘材料的主要作用是将带电体与不带电体相隔离，确保人身安全；在某些场合，还起支撑、固定、灭弧、防电晕、防潮湿的作用。常用绝缘材料有电工塑料、电工橡皮、绝缘薄膜、绝缘粘带等。

常用导磁材料有软磁材料和硬磁材料两大类。

常用安装材料分为电线管和电工钢材。电线管有金属电线管和 PVC 电线管两类，电工钢材有扁钢、角钢、工字钢、圆钢、钢板和槽钢等。

电器是指用于接通和断开电路或对电路和电气设备进行保护、控制和调节的电工器件。低压电器通常是指工作在 1200V 或直流电压 1500V 及以下的电器。低压电器按它在电气线路中的地位和作用可分为低压配电电器和低压控制电器。

低压配电电器包括熔断器、刀开关和低压断路器等，低压控制电器包括主令电器、接触器和各种继电器等。要注意掌握这些常用低压电器的分类、符号、技术参数和选用，会正确安装这些常用低压电器。

【思考与练习3】

1. 填空题

（1）____________________称为导电材料，其主要用途是____________________。

目前用得最多的导电材料是____________。

（2）导线又叫_________，是用来________，常用的导线有________、__________、______和__________等。

（3）写出下列导线的名称：

TY____________________ LJ____________________ LR______________

BV____________________ LGJ__________________ BLX______________

RVB__________________________ YHQ______________________

（4）电磁线是一种__________________的导线，主要用在__________、__________、________的绕组和元件上，不能用在布线及电器连接上。

（5）绝缘材料的主要作用是将____________相隔离，将________________相隔离，确保电流的流向或______，在某些场合，还起____________________________的作用。

（6）电工常用绝缘材料有__________、____________、____________等。

（7）电工常用安装材料有__________、____________、____________等。

（8）低压熔断器的种类不同，其特性和使用场合也有所不同，常用的熔断器有_______、____________、______________、______________等。

（9）刀开关是低压供配电系统和控制系统中最常用的_______________，常用于__________，也可用于___________小电流配电电路或直接控制小容量电动机的启动和停止，是一种手动操作电器。目前使用最为广泛的是____________和__________。

（10）在电气设备控制系统中，常选用______________________；在电力网主干线路中主要选用______________；在建筑物的配电系统中一般采用_______________。

（11）行程开关是一种利用__________________________使触点动作来实现接通或分断控制电路，从而达到一定控制目的的电器。

（12）接触器具有_____________________及__________________功能，控制容量大，可用于____________________。

（13）继电器是一种根据外界的______________或______________________________的变化来接通或断开控制电路的自动电器，主要用于_________________。常用的继电器有______________、_______________、______________和______________等。

（14）时间继电器有___________________和___________________两种，应根据控制线路的要求来选择延时方式。

（15）_______________是根据通过线圈电流的大小接通或断开电路的继电器。它串联在电路中，作过电流或欠电流保护。

2．判断题（对打“√”、错打“×”）

（1）绝缘导线是指导体外表有绝缘层的导线，它不仅有导线部分，而且还有绝缘层。（　）

（2）电工硅钢薄板属于安装材料。（　）

（3）因 PVC 管价格便宜，且有许多优越于金属管的性能，除易燃、易爆场所的明敷设禁止使用 PVC 电线管外，其他场所已取代金属电线管。（　）

（4）低压熔断器是低压供配电系统和控制系统中最常用的安全保护电器，只能用作短路保护，不能用于过载保护。（　）

（5）螺旋式熔断器的电源进线应接在上接线端子上，负载出线应接在下接线端子上。（ ）

（6）刀开关必须垂直安装在配电板上，并保证手柄向上推为合闸，不允许平装或倒装，以防止产生误合闸。（ ）

（7）低压断路器又名自动空气开关或自动空气断路器，是能自动切断故障电流并兼有控制和保护功能的低压电器。（ ）

（8）板后接线的低压断路器允许安装在金属支架上或金属底板上，但板前接线的低压断路器必须安装在绝缘底板上。（ ）

（9）为应对紧急情况，当按钮板上安装的按钮较多时，应用红色蘑菇头按钮作总停按钮，且应安装在显眼易操作的地方。（ ）

（10）热继电器是利用电流的热效应来推动机构使触点闭合或断开的保护电器，主要用途是短路保护。（ ）

3. 问答题

（1）电工常用导线有哪四类，其主要用途是什么？各举四例以上常用导线。

（2）低压电器按用途可分为哪两类？其主要用途是什么？各举三例常用低压电器。

（3）熔断器的选用主要考虑哪些参数？

（4）按钮的用途主要有哪些？其选用应考虑哪些因素？

（5）接触器的选用主要考虑哪些因素？

4. 综合题

（1）写出图3-14所示的常用低压电器名称和文字符号。

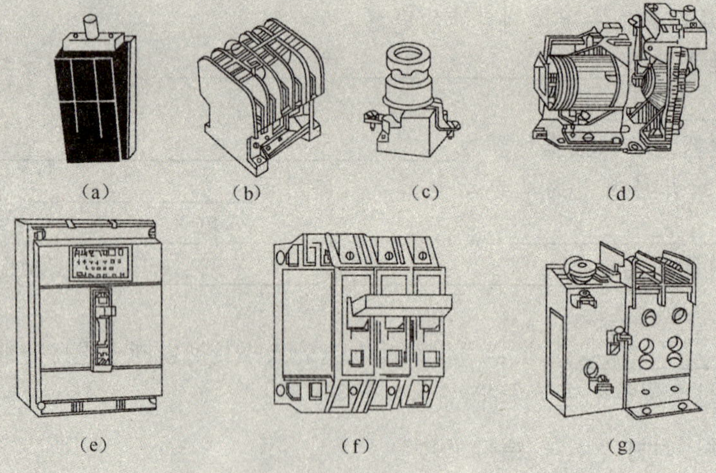

(a) (b) (c) (d) (e) (f) (g)

图3-14 常用低压电器

（2）画出下列低压电器元件的图形符号，并标出对应的文字符号。

① 交流接触器的主触点　② 熔断器

③ 低压断路器　④ 刀开关

⑤ 通电延时型时间继电器的线圈　⑥ 复合按钮

⑦ 中间继电器的常开触点　⑧ 行程开关的常闭触点

⑨ 速度继电器的线圈　⑩ 热继电器的热元件

第 4 章 电工用图的识读

【学习目标】

- 熟悉电工用图的分类、电气符号、区域划分等基本知识
- 学会识读电气原理图、安装接线图、照明电气图的基本方法

电路和电气设备的设计、安装、调试与维修都要有相应的电工图作为依据与参考。电工用图又叫电气图，是根据国家制定的图形符号和文字符号标准，按照规定的画法绘制出来的图纸。它提供电路中各种元器件的功能、位置、连接方式及工作原理等信息，是电气工程技术的语言，凡从事电气操作的人员，必须掌握电工用图的基本知识。

4.1 电工用图的基本知识

4.1.1 电工用图的分类

电工用图按其用途可分为电气原理图、安装接线图、平面位置图、端子排图、展开图等。在电气安装与维修中用得最多的是电气原理图、电气安装接线图和平面位置图。

1. 电气原理图

电气原理图又称“电路图”、“电原理图”，它是将电气符号按工作顺序排列，详细表示电路中电气元件、设备、线路的组成以及电路的工作原理和连接关系，而不考虑电气元件、设备的实际位置和尺寸的一种简图。如图 4-1 所示为三相异步电动机点动正转控制线路的电气原理图。为了便于说明，在图中省略了边框线和图区编号。

2. 安装接线图

电气安装接线图是表示电气设备连接关系的一种简图。它是根据电气原理图和平面位置图编制而成的，主要用于电气设备及电气线路的安装接线、检查、维修和故障处理。在实际工作中，电气安装接线图可以与电气原理图、平面位置图配合使用。如图 4-2 所示的是电气单元安装接线图，中间的方格排是端子排，用以连接电气元件或设备。

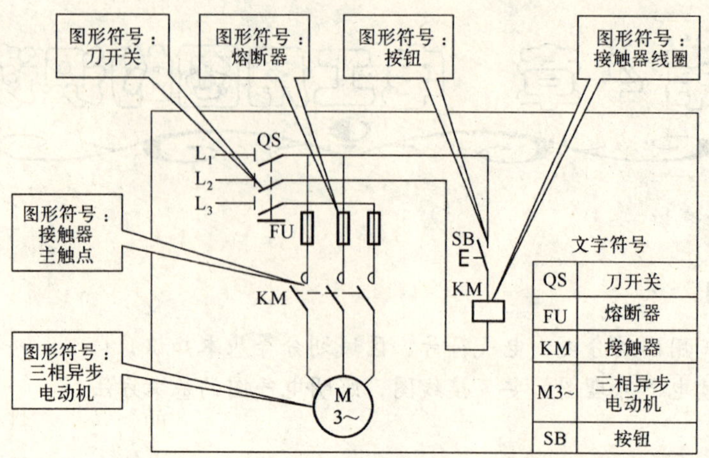

图 4-1 电气原理图

3. 平面布置图

平面布置图是一类应用最广泛的电气工程图，是电气工程设计图的主要组成部分，它是用图形符号来表示一个区域或一个建筑物中的电气成套装置、设备等组件的实际位置，并用导线把它们连接起来，以表示出它们之间供用电关系的图种。平面布置图在图形符号旁标注电气设备的编号、型号及安装方式，在连接线上标出导线的敷设方式、敷设部位以及安装方式。如图 4-3 所示的是某住宅二层单元电气平面布置图。电气施工人员可以依据它进行线路的敷设工作，也可以依据它进行线路的巡视检查和安装检修工作。

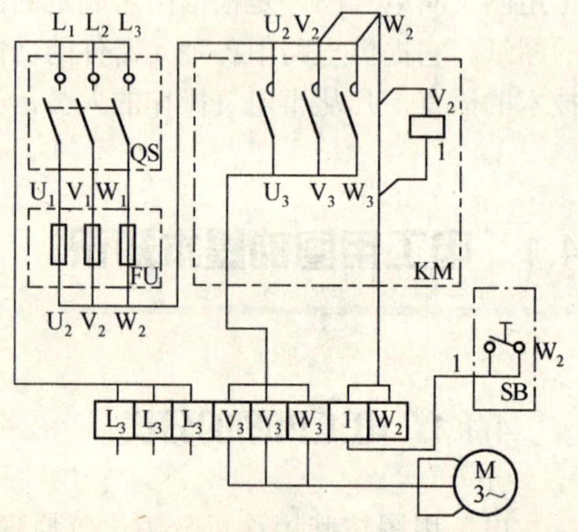

图 4-2 电气安装接线图

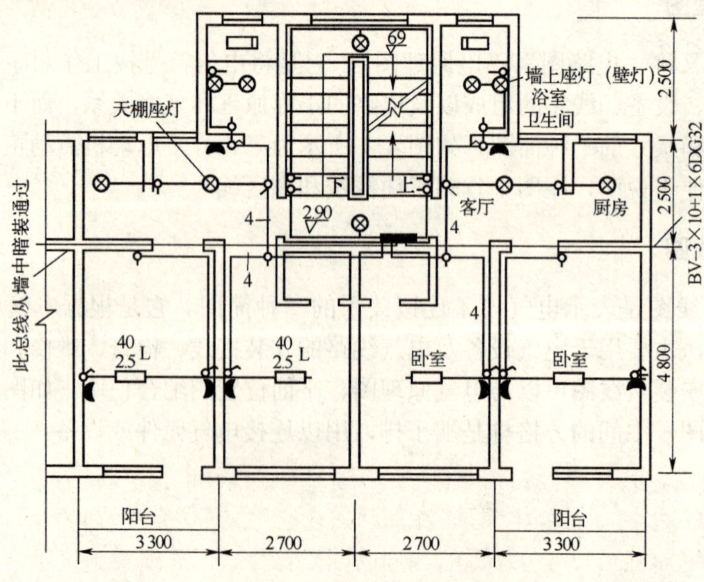

图 4-3 某住宅二层单元电气平面布置图

4.1.2 电气符号

电工用图中的电气符号是按照国家统一规定的，它包括图形符号、文字符号和回路标号。

1. 图形符号

图形符号是指用于图样或其他技术文件中，表示电气元件或电气设备性能的图形、标记或字符。它分为基本符号、一般符号和明细符号。

（1）基本符号。基本符号不表示独立的电气元件，只说明电路的某些特征。例如，“～”表示交流电，“—”表示直流电。

（2）一般符号。一般符号是用以表示一类产品和此类产品特征的一种较简单的符号。例如，“中”表示接触器、继电器的线圈。

（3）明细符号。明细符号是表示某一种具体的电气元件，它由一般符号、物理量符号、限定符号等组合而成。例如，过电流继电器线圈的符号为“中”，它由线圈的一般符号“中”、物理量符号“I”和限定符号“>”组成。电工图常用图形符号见附录 A。

2. 文字符号

文字符号是表示电气设备、元器件种类及功能的字母代码。文字符号又分基本文字符号和辅助文字符号。

（1）基本文字符号。基本文字符号主要表示电气设备、装置和元器件的种类名称，包括单字母符号和双字母符号。单字母符号表示各种电气设备和元器件的类别，例如，“F”表示保护电器类。当单字母符号表示不能满足要求，需较详细和具体地表述电气设备、装置和元器件时，可采用双字母符号表示。例如，“FU”表示熔断器，是短路保护电器；“FR”表示热继电器，是过载保护电器。电工图常用基本文字符号见附录 B。

（2）辅助文字符号。辅助文字符号是用来表示电气设备、装置和元器件以及线路的功能、状态和特征的字符代码。例如，“SYN”表示同步，“L”表示限制，“RD”表示红色等。常用的辅助文字符号见表 4-1。

表 4-1　常用的辅助文字符号

名　称	文字符号	名　称	文字符号	名　称	文字符号
高	H	绿	GN	断开	OFF
低	L	黄	YE	附加	ADD
升	U	白	WH	异步	ASY
降	D	蓝	BL	同步	SYN
主	M	直流	DC	自动	AUT
辅助	AUX	交流	AC	手动	M，MAN
中	M	电压	V	启动	ST
正	FW	电流	A	停止	STP
反	R	时间	T	控制	C
红	RD	闭合	ON	信号	S

（3）回路标号。回路标号是电气原理图中回路上标注的文字标号和数字标号。回路标号主要用来表示各回路的种类和特征，按照“等电位”的原则进行标注，即回路中凡接在同一点上的所有导线具有同一电位，标注相同的回路标号。所有线圈、绕组、触点、电阻、电容等元件所间隔的线段，应标注不同的回路标号。

一般情况下，回路标号由三位或三位以下的数字组成。电气原理图的回路标号实际上是导线的线号。主电路的回路标号由文字标号和数字标号两部分组成。文字标号用来标明回路中电气元件和线路的技术特性。例如，交流电动机定子绕组首端用 U_1、V_1、W_1 表示，尾端用 U_2、V_2、W_2 表示；三相交流电源用 L_1、L_2、L_3 表示。数字标号用来区别同一文字标号回路中的不同线段。例如，三相交流电源用 L_1、L_2、L_3 标号，开关以下用 U_{11}、V_{11}、W_{11} 标号，熔断器以下用 U_{12}、V_{12}、W_{12} 标号等。控制电路的回路标号的常用标注方法是首先编好控制回路电源引线线号，“1”通常标在控制线的最上方，然后按照控制回路从上到下、从左到右的顺序，以自然序数递增，每经过一个触点，线号依次递增，电位相等的导线线号相同。具体标号方法如图 4-4 所示。

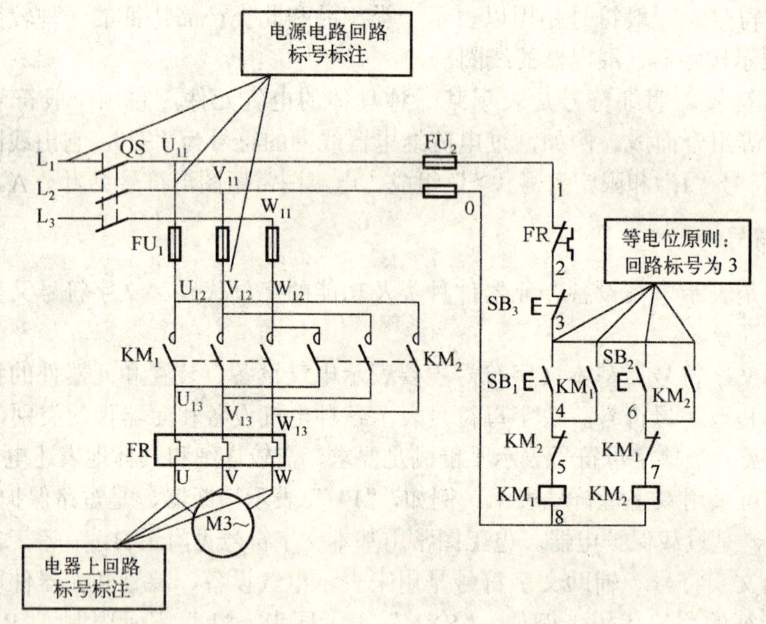

图 4-4　回路标号的标注方法

电源电路的标号见表 4-2。交流电动机和动力电路的电气引出线的标号方法见表 4-3。

表 4-2　电源电路的标号

线路名称		标　号
交流电源	第一相	L_1
	第二相	L_2
	第三相	L_3
	中性线	N
直流电源	正极	L_+
	负极	L_-
	中间线	M
	保护接地	PE
	保护中性线	PEN
	接地	E
	无噪声接地	TE

表 4-3　电气引出线的标号

电动机接线点		标　号
绕组	第一相	U
	第二相	V
	第三相	W
	中性线	N

3. 技术数据的表示方法

技术数据可以标注在图形符号的旁边，如图 4-5 所示。热继电器的动作电流调整范围和整定值分别为 4.5～7.2A 和 6.8A，三相电动机的额定功率为 3kW，额定转速为 1 500 r/min，技术数据也可用表格的形式单独给出。

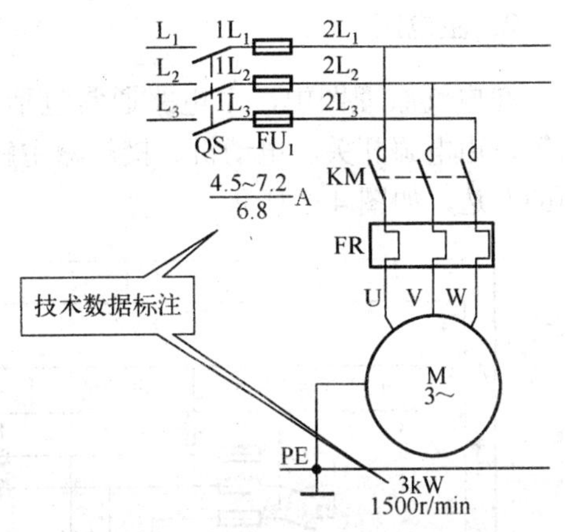

图 4-5　技术数据的表示方法

4.1.3　电工用图区域的划分

标准的电工用图（电气原理图）对图纸的大小（即图幅）、图框尺寸和图区编号均有一定的要求，如图 4-6 所示。

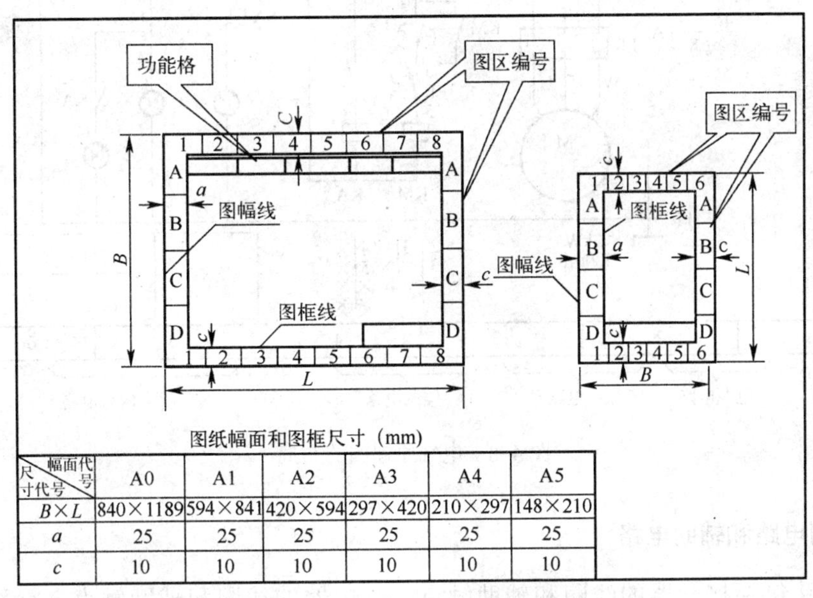

图纸幅面和图框尺寸（mm）

尺寸代号＼幅面代号	A0	A1	A2	A3	A4	A5
$B\times L$	840×1189	594×841	420×594	297×420	210×297	148×210
a	25	25	25	25	25	25
c	10	10	10	10	10	10

图 4-6　电气原理图中图幅、图框尺寸、图区编号的要求

电气原理图的图幅和图框尺寸是一一对应的，如幅面不够可以沿图纸的右边或下边接续。图框线上、下方横向标有的阿拉伯数字 1、2、3 等，称为图区编号，它是为了便于检索图中电气线路或元件，方便阅读而设置的。图区编号下方的方框可以填写对应的电路或元件的功能，便于理解全电路的工作原理，俗称“功能格”。

电气原理图要求做到布局合理、排列均匀、图面清晰，一般都遵循下列原则。

1. 电源电路

电源电路一般设置在图面的上方或左方，三相四线电源线的相序由上到下或由左到右排列，中性线应绘在相线的下方或左方，如图 4-7 所示。

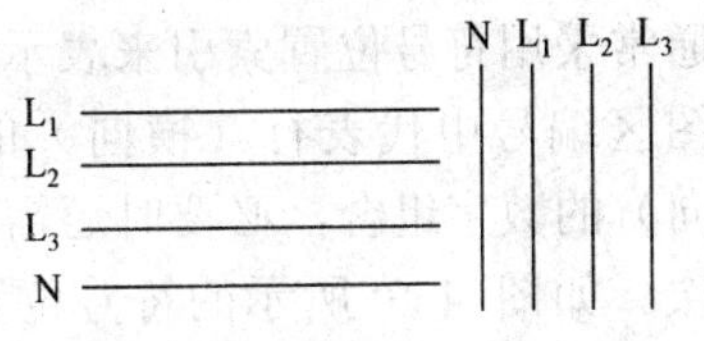

图 4-7　电源相序排列

2. 主电路

在电气原理图中，主电路通常包括电源电路、受电的动力装置及其控制、保护电器支路等，由电源开关、电动机、接触器主触点、热继电器热元件等组成，在原理图中要画在图面的左边，如图 4-8 所示。

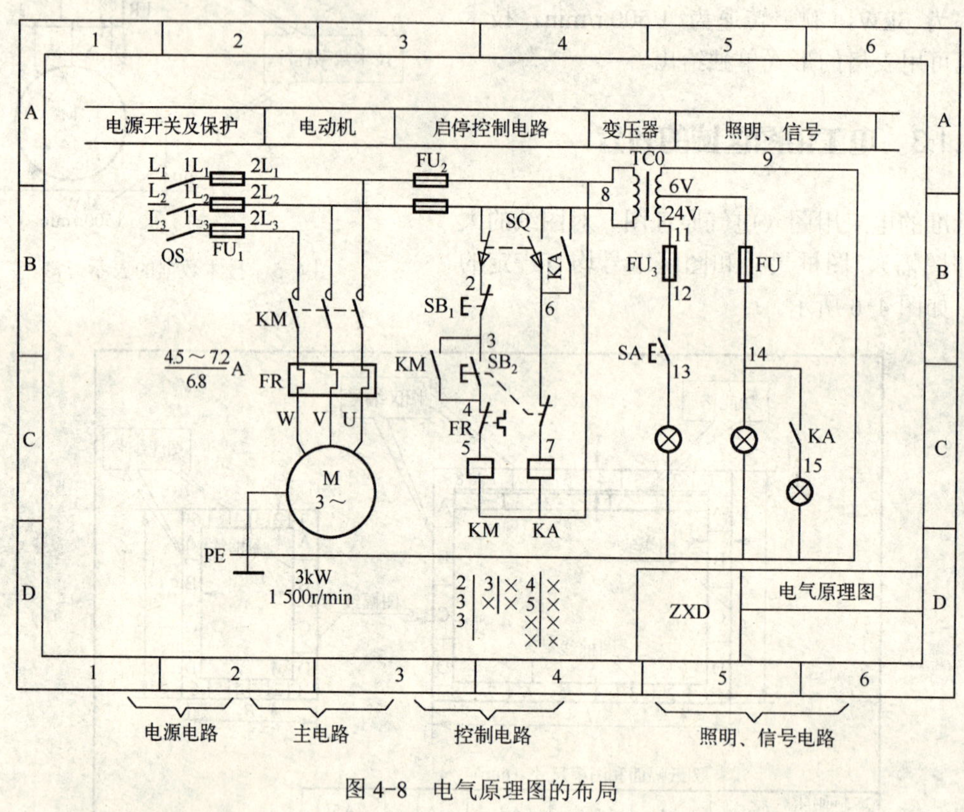

图 4-8 电气原理图的布局

3. 控制电路和辅助电路

控制电路包括接触器的线圈和辅助触点、继电器的线圈和辅助触点、行程开关的触点、按钮及连接导线等，按照对控制主电路的动作顺序要求从左至右绘制。辅助电路是指电气线路中的信号灯和照明部分，应画在控制电路的右方。控制电路和辅助电路通常画在图面的右方，两者要分开，如图 4-8 所示。

4.1.4 电气原理图中符号位置索引

为了便于查找电气原理图中某一元件的位置，通常采用符号位置索引来表示。符号位置索引是由图区编号中代表行（横向）的字母和代表列（纵向）的数字组合，必要时还需注明所在的图号、页次。如图 4-9 所示的符号位置索引，表示的是如图 4-10 所示的接触器 KM 线圈的位置。

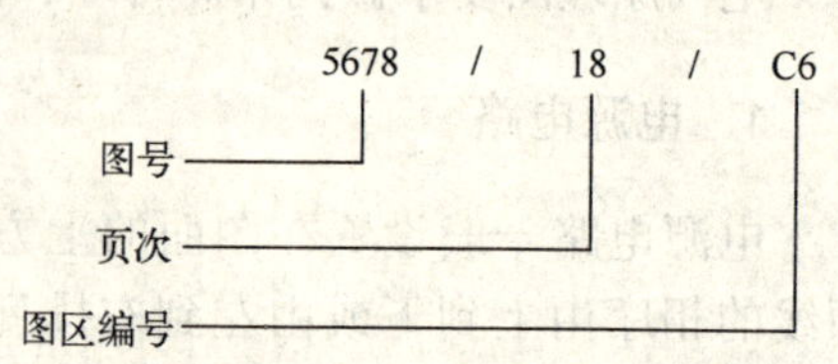

图 4-9 符号位置索引表示方法

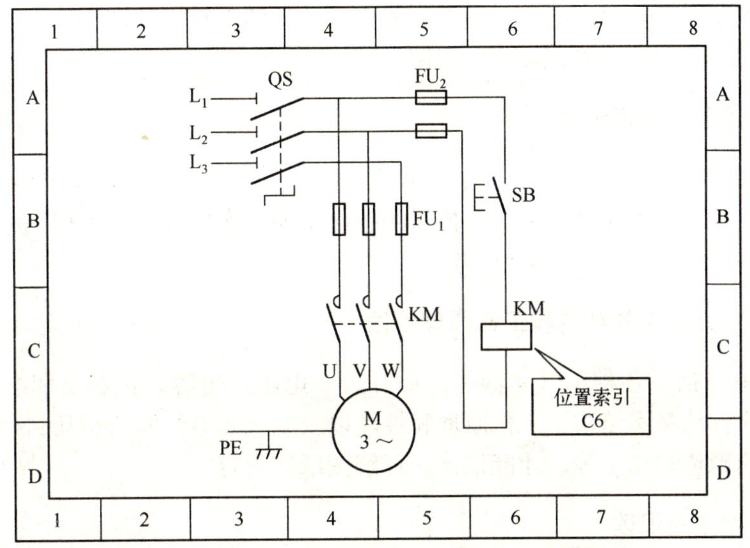

图 4-10　符号位置索引

如图 4-11 所示为接触器 KM 和继电器 KA 相应触点位置索引，一般画在对应线圈的下方。触点位置索引表示线圈与触点的从属关系，也表明了线圈与相应触点在电气图中的位置关系。图中未使用的触点用“×”表示，其各栏的含义如图 4-12 所示。

2	3	×
3	×	×
3		

7	×
5	×
×	×
×	×

图 4-11　触点位置索引

KM		
左栏	中栏	右栏
主触点	辅助常开触点	辅助常闭触点
图区号	图区号	图区号

KA	
左栏	右栏
常开触点	常闭触点
图区号	图区号

图 4-12　触点位置索引的含义

4.1.5　电气原理图中的符号

电气原理图中的所有电器元件不画实际外形图，而采用国家标准规定的图形符号和文字符号表示。电器元件采用分离画法，同一电器的各个部件可根据实际需要画在不同的地方，但必须用相同的文字符号标注。若有多个同一种类的电器元件时，可在文字符号后加上数字序号以示区别，如 KM_1、KM_2 等。

4.2　电工用图的识读方法

4.2.1　识读电工用图的基本方法

1. 结合电工用图的绘制特点识读

为保证电工用图的规范性、通用性和示意性，电工用图的绘制是有规律的。因此，掌握电工用图的主要特点及绘制电工用图的一般规则，如图形符号及文字符号的含义等各种电工图的基本知识，有利于准确识读电工用图。

2．结合电工基本原理识读

电气原理图等的设计，都离不开电工基本原理。要想准确、迅速地看懂电工用图的结构、动作程序和基本工作原理，首先要懂得一些电工的基本原理，才能够运用掌握的知识，去认识、理解图纸的内涵。

3．结合电气元器件的结构和工作原理识读

电工用图中包括了各种电气元器件，如开关、电阻、电容、接触器和继电器等，必须先弄懂这些元器件的基本结构、工作原理和性能以及电气元器件间的相互制约关系，元器件在整个电路中的地位和作用等，才能识读、理解图纸的内容。

4．结合典型电路识读

典型电路是构成电工用图的基本电路，例如，电气原理图中的电动机启动、制动、正反转控制电路，电子电路中的整流、放大和振荡电路等。分析出典型电路，就容易看懂电工用图。

5．结合有关技术图识图

电工用图往往同其他有关技术图（如土建图、管道图、机械设备图等）密切相关，各种电气布置图更是如此。因此，识读这类电工用图时，要与这些相关图纸一起识读，有助于抓住重点，顺利读懂电工用图。

4.2.2 电气原理图的识读

1．识读电气原理图的方法

（1）查阅图纸说明。图纸说明包括图纸目录、技术说明、元器件明细表和施工说明书等。看图纸说明有助于了解大体情况并抓住识读的重点。

（2）分清电路性质。分清电气原理图的主电路和控制电路，交流电路和直流电路。

（3）注意识读顺序。在识读电气原理图时，应先看主电路，后看控制电路。识读主电路时，通常从下往上看，即从电气设备（电动机）开始，经控制元件，依次到电源，搞清电源是经过哪些元器件到达用电设备的。

① 看电路及设备的供电电源（车间机械生产多用380V、50Hz的三相交流电），应看懂电源引自何处。

② 分析主电路共用了几台电动机，并了解各台电动机的功能。

③ 分析各台电动机的工作状况（如启动方式、是否有可逆、调速、制动等控制）和它们的制约关系。

④ 了解主电路中所有的控制电器（如闸刀开关和交流接触器的主触点等）及保护电器（如熔断器、热继电器与低压断路器的脱扣器等）。

识读控制电路时，通常从左往右看，即先看电源，再依次到各条回路，分析各回路元

件的工作情况与主电路的控制关系。搞清回路构成、各元件间的联系、控制关系及在什么条件下回路接通或断开等。

（4）复杂电路的识读。对于复杂电路，还可以将它分成几个功能（如启动、制动、调速等）。在分析控制电路时要紧扣主电路动作与控制电路的联动关系，不能孤立地分析控制电路。分析控制电路一般按下列 3 步进行：

a．弄清控制电路的电源电压。在车间机械生产中，电动机台数少、控制不复杂的电路，常采用 380V 交流电压；电动机台数多、控制较复杂的电路，常采用 110V、127V、220V 的交流电压，其中又以 110V 用得最多，由控制变压器提供控制电压。

b．依次到各条控制回路，了解电路中常用的继电器、接触器、行程开关、按钮等的用途、动作原理及对主电路的控制关系。

c．结合主电路有关元器件对控制电路的要求，分析出控制电路的动作过程。

2．电气原理图识读实例

如图 4-13 所示是电动机双向运行直接启动控制线路原理图。图中采用了两只接触器，即正转接触器 KM_1，反转接触器 KM_2。当 KM_1 主触点接通时，三相电源 L_1、L_2、L_3 按 U-V-W 正相序接入电动机；当 KM_2 主触点接通时，三相电源 L_1、L_2、L_3 按 W-V-U 反相序接入电动机，即对调了 W 和 U 两相相序，所以当两只接触器分别工作时，电动机的旋转方向相反。

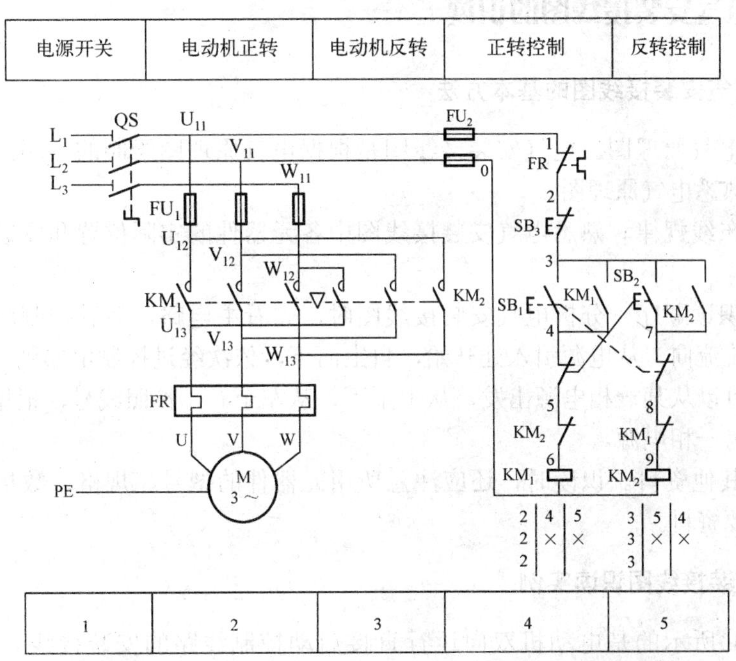

图 4-13　电动机双向运行直接启动控制线路原理图

为防止两只接触器 KM_1、KM_2 的主触点同时闭合，造成主电路 L_1 和 L_3 两相电源短路，电路要求 KM_1、KM_2 不能同时通电。因此，在控制电路中，采用了按钮和接触器双重联锁（互锁），以保证接触器 KM_1、KM_2 不会同时通电：即在接触器 KM_1 和 KM_2 线圈支路中，相互串联对方的一对常闭辅助触点（接触器联锁），正反转启动按钮 SB_1、SB_2 的常闭触点分别与对方的常开触点相互串联（按钮联锁）。

合上电源开关 QS，电路的操作过程和工作原理如下：

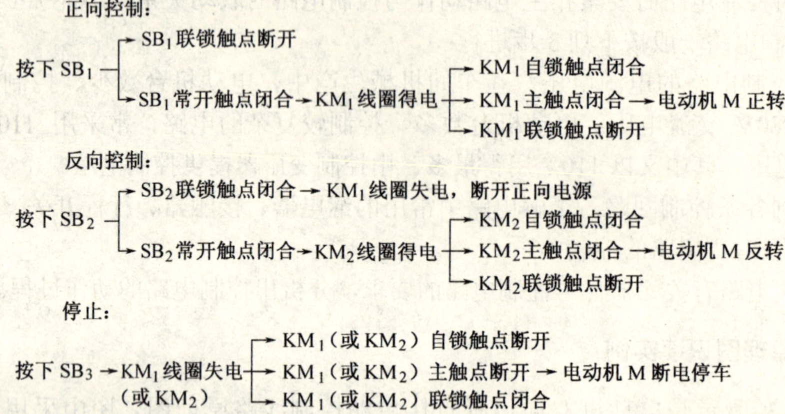

熔断器 FU_1 作主电路（电动机）的短路保护，熔断器 FU_2 作控制电路的短路保护，热继电器 FR 作电动机的过载保护。

其余电气原理图的识读详见第 8 章。

4.2.3 电气安装接线图的识读

1. 识读电气安装接线图的基本方法

（1）熟悉电气原理图。电气安装接线图是根据电气原理图绘制的，因此识读电气安装接线图首先要熟悉电气原理图。

（2）熟悉布线规律。熟悉电气安装接线图中各元器件的实际位置和安装接线图的布线规律。

（3）注意识读顺序。分析电气安装接线图时，先看主电路，后看控制电路。看主电路时，可根据电流流向，从电源引入处开始，自上而下，依次经过控制电器到达用电设备。看控制电路时，可以从某一相电源出发，从上至下、从左至右，按照线号，根据假定电流方向经控制元件到另一相电源。

（4）注意其他资料。识读时，还应注意所用元器件的型号、规格、数量和布线方式、安装高度等重要资料。

2. 电气安装接线图识读实例

如图 4-14 所示的是电动机双向运行直接启动控制线路的安装接线。图中电源开关 QS、熔断器 FU_1、FU_2、交流接触器 KM_1、KM_2、热继电器 FR 是固定在配电板上的，控制按钮 SB_1、SB_2、SB_3 和电动机 M 装在配电板外，通过接线端子 XT 与配电板上的电器连接。主电路的电气元器件 QS、FU_1、KM_1、FR 在一条直线上，接线图上的端子标号与电气原理图上的线号相同。控制电路中，每只接触器的联锁触点并排在自锁触点旁边。电动机双向运行直接启动控制线路的安装接线图中各元器件的接线关系见表 4-4。

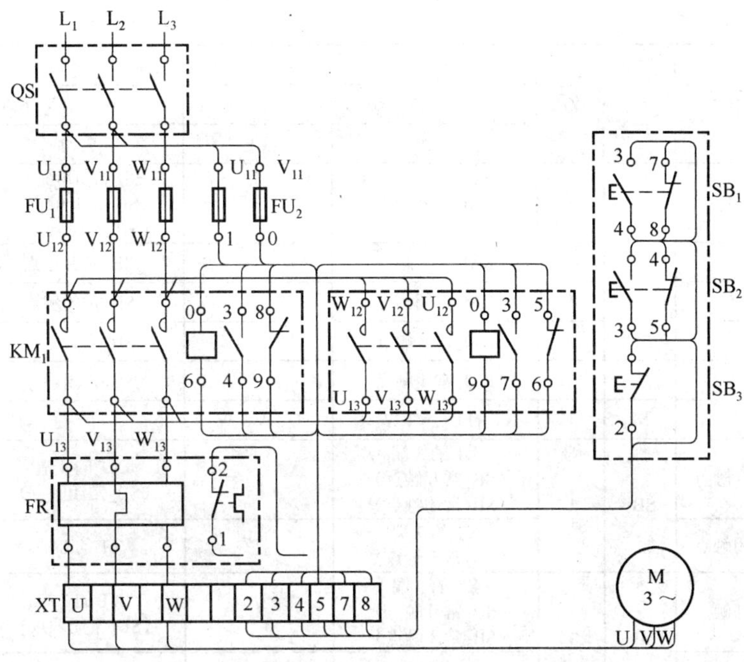

图 4-14　电动机双向运行直接启动控制线路的安装接线

表 4-4　电动机双向运行直接启动控制线路的安装接线图中各元器件的接线关系

序号	名称		符号	数量	接线关系			
					进线		出线	
					来源	线号	去向	线号
1	电源开关		QS	1	电源	L_1、L_2、L_3	FU_1	U_{11}、V_{11}、W_{11}
2	熔断器		FU_1	3	QS	U_{11}、V_{11}、W_{11}	KM_1、KM_2 主触点	U_{12}、V_{12}、W_{12}
			FU_2	2	FU_1	U_{11}	FR 常闭触点	1
						V_{11}	XT 的 1 端	0
3	接触器	主触点	KM_1	3	FU_1	U_{12}、V_{12}、W_{12}	FR 主触点	U_{13}、V_{13}、W_{13}
		常开触点		1	XT 的 3 端（KM_2 常开触点）	3	XT 的 4 端	4
		常闭触点		1	XT 的 8 端	8	KM_2 线圈	9
		线圈		1	FU_2（KM_2 线圈）	0	KM_2 常闭触点	6
		主触点	KM_2	3	FU_1	W_{12}、V_{12}、U_{12}	FR 主触点	U_{13}、V_{13}、W_{13}
		常开触点		1	XT 的 3 端（KM_1 常开触点）	3	XT 的 7 端	7
		常闭触点		1	XT 的 5 端	5	KM_1 线圈	6
		线圈		1	FU_2（KM1 线圈）	0	KM_1 常闭触点	9
4	热继电器	主触点	FR	3	KM_1、KM_2 主触点	U_{13}、V_{13}、W_{13}	经 XT 至电动机 M	U、V、W
		常闭触点		1	XT 的 2 端	2	FU_2	1
5	接线端子	U、V、W	XT	3	FR 主触点	U、V、W	电动机 M	U、V、W
		2		1	FR 常闭触点	2	SB_3 常闭触点	2

续表

序号	名称		符号	数量	接线关系			
					进线		出线	
					来源	线号	去向	线号
5	接线端子	3		1	KM_1常开触点	3	SB_3常闭触点 （SB_1常开触点） （SB_2常开触点）	3
		4		1	KM_1常开触点	4	SB_1常开触点	4
		5		1	KM_2常闭触点	5	SB_2常闭触点	5
		7		1	KM_2常开触点	7	SB_2常开触点	7
		8			KM_1常闭触点	8	SB_1常闭触点	8
6	电动机		M	1	XT的U、V、W端	U、V、W	/	/
7	正转按钮	常开触点	SB_1	1	XT的3端 （SB_2常开触点） （SB_3常闭触点）	3	XT的4端 （SB_2常闭触点）	4
		常闭触点			XT的7端 （SB_2常开触点）	7	XT的8端	8
	反转按钮	常开触点	SB_2	1	XT的3端 （SB_1常开触点） （SB_3常闭触点）	3	XT的7端 （SB_1常闭触点）	7
		常闭触点			XT的4端 （SB_1常开触点）	4	XT的5端	5
	停止按钮	常闭触点	SB_3		XT的2端	2	XT的3端 （SB_1常开触点） （SB_2常开触点）	3

4.2.4 照明电气图的识读

1．识读照明电气图的原则

照明电气图，常以安装（施工）图的形式出现，有平面布置图或电气系统图等。照明平面布置图是表示照明设备连接关系的安装接线图，它表达的主要内容有：电源进线位置，导线型号、规格、根数及敷设方式，灯具位置、型号及安装方式，各种用电设备（照明配电箱、开关、插座、电风扇等）。照明电气系统图是表示照明系统电气设备连接关系的概况图，它表达的主要内容有：配电箱、开关、导线的连接方式、设备编号、容量、型号、规格及负载名称。

识读照明电气图时，应遵循以下原则：

（1）照明平面布置图虽然清楚地表示了灯具、开关、插座、线路的具体位置和安装方法，但对同一方向同一档次的导线只用一根线表示。

（2）灯具和插座都是并联接于电源进线的两端，相线必须经过开关后再进入灯座。

（3）中性线直接接灯座，保护接地线与灯具的金属外壳相连接。

（4）同一张图样上同类灯具的标注可只标注一处。

（5）照明接线的表示方法有两种，一种是直接接线法，即灯具、开关、插座等设备直接从电源干线上引接，导线中间允许有接头的接线方法；另一种是共头接线法，即导线的连接只能在开关盒、灯头盒、接线盒引线，导线中间不允许有接头的接线方法。采用不同的方法，导线的根数是不同的，如图4-15所示。

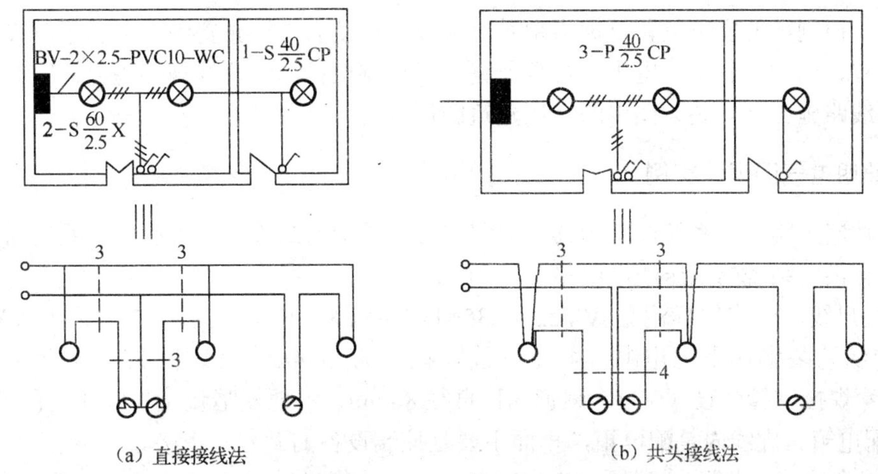

（a）直接接线法　（b）共头接线法

图 4-15　照明接线的表示方法

共头接线法耗用导线多，但接线可靠，因此目前工程上广泛采用共头接线法。

（6）在电气照明中，常用到用双联开关控制一盏灯和用一只三联开关、两只双联开关在三处控制一盏灯，其接线图的表示方法如图 4-16 所示。

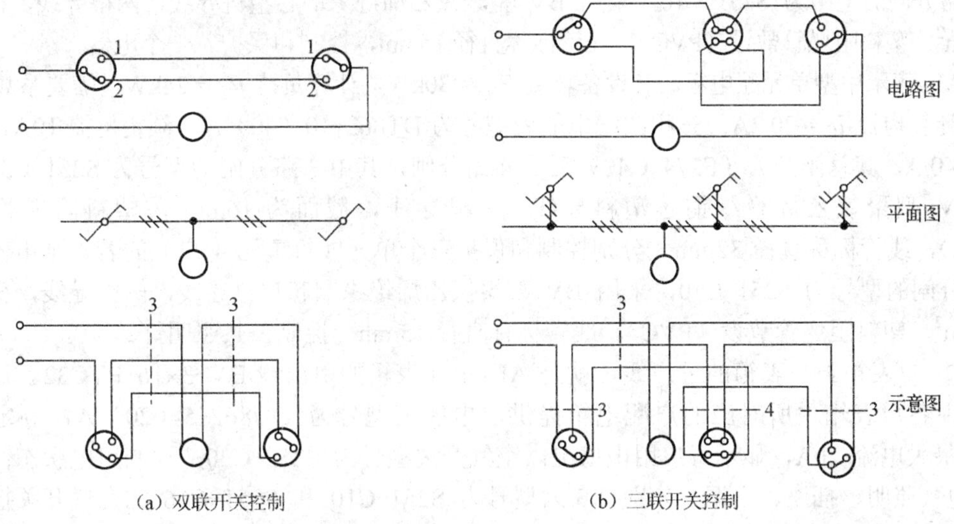

（a）双联开关控制　（b）三联开关控制

图 4-16　多联开关照明控制电路的接线

2. 识读照明电气图的基本方法

（1）识读建筑概况。根据平面布置图参考其他建筑图，了解建筑物的整个结构、楼板、墙面、棚顶材料结构、门窗位置、房间布置等。

（2）识读供电电源。主要了解电源进户位置、方式、线缆规格型号、第一接线点位置及引入方式、总配电箱规格型号及安装位置，总箱与各分箱的连接形式及线缆规格型号。

（3）识读照明线路。主要了解照明线路的敷设方式、敷设位置、线路走向、导线型号、规格与根数、导线的连接方法。

（4）识读照明设备。从照明平面布置图上主要了解灯具、插座、开关的位置、规格型号、数量、控制箱的安装位置及规格型号、台数。从动力平面布置图上主要了解设备基础及电动机位置、电动机容量、电压、台数及编号、控制柜箱的位置及规格型号。

照明线路施工（安装）图中的常用建筑图例符号，见附录C。

3．照明电气图识读实例

（1）住宅照明电气系统图的识读。如图 4-17 所示的是某照明工程电气系统图。该建筑的电源取自供电系统的低压配电电路。

① 进户线。进户线标注是 VV22-4×35+1×25-SC80-FC，表示进户线采用 VV22 型聚氯乙烯绝缘铠装铜芯电力电缆，4 根导线，截面为 $35mm^2$，1 根保护接地线，截面为 $25mm^2$，穿焊接钢管敷设（SC），钢管标称直径 80mm，沿地板暗敷设（FC），重复接地。

② 配电箱。虚线内是配电箱，里面主要是控制设备的型号、规格。

AL_1 是全楼总配电箱，其型号 XRM301-09-4B、规格为 560×870×160（单位：mm）。采用型号为 RT0-200A 的有填料封闭管式熔断器作短路保护，三相四线电能表型号为 DT862-50(200)A，额定电流 50A，最大电流 200A，总闸开关为 S3N-200A，额定电流为 200A，后面九路分闸，其中八路分闸的型号为 S254-C40，采用 VV 型聚氯乙烯绝缘铜芯电力电缆，5 根导线，截面为 $16mm^2$，穿焊接钢管敷设（SC），钢管标称直径 40mm，控制和保护若干个电器；另一路分闸的型号为 S251-C10，采用 BV 型聚氯乙烯绝缘铜芯塑料导线，两根导线，截面为 $2.5mm^2$，塑料阻燃管敷设（PVC），线管标称直径 15mm，控制和保护若干个电器。

AL_2 表示甲型单元配电箱，其设备容量 P_N = 30kW，计算负荷 P_C = 24kW，需要系数 K_X = 0.5，计算电流 I_C = 20.2A；三相四线电能表型号为 DT862-10（40）A，额定电流 10A，最大电流 40 A，其总闸开关（E274-C40）后面 4 路分闸，其中 3 路分闸的型号为 S251-C32，采用 BV 型聚氯乙烯绝缘铜芯塑料导线，3 根导线，截面为 $16mm^2$，塑料阻燃管敷设（PVC），线管标称直径 32mm，分别控制和保护三个单元（每单元 4 户）的若干个电器；另一路分闸的型号为 S251-C10，采用 BV 型聚氯乙烯绝缘铜芯塑料导线，两根导线，截面为 $2.5mm^2$，塑料阻燃管敷设（PVC），线管标称直径 15mm，控制公共照明灯具。

③ 户表箱。户表箱的进户线，就是 AL_2 单元表箱的引出线 BV-3×16-PVC32。每户用电是由各户表箱内所对应的户配电箱提供，电能表型号为 DD862-5（20）A，额定电流 5A，最大电流 20A，显示每户用电情况；空气开关型号为 S252-C20，控制用电状态；每户 3 路电（照明、插座、空调）分别有 3 只型号为 S251-C10 和 S251-C16 的空气开关控制，均采用 BV 型聚氯乙烯绝缘铜芯塑料导线，两根导线，截面为 $2.5mm^2$，塑料阻燃管敷设（PVC），线管标称直径 15mm。

（2）住宅照明平面布置图的识读。如图 4-18 所示的是某住宅标准层的电气系统图，如图 4-19 所示的是该住宅标准层的照明平面图。

① 建筑概况。本住宅楼一个单元内的每层共两户，每户三室一厅一厨一卫，面积约 77 m^2。共用楼梯、楼道。

② 供电电源。住宅楼供电电源采用 220V 单相电源、TN-C 接地方式的单相三线系统供电。在楼道内设置一配电箱 AL，配电箱有 6 路输出线（WL_1、WL_2、WL_3、WL_4、WL_5、WL_6），每户各有 3 条支路。

③ 照明线路。现以西边住户为例来说明该住宅照明线路布置及安装方式。

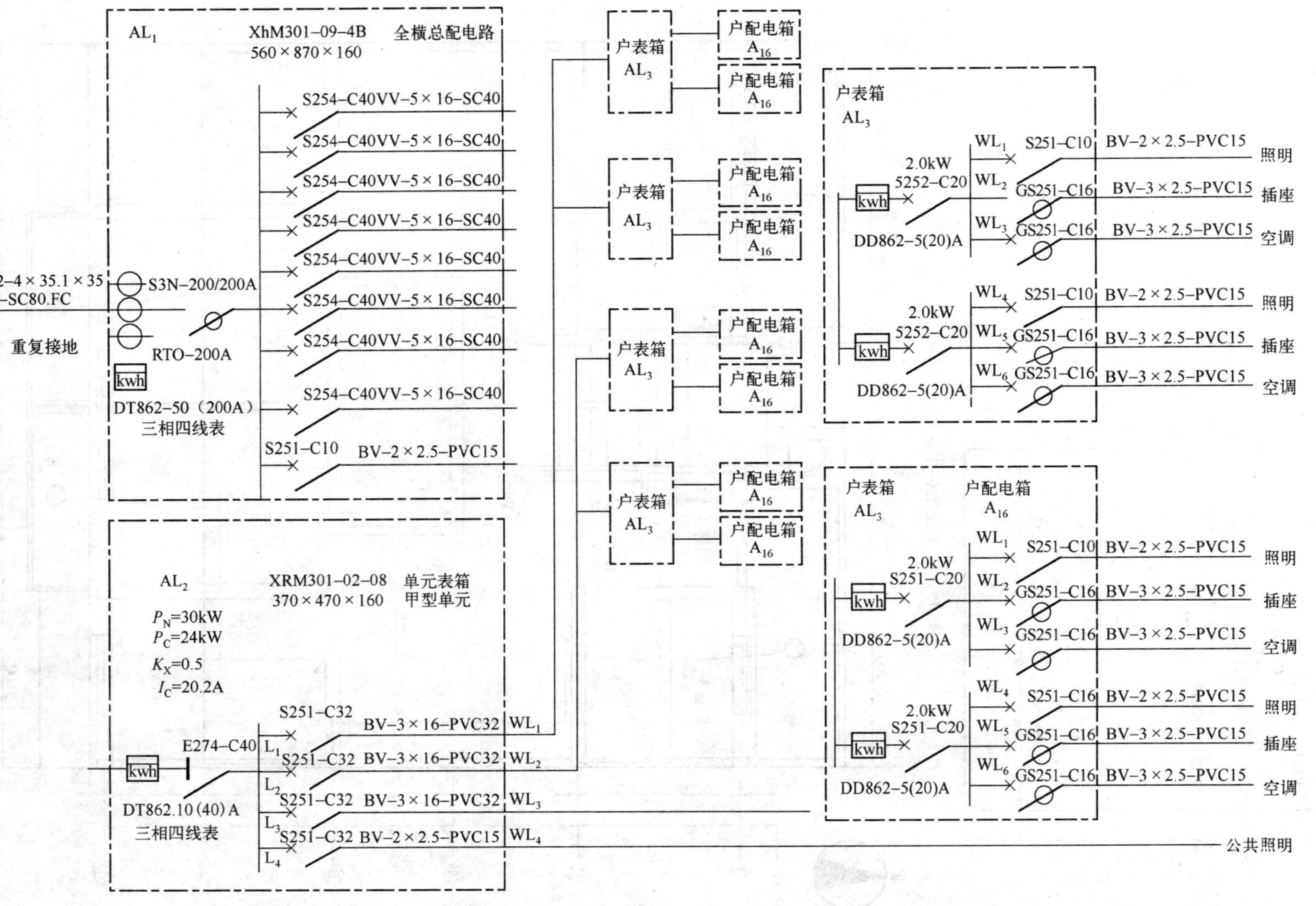

图 4-17　某工程电气系统图

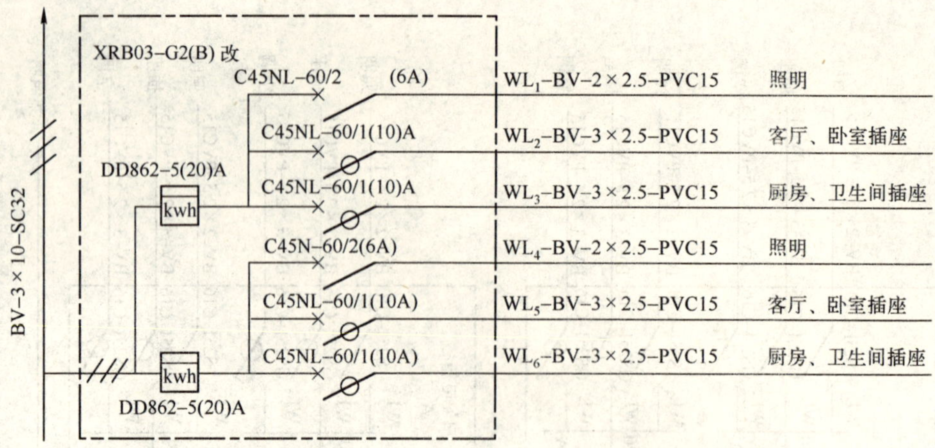

图 4-18 某住宅标准层的电气系统图

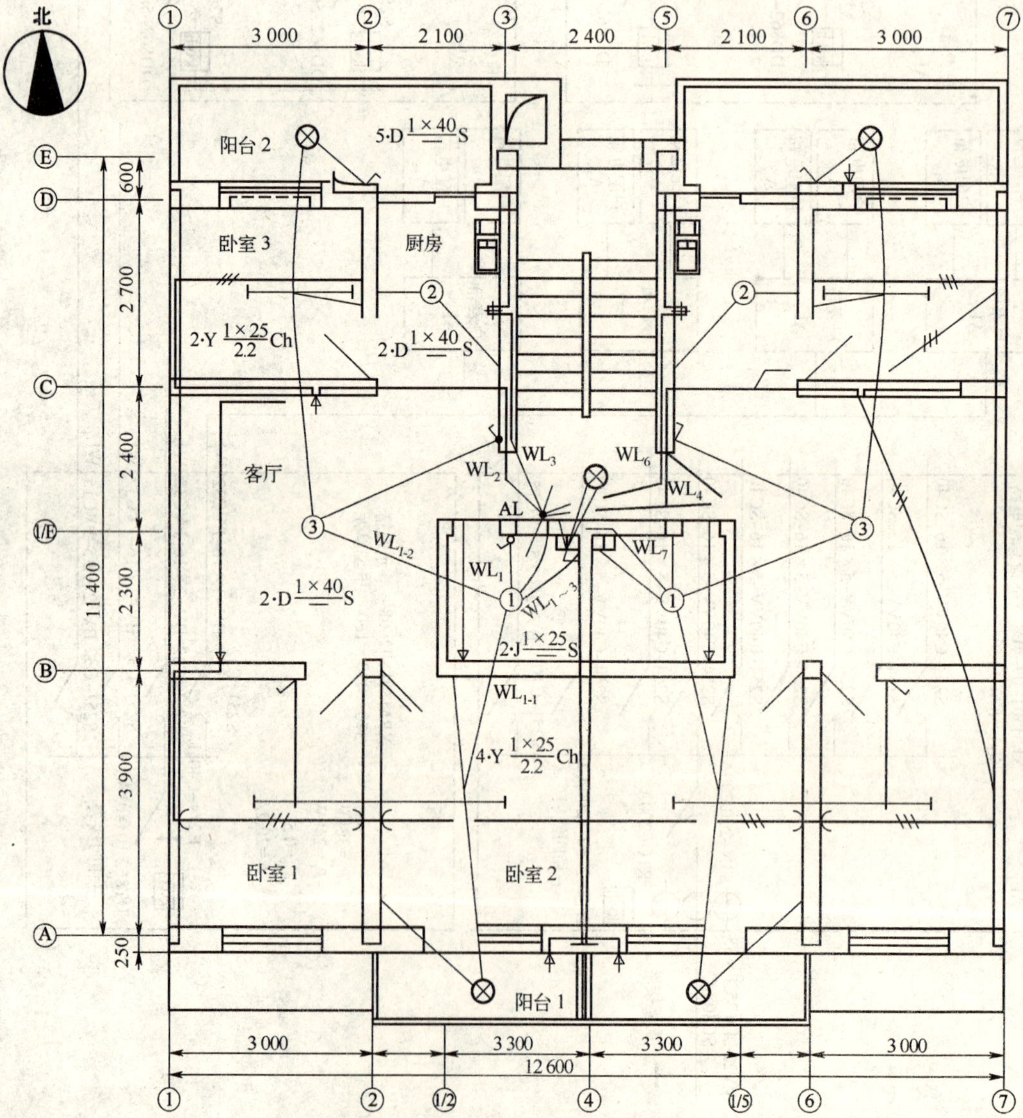

图 4-19 某住宅标准层的照明平面图

该住户有 3 条支路：WL_1 为照明支路，WL_2 为客厅、卧室的插座支路，WL_3 为厨房、卫生间的支路。

WL_1 支路引出后的第一接线点是卫生间的水晶底罩吸顶灯（①），然后再从这里分出 3 条分路，即 $WL_{1\text{-}1}$、$WL_{1\text{-}2}$、$WL_{1\text{-}3}$。另有引至卫生间入口处的一根管线，接至单联单控翘板防溅开关上，是控制卫生间吸顶灯的开关，该开关暗装，标高 1.4m，图中标注的 3 根导线，其中 1 根为保护线。

$WL_{1\text{-}1}$ 分路是引至 A–B 轴卧室 2 照明的电源，从荧光灯处分出两个支路，其中一路是引至卧室 1 荧光灯的电源，另一路是引至阳台 1 平灯口吸顶灯的电源。$WL_{1\text{-}1}$ 分路的三个房间入口处，均有一单联单控翘板开关，控制线由灯盒处引来，分别控制各灯。单控翘板开关均为暗装，安装高度 1.4m。

$WL_{1\text{-}2}$ 分路是引至客厅、厨房及 C–E 轴卧室 3 及阳台 2 的电源。其中客厅为一环型荧光吸顶灯（③），吸顶灯的控制为一单联单控翘板开关，安装于入口处，暗装，安装高度为 1.4m。从吸顶灯处将电源引至 C–D 轴的卧室 3 的荧光灯处，其控制为门口处的单联单控翘板开关，暗装，安装高度 1.4m。从该灯处又将电源引至阳台 2 和厨房，阳台灯具同前阳台 1，厨房灯具为一平盘吸顶灯，又为共同标注，控制开关于入口处，安装同前。

$WL_{1\text{-}3}$ 分路是引至卫生间内④轴的二三极扁圆两用插座暗装，安装高度 1.4 m。

WL_2 支路引出后沿③轴、C 轴、①轴及楼板引至客厅和卧室 3 的二三极两用插座上，实际工程均为埋楼板直线引入，不沿墙直角弯，只有相邻且于同一墙上安装时，才在墙内敷设管路。插座回路均为三线（一条相线、一条保护线、一条工作零线），全部暗装，厨房和阳台的安装高度为 1.6m，卧室为 0.3m。

WL_3 引出两条分路，一是引至卫生间的二三极扁圆两用插座上，另一是经③轴沿墙引至厨房的两只插座，③轴内侧一只，D 轴外侧阳台 2 一只，这 3 只插座的安装高度均为 1.6m，且卫生间是防溅式的，全部暗装。

楼梯间照明为 40W 平灯口吸顶安装，声控开关距顶 0.3m；配电箱暗装，距地面 1.4m。

④ 照明设备。该住宅的照明设备明细表见表 4–5。

表 4–5　照明设备明细表

线　路	照明设备	数　量	功　率	安装方式	安装位置
WL_1	水晶底罩吸顶灯 $2-J\frac{1\times25}{-}S$	2	25W	吸顶安装	卫生间
$WL_{1\text{-}1}$	荧光灯 $4-Y\frac{1\times40}{2.2}Ch$	4	40W	吊高 2.2m，链吊安装	卧室 1、2
$WL_{1\text{-}1}$	平灯口吸顶灯 $5-D\frac{1\times40}{-}S$	5	40W	吸顶安装	阳台 1、2 楼梯
$WL_{1\text{-}2}$	环型荧光吸顶灯 $2-D\frac{1\times40}{-}S$	2	40W	吸顶安装	客厅
$WL_{1\text{-}2}$	平盘吸顶灯 $2-D\frac{1\times40}{-}S$	2	40W	吸顶安装	厨房
$WL_{1\text{-}2}$	荧光灯 $2-Y\frac{1\times25}{2.2}Ch$	2	25W	吊高 2.2m，链吊安装	卧室 3

注：灯具数量是与相邻房号共同标注。

（3）工厂照明平面布置图的识读。如图 4–20 所示的是某工厂车间照明线路平面布置图。

① 建筑概况。该车间建筑面积约 292m²，东、西两边各有一个门，西边另有办公室、

工具间各一间。

② 供电电源。车间照明线路的供电电源采用220V单相电源、TN-C接地方式的单相三线系统供电。在西门厅工具间外墙安装了一个照明配电箱AL，由该配电箱引出5路照明线路（WL_1、WL_2、WL_3、WL_4、WL_5）。

③ 照明线路。车间照明线路有3路：WL_1向车间南边各灯具、插座供电。它们分别是10盏荧光灯，楼梯间照明用吸顶灯，东门厅照明用吸顶灯，这些灯分别由暗装单极开关控制。另外，在车间南侧墙上安装两只带接地插孔的暗装单相插座；WL_2向车间北边各灯具、插座供电。它们分别是11盏荧光灯，这些灯分别由暗装单极开关控制。在车间北侧墙上安装两只带接地插孔的暗装单相插座，1只暗装单相插座安装在办公室；WL_3在工具间装有25 W吸顶灯1盏，在西门厅装有40W吸顶灯两盏，均由暗装单极开关控制。

另有向上层引出的两条照明线路WL_4、WL_5。

④ 照明设备。该车间照明设备明细表见表4-6。

表4-6 车间照明设备明细表

线路	照明设备	数量	功率	安装方式	安装位置
WL_1	荧光灯 $10-Y\frac{2\times40}{2.5}Ch$	10	80W	吊高2.5m，链吊安装	车间南边
	吸顶灯 $1-D\frac{1\times25}{-}S$	1	25W	吸顶安装	楼梯
	吸顶灯 $1-D\frac{1\times60}{-}S$	1	60W	吸顶安装	东门厅
WL_2	荧光灯 $10-Y\frac{2\times40}{2.5}Ch$	10	80W	吊高2.5m，链吊安装	车间北边
	荧光灯 $1-Y\frac{2\times40}{2.5}Ch$	1	80W	吊高2.5m，链吊安装	办公室
WL_3	吸顶灯 $2-D\frac{1\times40}{-}S$	2	40W	吸顶安装	西门厅
	吸顶灯 $1-D\frac{1\times25}{-}S$	1	25W	吸顶安装	工具间

（4）办公室照明平面布置图的识读。如图4-21所示的是某办公楼其中一层的照明线路平面图，如图4-22所示的是该办公楼其中一层的电气系统图。

① 建筑概况。该层有办公室会议室、接待室、资料室共7间，面积约240m^2。

② 供电电源。该办公楼照明线路的供电电源采用220V单相电源、TN-C接地方式的单相三线系统供电。在办公室1安装了一个照明配电箱AL，由该配电箱引出3路照明线路。

③ 照明线路。该办公楼照明线路有3条支路：1$^{\#}$支路为办公室1、走廊、楼道支路，2$^{\#}$支路为办公室2、3、4支路，3$^{\#}$支路为会议室、接待室、资料室支路。

1$^{\#}$支路分为两路：一路从配电箱引至办公室1的3盏荧光灯、2个电风扇，由单联单控开关控制，单联单控开关均为暗装，安装高度1.4m；另一路至走廊、楼道的6盏水晶底罩吸顶灯，由单联单控开关控制，单联单控开关均为暗装，安装高度1.4m。

2$^{\#}$支路从配电箱引至办公室2、3、4的6盏荧光灯、3个电风扇，均由单联单控开关控制，单联单控开关均为暗装，安装高度1.4m；每间办公室均有1个二三极扁圆两用插座，插座回路均为三线（一条相线、一条工作零线、一条保护线），全部暗装，安装高度为 0.3m。

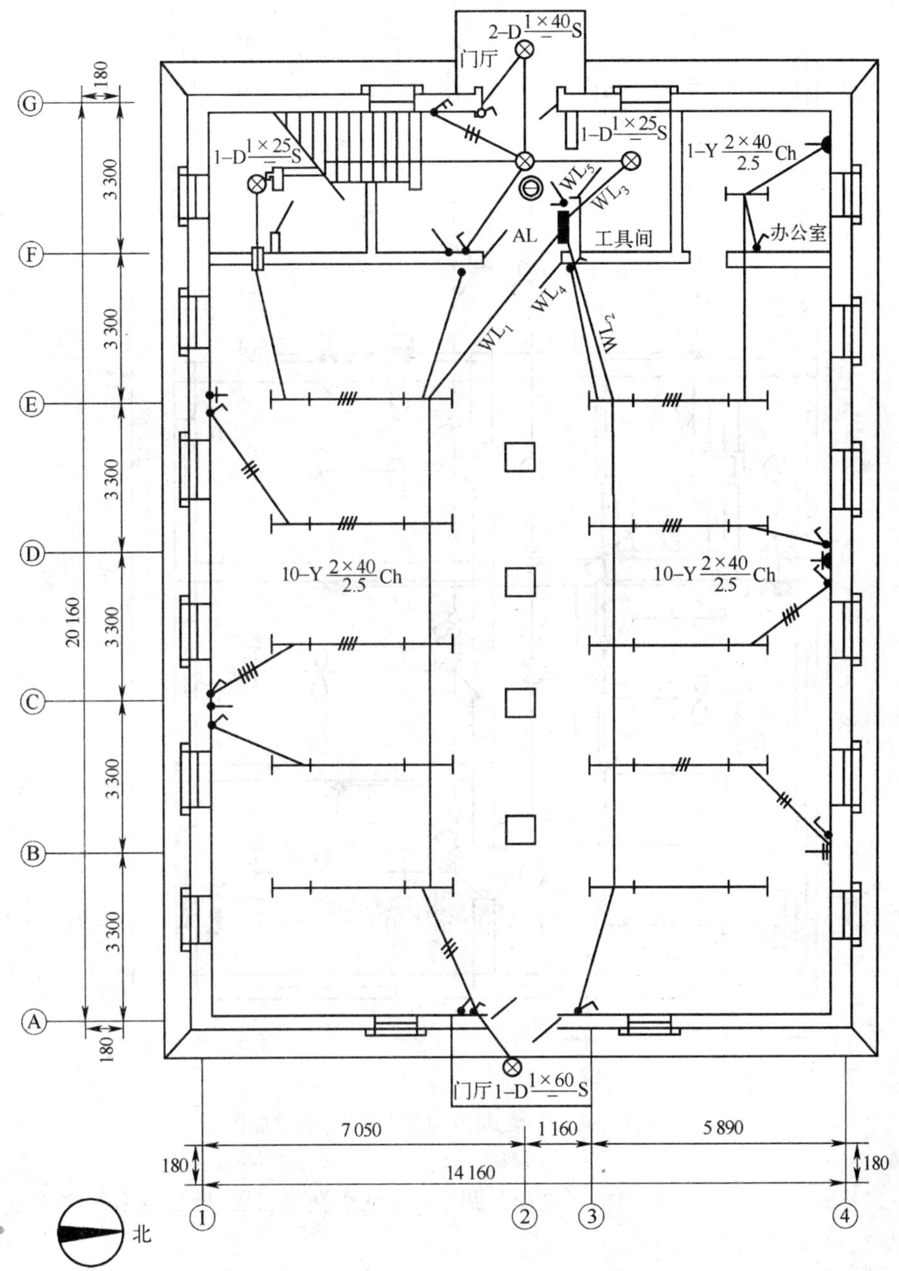

图 4-20　某工厂车间照明线路平面布置图

3#支路从配电箱引至会议室、接待室、资料室，这些室内共有 5 盏壁灯、1 盏花灯、7 盏荧光灯、1 个电风扇，均由单联单控开关控制，单联单控开关均为暗装，安装高度 1.4m；每个室内均有一个二三极扁圆两用插座，插座回路均为三线（一条相线、一条工作零线、一条保护线），全部暗装，安装高度为 0.3m。

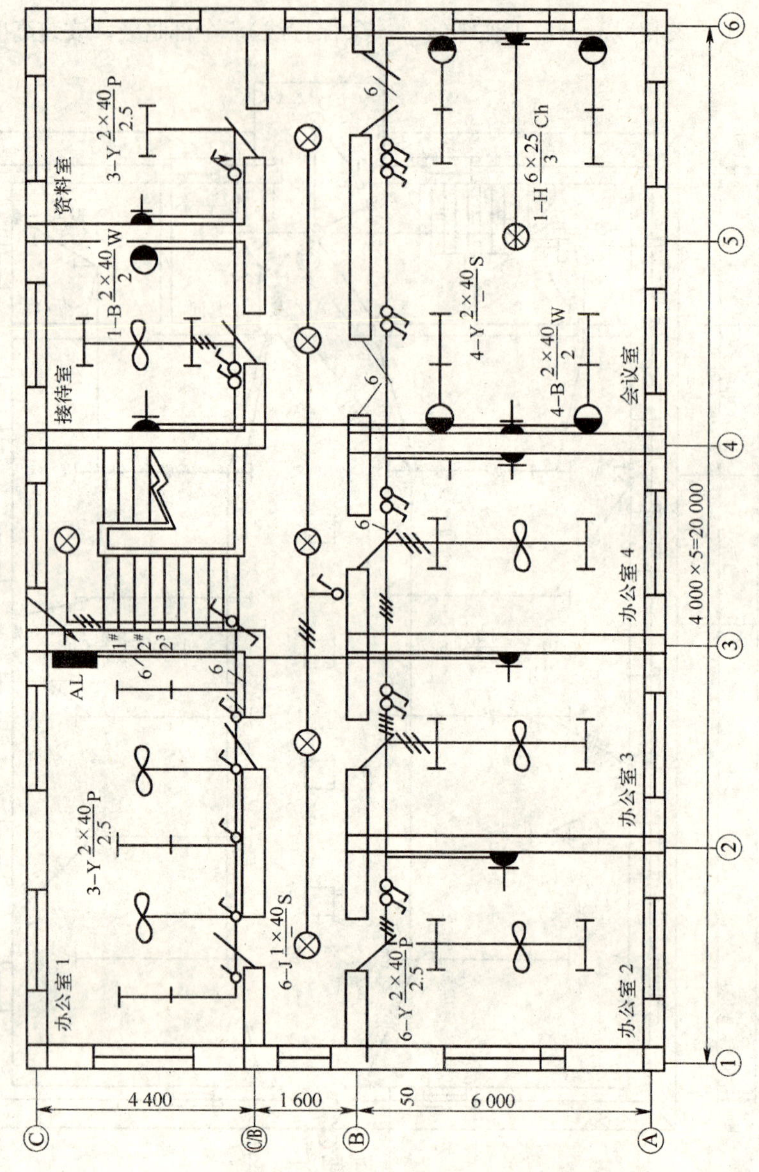

图 4-21　某办公楼其中一层的照明线路平面图

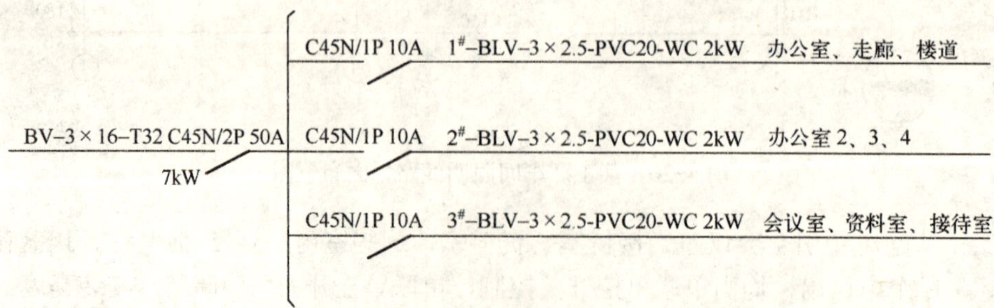

图 4-22　某办公楼其中一层的电气系统图

④ 照明及电气设备。该办公楼其中一层的照明及电气设备明细表见表 4-7。

表 4-7　照明及电气设备明细表

线　路	照明设备	数　量	功　率	安装方式	安装位置
$1^{\#}$	荧光灯 $3-Y\frac{2\times40}{2.5}P$	3	80W	吊高 2.5m，管吊安装	办公室 1
	水晶底罩吸顶灯 $6-J\frac{1\times40}{-}S$	6	40W	吸顶安装	走廊、楼道
	电风扇	2	40W	吊高 2.8m，管吊安装	办公室 1
$2^{\#}$	荧光灯 $6-Y\frac{2\times40}{2.5}P$	6	80W	吊高 2.5m，管吊安装	办公室 2、3、4
	电风扇	3	40W	吊高 2.8m，管吊安装	办公室 2、3、4
$3^{\#}$	花灯 $1-H\frac{6\times25}{3}Ch$	1	150W	吊高 3m，链吊安装	会议室
	壁灯 $4-B\frac{2\times40}{2}W$	4	80W	壁装，安装高度 2m	会议室
	荧光灯 $4-Y\frac{2\times40}{-}S$	4	80W	吸顶安装	会议室
	荧光灯 $3-Y\frac{2\times40}{2.5}P$	3	80W	吊高 2.5m，管吊安装	接待室、资料室
	壁灯 $1-B\frac{2\times40}{2}W$	1	80W	壁装，安装高度 2m	接待室
	电风扇	1	40W	吊高 2.8m，管吊安装	接待室

4.2.5　工厂动力线路电气图的识读

1. 识读工厂动力线路电气图的原则

工厂动力线路电气图主要有动力平面布置图，它是用图形符号和文字代号表示车间内各种动力设备平面布置、安装、接线的一种简图。识读动力平面布置图时，应遵循两条原则。

（1）动力平面布置图主要表现了动力配电箱的型号、规格、安装位置，配电线路的敷设方式、路径、导线与根数、穿管类型及管径，电动机的型号、规格和安装位置等。

（2）在一个工程中，动力设备比照明设备数量要少，且多布置在地坪或楼层地面上，供电线路多采用三相供电，配电方式一般采用穿管配线，因而动力平面图比照明平面图简单，但动力设备的控制比照明设备的控制要复杂得多。

2. 识读工厂动力线路电气图的基本方法

工厂动力线路电气图的识读方法与照明线路电气图的识读方法基本相同。

（1）识读建筑概况。

（2）识读供电电源。

（3）识读动力线路。

（4）识读动力设备。

3. 工厂动力线路电气图识读实例

（1）外线平面布置图的识读。某工厂外线平面布置图如图 4-23 所示。

① 变电所。根据图形符号找出变电所，图 4-23 中的变电所在厂区中间，电能由厂区外高压配电线路引入。

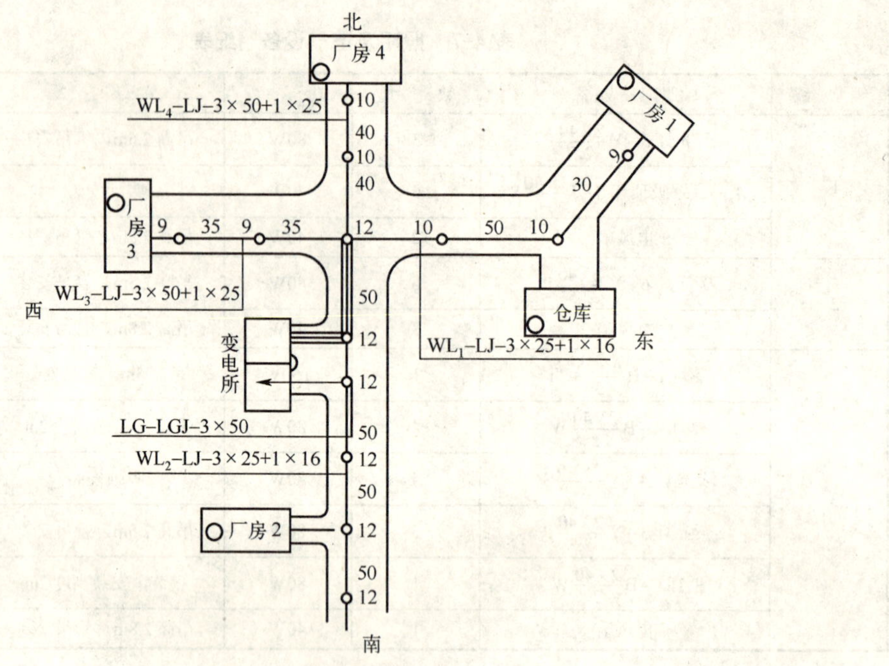

图 4-23　外线平面布置图

② 高压配电线路。从高压配电线路（LG）引入的，走向由西向北拐弯至变电所的线路是厂区高压配电线路，采用3根截面为50mm^{2}的钢芯铝绞线（LGJ-3×50）。

③ 低压配电线路。从厂区变电所引出，走向分东南西北，4根线（WL_1、WL_2、WL_3、WL_4）是低压配电线路，分别通往4个厂房。低压配电线路的明细表见表4-8。

表 4-8　低压配电线路的明细表

线　路	线路用途	导　线
WL_1	厂房1和仓库线路	LJ型裸铝绞线，3根导线，截面25mm^2，1根保护线，截面16mm^2
WL_2	厂房2线路	LJ型裸铝绞线，3根导线，截面25mm^2，1根保护线，截面16mm^2
WL_3	厂房3线路	LJ型裸铝绞线，3根导线，截面50mm^2，1根保护线，截面25mm^2
WL_4	厂房4线路	LJ型裸铝绞线，3根导线，截面50mm^2，1根保护线，截面25mm^2

④ 电线杆。线路中的圈点表示电线杆，圈点边标注的“10”、“12”等数字表示电线杆的高度（如“10”、“12”分别表示10m、12m）；两圈点之间的“35”、“40”等数字表示电线杆的间距（如“35”、“40”分别表示电线杆的间距为35m、40m）。

（2）车间动力线路平面布置图的识读。动力线路平面布置图如图4-24所示，从图中可以看出：

① 建筑概况。该车间建筑面积约231m^2，南、北两边各有一个门。

② 供电电源。动力线路（N_1）由东北角进入，导线是型号为BBLX的玻璃丝橡皮绝缘铝线，共3根，截面积是75mm^2，用直径70mm的焊接钢管沿墙敷设，线路电源为380V。

③ 动力线路。进入车间总控制屏后分3路（N_3、N_4、N_5）通向设备，导线是型号为BLX的橡皮绝缘铝线，共3根，截面积是25mm^2，用直径32mm焊接钢管沿地板敷设；一路（N_2）在墙上引向上一层车间，导线是型号为BLX的橡皮绝缘铝线，共4根，截面积是

4mm²，用直径 25mm 的电线管沿墙敷设。

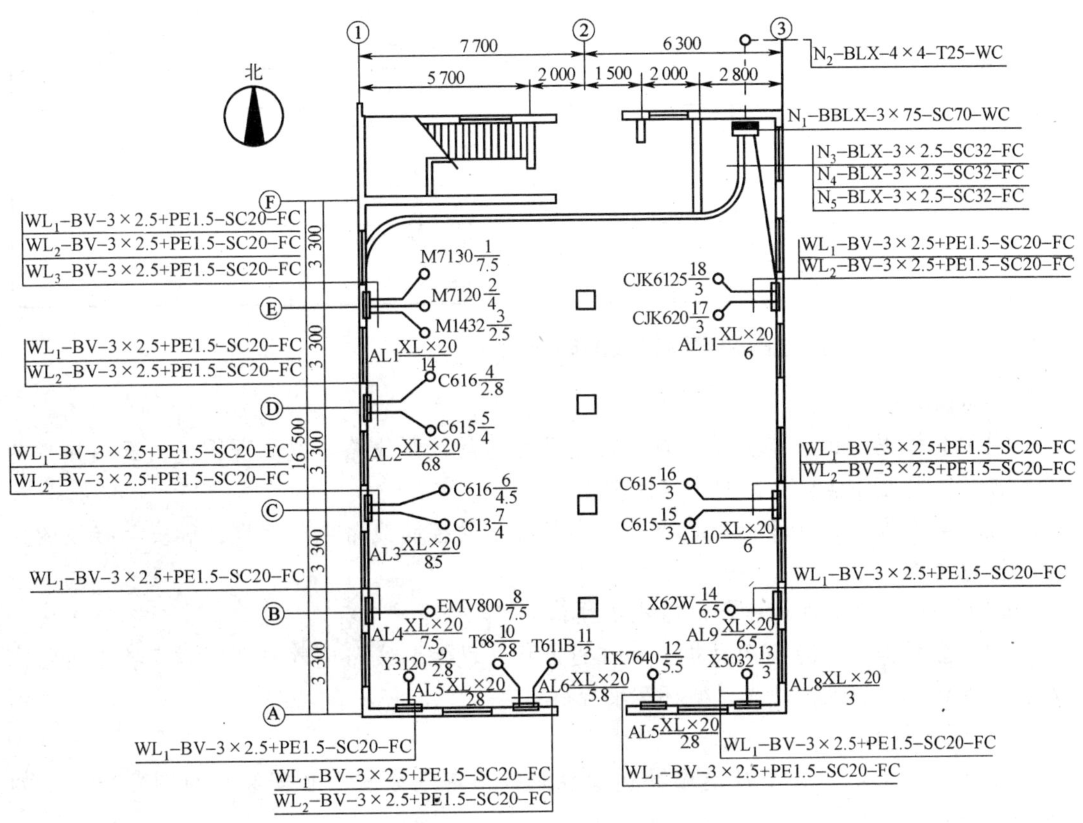

图 4-24　车间动力线路平面布置图

④ 动力设备。车间内有设备 18 台，11 个分配电箱，分别供给动力用电，配电箱至用电设备均采用 BV 型的绝缘铜线，3 根导线，截面积是 2.5mm²，1 根保护地线，截面积是 1.5mm²，用直径 20mm 的焊接钢管沿地板敷设。各动力设备明细表见表 4-9。

表 4-9　各动力设备明细表

配　电　箱	动力设备编号	动力设备名称	功率（kW）
AL_1	1	M7130 平面磨床	7.5
	2	M7120 平面磨床	4
	3	M1432 外圆磨床	2.5
AL_2	4	C616 普通车床	2.8
	5	C615 普通车床	4
AL_3	6	C616 普通车床	4.5
	7	C613 普通车床	4
AL_4	8	EMV800 立式加工中心	7.5
AL_5	9	Y3120 滚齿机	2.8
AL_6	10	T68 卧式镗床	2.8
	11	T611B 卧式镗床	3

续表

配电箱	动力设备编号	动力设备名称	功率（kW）
AL_7	12	TK7640 立式数控镗铣床	5.5
AL_8	13	X5032 铣床	3
AL_9	14	X62W 万能铣床	6.5
AL_{10}	15	C615 普通车床	3
	16	C615 普通车床	3
AL_{11}	17	CJK620 数控车床	3
	18	CJK6125 数控车床	3

【实训项目 7】 电气原理图和安装接线图的识读

1. 实训要求

（1）会根据三相异步电动机自动往返循环运动控制线路电气原理图说出三相异步电动机自动往返循环运动控制的工作原理。

（2）会根据三相异步电动机自动往返循环运动控制线路电气原理图和安装接线图列出元器件清单。

（3）会按照元器件清单作电路成本预算。

（4）会根据三相异步电动机自动往返循环运动控制线路电气原理图和安装接线图，安装三相异步电动机自动往返循环运动控制线路。

2. 实训器材

三相异步电动机自动往返循环运动控制线路电气原理图和安装接线图各一张，如图 4-25 和图 4-26 所示。

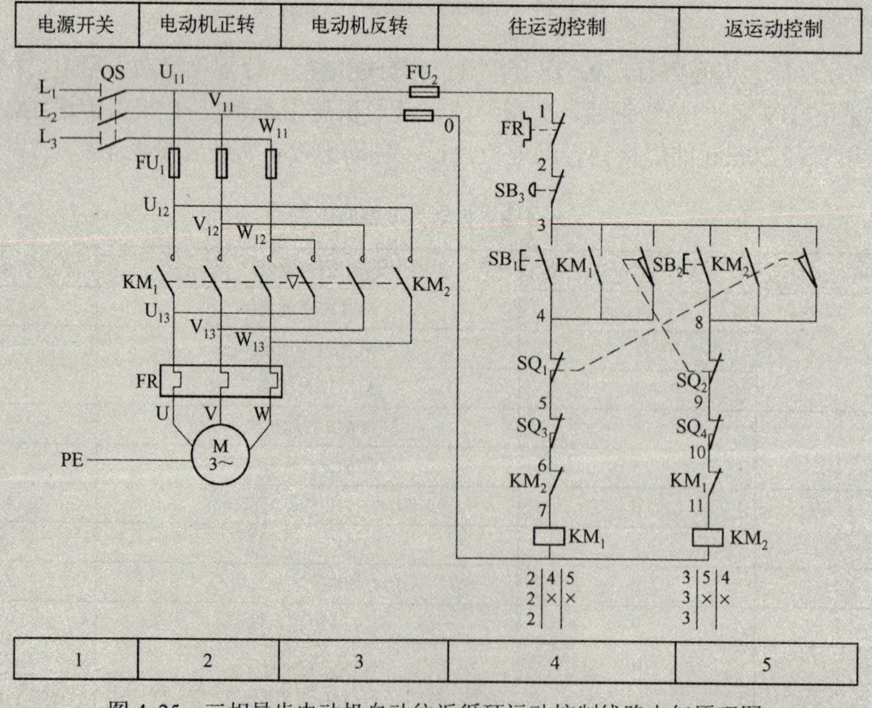

图 4-25 三相异步电动机自动往返循环运动控制线路电气原理图

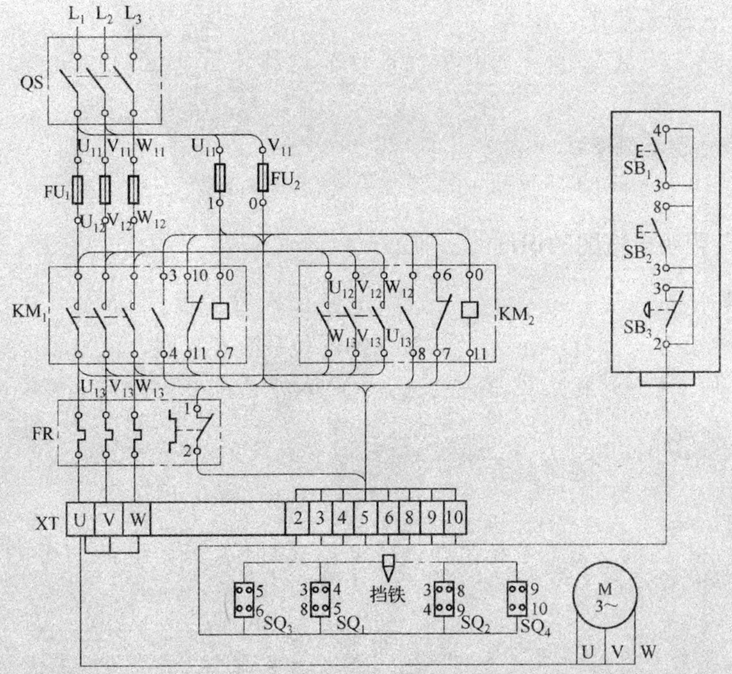

图 4-26　三相异步电动机自动往返循环运动控制线路安装接线图

3. 实训步骤（各校可结合实际，选做其中 2～3 项）

➢ 想一想：识读方法

请你想一想电气原理图和安装接线图的识读方法。

➢ 说一说：工作原理

请你说一说三相异步电动机自动往返循环运动控制线路的工作原理。

➢ 列一列：元器件清单

请根据三相异步电动机自动往返循环运动控制线路电气原理图和安装接线图，结合学校实际，列出元器件清单。

序　号	符　号	名　称	型　号	规　格	数　量	用　途
1						
2						
3						
4						
5						

➢ 算一算：电路成本

请按照元器件清单列出所用器材的型号、规格，在当地调查相应元器件价格，进行电路成本预算。

序　号	名　称	型号规格	数　量	产　地	单价（元）	小计（元）	备　注
1							
2							
3							
4							
5							
总计							

➢ 做一做：安装接线

请在电工板上安装三相异步电动机自动往返循环运动控制线路。（工艺要求详见第8章）

➢ 写一写：收获体会

请把你的实训收获和体会写下来。

【实训项目8】 照明电气图的识读

1. 实训要求

（1）会根据三室一厅标准层单元电气系统图和平面布置图，说出工程概况。

（2）会根据三室一厅标准层单元电气系统图和平面布置图，列出电气明细表。

（3）会根据电气明细表作照明工程成本预算。

（4）了解照明工程的施工过程。

2. 实训器材

三室一厅标准层单元电气系统图和平面布置图各一张，如图4-27和图4-28所示。

BV-2×16+1×16-T32 C45N/2P50A
P=11.5kW

① C45N/1P 16A BV-3×2.5-T20 2.5kW 空调器插座
② C45N/1P 16A BV-3×2.5-T20 1.5kW 厨房
③ C45N/1P 16A BV-3×2.5-T20 1.1kW 照明
④ C45N/1P 16A BV-3×2.5-T20 2.0kW 插座
⑤ C45N/1P 16A BV-3×2.5-T20 1.0kW 洗衣机插座
⑥ C45N/1P 16A BV-3×2.5-T20 1.5kW 插座
⑦ C45N/2P 16A BV-3×2.5-T20 3.0kW 热水器插座
⑧ C45N/IP 16A 备用

注：① 空调插座距地面1.8m；② 冰箱、洗衣机、厨房插座距地面1.3m；
③ 开关距地面1.3m；④ 卫生间电热水器、排风扇距地面2.4m；
⑤ 油烟机距地面2.4m。⑥ 其他插座距地面0.3m。

图4-27 三室一厅标准层单元电气系统图

3. 实训步骤（各校可结合实际，选做其中2～3项）

➢ 想一想：识读方法

请你想一想电气系统图和平面布置图的识读方法。

➢ 说一说：工程概况

根据三室一厅标准层单元电气系统图和平面布置图，说一说工程概况。

➢ 列一列：明细表

请根据三室一厅标准层单元电气系统图和平面布置图，列出明细表。

三室一厅标准层各支路明细表				
线　路	空气开关型号	导　线	用　途	功　率
1				
2				
3				

续表

线　路	空气开关型号	导　线	用　途	功　率
4				
5				

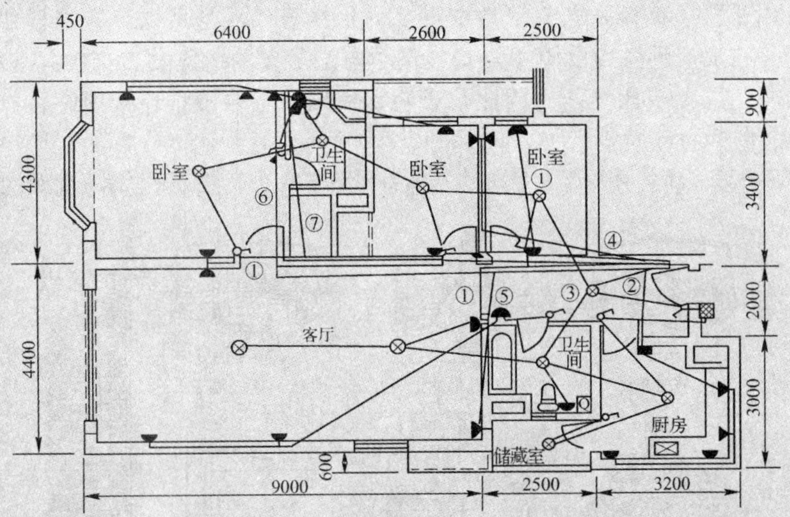

图4-28　三室一厅标准层单元平面布置图

三室一厅标准层照明设备明细表				
线　路	照 明 设 备	功　率	安 装 方 式	安 装 位 置
1				
2				
3				
4				
5				

➢ 算一算：工程成本

请按照明细表列出所用器材的型号、规格，并在当地调查相应元器件价格，进行照明工程成本预算。

三室一厅标准层照明工程成本预算表							
序　号	器 材 名 称	型 号 规 格	单　位	数　量	单价（元）	小计（元）	备　注
1	室内线						
2	电线管道						
3	开关、插座						
4	控制						
5	灯具						
6	灯泡						
7	灯罩						
器材购置总金额（元）							

➢ 看一看：现场参观

参观住宅或办公室电气工程施工现场，学习观察电气工程的施工过程。

➢ 写一写：收获体会

请把你的实训收获和体会写下来。

【阅读材料1】 端子与端子排的识读

端子与端子排（板）是电气附件中重要的接线器件，是用以连接电器件和外部导线的导电装置。在成套设备的故障中，接线端子与端子排的故障约占 50%，检查这些连接点是电工维修的首要步骤之一。因此，正确识读端子与端子排连接图，将有助于电工准确、迅速地判断和排除故障。

（1）端子与端子排的分类。端子与端子排的种类很多，常用端子与端子排如图 4-29 所示。

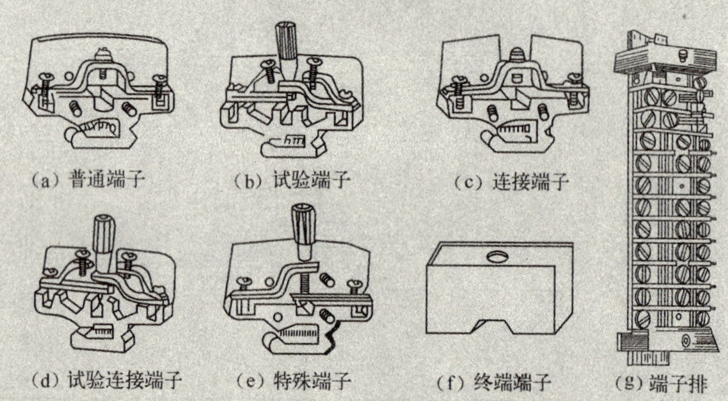

（a）普通端子 （b）试验端子 （c）连接端子 （d）试验连接端子 （e）特殊端子 （f）终端端子 （g）端子排

图 4-29 常用端子与端子排

（2）端子排连接图识读。利用端子排连接的简单机床接线图如图 4-30 所示，图中的 QS、FU、KM、SB 和 M 分别是刀开关、熔断器、接触器、按钮和电动机等电器。

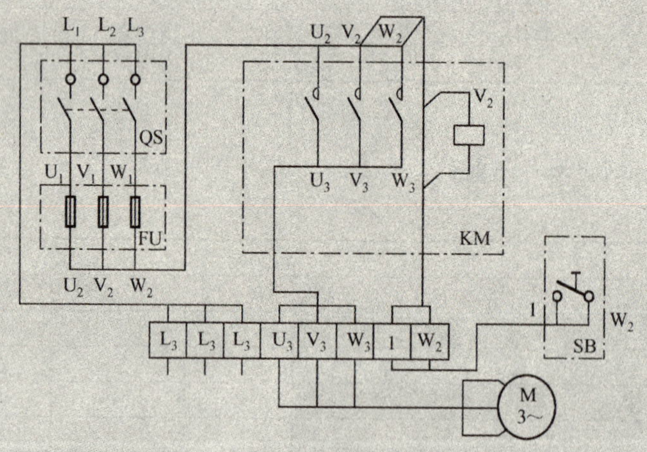

图 4-30 利用端子排连接的简单机床接线图

【阅读材料2】 展开图的识读

定子绕组是电动机的主要组成部分。电动机长期运转后，由于受潮、过载、老化等原因都有可能使绕组损伤，甚至烧毁。因此，绕组修理是电工在维修电动机中不可缺少的环节。正确识读电动机绕组的展开图是了解绕组、修理与重绕绕组的基础。

（1）展开图识读的基本要求。

① 定子的术语。

a. 线圈、极相、绕组。线圈是以绝缘导线（如漆包线、纱包线）按一定形式绕制而成，线圈可由一匝或多匝导线组成，如图 4-31 所示。同一相中由多个线圈构成的一组单元称极相组（或线圈组）。由多个线圈或极相组构成一相或整个电磁电路的组合称绕组。因此，线圈是电动机绕组的基本元件，绕组是电动机电磁部分的主要部件。

构成绕组的一个线圈又称为绕组元件。它有两个直线部分，嵌入铁芯槽内的部分称为线圈的有效边，是实现机电能量转换的有效部分；两端伸出铁芯槽外，不参与能量转换，仅起连接两有效边作用的部分称端部。为了便于绘制绕组图，一般用简化方法表示一个多匝线圈。

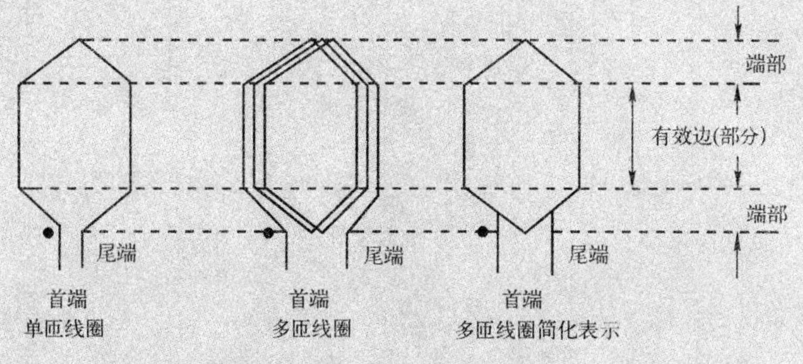

图 4-31　线圈的表示方法

b. 极距。极距是指沿定子铁芯内圆磁极与磁极之间的距离，即每个磁极所占的范围，如图 4-32 所示。极距的大小可以用其所占的内圆弧长或其所占的槽数表示。极距 τ 是电动机铁芯总槽数 Z 与 2 倍的磁极对数 p 的比值，如一台 24 槽 4 极（$p=2$）三相异步电动机的极距为 6。

c. 节距。节距是指一个线圈两有效边之间的距离，即线圈两有效边所跨的槽数，如图 4-32 所示。如果线圈的一个有效边在第 1 槽，另一个有效边在第 8 槽，则节距 $Y=7$，或以 $Y=1\sim8$ 表示。按照节距与极距的关系，节距可分为整节距（节距等于极距）、短节距（节距小于极距）和长节距（节距大于极距）。

d. 每极每相槽数。每极每相槽数是指每相绕组在一个磁极下所占的槽数。每极每相槽数 q 是电动机铁芯总槽数 Z 与 2 倍的磁极对数 p 和相数 m 的乘积的比值，也就是极距 τ 与相数 m 的比值。如一台 24 槽 4 极（$p=2$）三相异步电动机的每极每相槽数为 2。

e. 机械角度和电角度。机械角度是指一个圆周对应的几何角度，为 360° 或 2π 弧度。电角度是指电气在圆周上对应的角度。从电磁观点来看，一对磁极是一个交变周期，因此一对磁极所对应的机械角度为 360°。

② 定子绕组的分类。定子绕组的分类很多，如图 4-33 所示。

③ 绕组的端面图和展开图。

为了便于分析绕组结构和接线，通常需识读绕组的端面图和展开图，如图 4-34 所示。

（2）展开图识读的基本方法。

① 识读方法。

a. 识读磁极和相带。三相绕组根据各相绕组在空间互差 120° 电角度的要求，即按

U_1、W_2、V_1、U_2、W_1、V_2 相带排列；单相绕组按主、副绕组，即按 U_1、Z_1、U_2、Z_2 相带排列，根据相带排列读出各槽号所属磁极和相带。

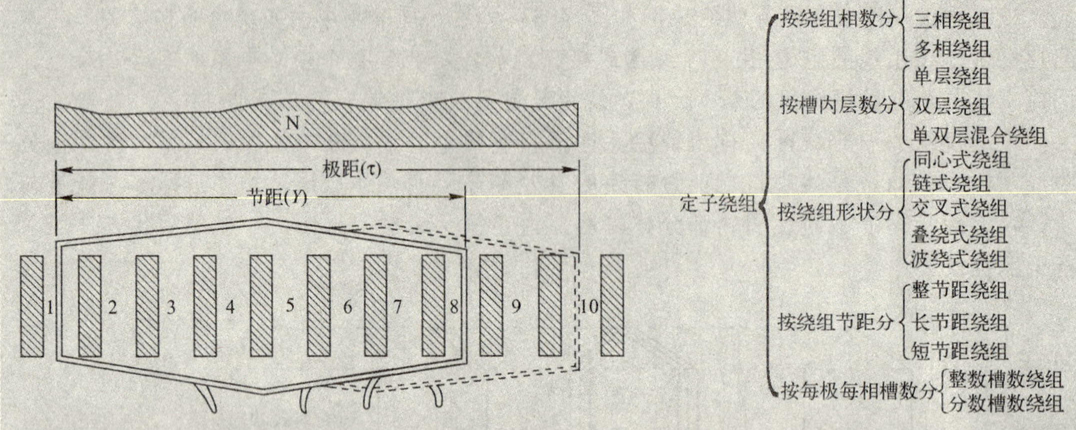

图 4-32 线圈的极距和节距

图 4-33 定子绕组的分类

b. 识读线圈组。根据绕组的连接方式和形式，读出线圈组的槽号。

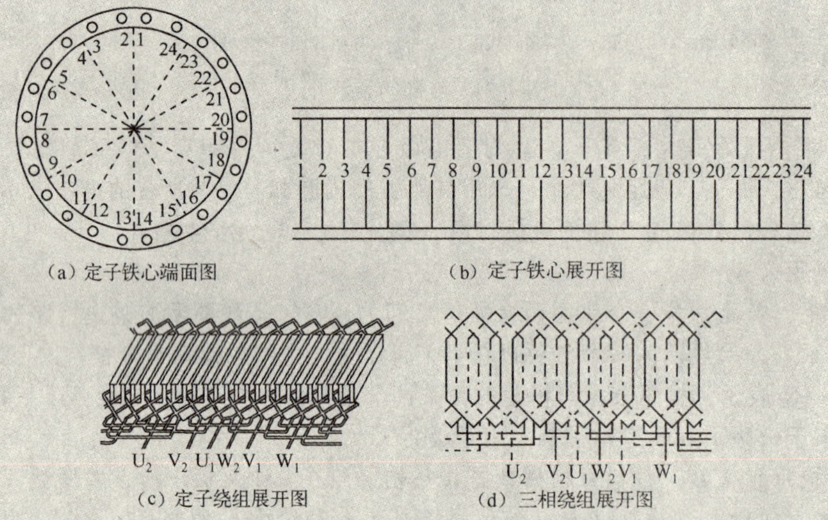

（a）定子铁心端面图

（b）定子铁心展开图

（c）定子绕组展开图

（d）三相绕组展开图

图 4-34 端面图和展开图

c. 识读每相绕组的连接顺序。根据相带和电流方向，读出每相绕组的连接顺序。

d. 识读电源引线。根据每相绕组的连接顺序，读出电源引线的糟号。

② 识读实例。

以图 4-35 为例，识读三相 24 糟 4 极单层链式绕组展开图。

a. 识读磁极和相带。图 4-35 中的 24 根平行线段，表示电动机的 24 糟，标在每根平行线段上的数字为定子铁芯的糟号。24 糟分成 4 个极，每极下各有 6 个糟，每极占 180° 电角度，分属 U、V、W 三相，即相带为 60°；每极每相有 2 个糟，每个糟占 30° 电角度。各糟号所属磁极和相带如，见表 4-10 所示。

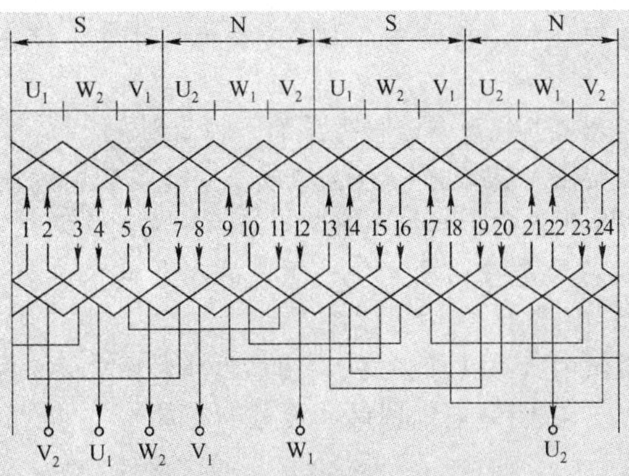

图 4-35　三相 24 槽 4 极绕组展开图（单层链式）

表 4-10　各槽号所属磁极和相带

极　距	τ（S）			τ（N）		
相　带	U_1	W_2	V_1	U_2	W_1	V_2
第一对磁极槽号	1、2	3、4	5、6	7、8	9、10	11、12
第二对磁极槽号	13、14	15、16	17、18	19、20	21、22	23、24

b. 识读线圈组。U 相绕组包含第 1、2、7、8、13、14、19、20 共 8 个槽，从节省端部接线考虑，节距取短节距 Y=5。各相线圈的槽号，见表 4-11 所示。

表 4-11　各相线圈槽号

相　序	U 相	V 相	W 相
线圈槽号	2 与 7、8 与 13、14 与 19、20 与 1	6 与 11、12 与 17、18 与 23、24 与 5	10 与 15、16 与 21、22 与 3、4 与 9

c. 识读绕组的连接顺序。根据电流参考方向，U 相绕组连接顺序如图 4-36 所示。同理，也可以读出 V、W 相绕组连接顺序。

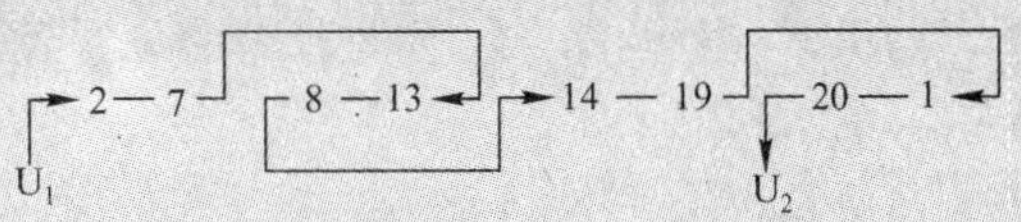

图 4-36　U 相绕组连接顺序

d. 识读电源引线。各电源引线的槽号见表 4-12 所示，各相间隔 8 槽。

表 4-12　各电源引线的槽号

相　序	U 相		V 相		W 相	
引出线端（首或尾）	U_1	U_2	V_1	V_1	W_1	W_1
槽　号	2	20	6	24	10	4

【本章小结 4】

电气图的种类很多，常见的有电气原理图、安装接线图和平面布置图等。

电气原理图是将电气符号按工作顺序排列，详细表示电路中电气元件、设备、线路的组成以及电路的工作原理和连接关系，而不考虑电气元件、设备的实际位置和尺寸的一种简图。

电气安装接线图是表示电气设备连接关系的一种简图。

平面布置图是用图形符号来表示一个区域或一个建筑物中的电气成套装置、设备等组件的实际位置，并用导线把它们连接起来，以表示出它们之间供用电关系的图种。

电工用图中的电气符号是按照国家统一规定的，它包括图形符号、文字符号和回路标号。

电气符号：
- 图形符号
  - 基本符号
  - 一般符号
  - 明细符号
- 文字符号
  - 基本文字符号
  - 辅助文字符号
- 回路标号

标准的电气图对图纸的大小（即图幅）、图框尺寸和图区编号均有一定的要求。在绘制电气图时，要做到布局合理、排列均匀、图面清晰。

识读电工用图要做到“五结合”，即结合电工用图的绘制特点、结合电工基本原理、结合电气元件的结构和工作原理、结合典型电路和有关技术图。

识读电气原理图要查阅图纸说明，了解大体情况并抓住识读的重点；分清电路性质，是主电路还是控制电路，是交流电路还是直流电路；注意识读顺序，应先看主电路，后看控制电路。

识读电气安装接线图要熟悉电气原理图，熟悉电气安装接线图中各元器件的实际位置和安装接线图的布线规律，先看主电路，后看控制电路。

识读照明电气图要注意：（1）识读建筑概况。了解建筑物的整个结构、楼板、墙面、棚顶材料结构、门窗位置、房间布置等。（2）识读供电电源。了解电源进户位置、方式、线缆规格型号、第一接线点位置及引入方式、总配电箱规格型号及安装位置，总箱与各分箱的连接形式及线缆规格型号。（3）识读照明线路。了解照明线路的敷设方式、敷设位置、线路走向、导线型号、规格与根数、导线的连接方法。（4）识读照明设备。照明平面布置图主要了解灯具、插座、开关的位置、规格型号、数量、控制箱的安装位置及规格型号、台数。动力平面布置图主要了解设备基础及电动机位置、电动机容量、电压、台数及编号、控制柜箱的位置及规格型号。

【思考与练习4】

1. 填空题

（1）电工用图又叫__________，是根据国家制定的__________和__________标准，按照规定的画法绘制出来的图纸。

（2）电气原理图又称____________、______________，它是将______________按工作顺序排列，详细表示电路中电气元件、设备、线路的组成以及电路的_____________和__________，而不考虑电气元件、设备的实际位置和尺寸的一种简图。

（3）电工用图中的电气符号包括____________、____________和____________。

（4）图形符号是表示电气元件或电气设备性能的______________、______________或____________，分为__________、____________和______________。

（5）文字符号是表示____________、______________的字母代码，分为__________和________________。

（6）回路标号是电气原理图中回路上标注的________和________，通常按照________的原则进行标注。

（7）电工用图按其用途可分为________、________、________、端子排图和展开图等。

（8）电源电路一般设置在图面的________，三相四线电源线相序由________________排列，中性线应绘在相线的________。

（9）控制电路包括________、________、________等，按照对控制主电路的动作顺序要求________绘制。

（10）动力平面布置图主要表现了________的型号、规格、安装位置，________的敷设方式、路径、导线与根数、穿管类型及管径，________的型号、规格和安装位置等。

2．判断题（对打“√”、错打“×”）

（1）电工用图提供电路中各种元器件的功能、位置、连接方式及工作原理等信息，是电气工程技术的语言。（　）

（2）文字符号必须用单字母符号表示。（　）

（3）回路标号由一位或二位数字组成。（　）

（4）电气原理图可以不标注技术数据。（　）

（5）电气安装接线图是表示电气设备连接关系的一种简图。（　）

（6）平面布置图是用图形符号来表示一个区域或一个建筑物中的电气成套装置、设备等组件的实际位置，并用导线把它们连接起来，以表示出它们之间供用电关系的图种。（　）

（7）标准的电气原理图对图纸的大小、图框尺寸和图区编号均没有一定的要求。（　）

（8）在电气原理图中，主电路通常画在图面的右边。（　）

（9）辅助电路是指电气原理图中的信号灯和照明部分，应画在控制电路的右方。（　）

（10）电气原理图中的电器元件采用分离画法，同一电器的各个部件可根据实际需要画在不同的地方，但必须用相同的文字符号标注。（　）

3．问答题

（1）解释下列符号位置索引表示的含义：22/8/A3。

（2）某机床电气原理图中的一个接触器 KM 和继电器 KA，它们的相应触点位置索引如图 4-37 所示，请说明其含义。

KM		
3	7	8
3	×	×
3		

KA	
6	7
10	×
×	×
×	×

图 4-37　接触器 KM 和继电器 KA 触点位置索引

（3）识读电工用图的基本方法是什么？

（4）识读电气原理图主电路一般按哪几步进行？识读控制电路一般又按哪几步进行？

（5）识读电气安装接线图的基本方法是什么？

（6）识读照明电气图的基本方法是什么？

第 5 章 基本操作和室内配线

【学习目标】

- 学会导线绝缘层剖削与恢复、导线的连接与封端等基本操作技能
- 熟悉室内配线方法，学会正确安装配电箱（板）和漏电保护器

5.1 导线基本操作技能

导线的基本操作有导线绝缘层的剖削、导线的连接、导线的封端和导线绝缘层的恢复。

5.1.1 导线绝缘层的剖削与连接

1. 导线绝缘层的剖削

导线绝缘层的剖削方法很多，一般有用电工刀剖削、钢丝钳或尖嘴钳剖削和剥线钳剖削等。

（1）用电工刀剥离。用电工刀剖削导线绝缘层见表 5-1。

表 5-1 用电工刀剖削

塑料硬线端头绝缘层的剖削	
示 意 图	说 明
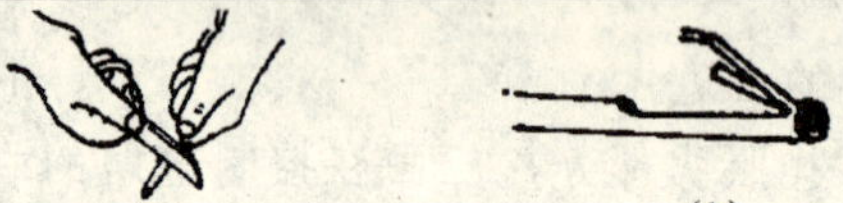 (a) (b)	左手持导线，右手持电工刀，如左图（a）所示。以 45°角切入塑料绝缘层，线头切割长度约为 35mm，如左图（b）所示
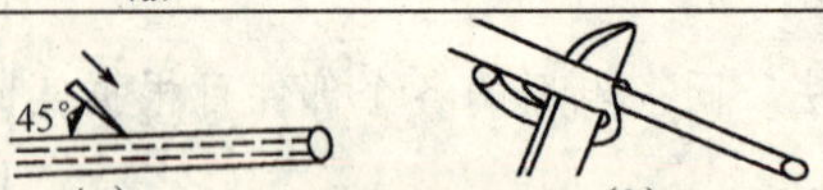 45° (a) (b)	将电工刀向导线端推削，削掉一部分塑料绝缘层，如左图（a）所示。持电工刀沿切入处转圈划一深痕，用手拉去剩余绝缘层即可，如左图（b）所示
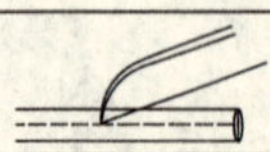	用电工刀尖从所需长度界线上开始，划破护套层，如左图所示
	剥开已划破护套层，如左图所示
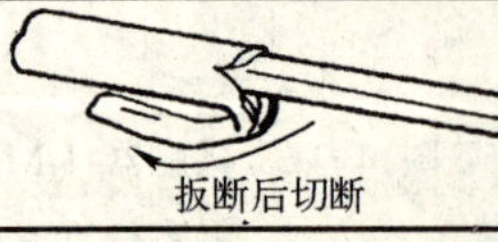 扳断后切断	把剥开的护套层向切口根部扳翻，并用电工刀齐根切断，如左图所示
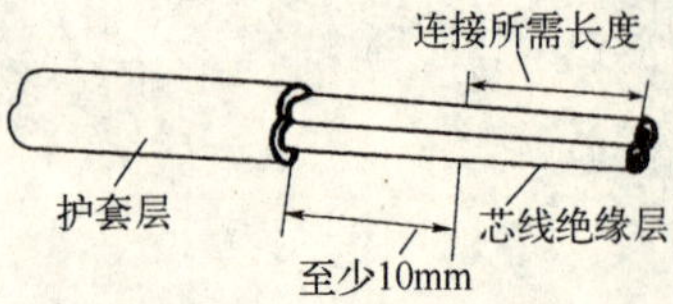 连接所需长度 护套层 芯线绝缘层 至少10mm	塑料护套芯线绝缘层的剖削方法与塑料硬线端头绝缘层的剖削方法完全相同，但切口相距护套层至少 10 mm，如左图 所示

续表

橡皮软电缆护套层的剖削	
示 意 图	说 明
	用电工刀于端头任意两芯线缝隙中割破部分护套层，如左图所示
	把割破的护套层分拉成左右两部分，至所需长度为止，如左图所示
芯线 护套层 加强麻线 护套层	扳翻已被分割的护套层，在根部分别切割，如左图所示
结应被压板顶住 压板 (a)　(b)	将麻线扣结加固，位置尽可能靠在护套层切口根部，如左图（a）所示。 在使用时，为了使麻线能承受外界拉力，应将麻线的余端压在压板后顶住，如左图（b）所示
错开长度　连接所需长度	橡皮软电缆的每根芯线绝缘层剥离可按塑料软线的方法进行操作。但护套层与绝缘层之间应有一定的错开长度，如左图所示

（2）用钢丝钳（或尖嘴钳）剖削导线绝缘层见表 5-2。

表 5-2　用钢丝钳（或尖嘴钳）剖削

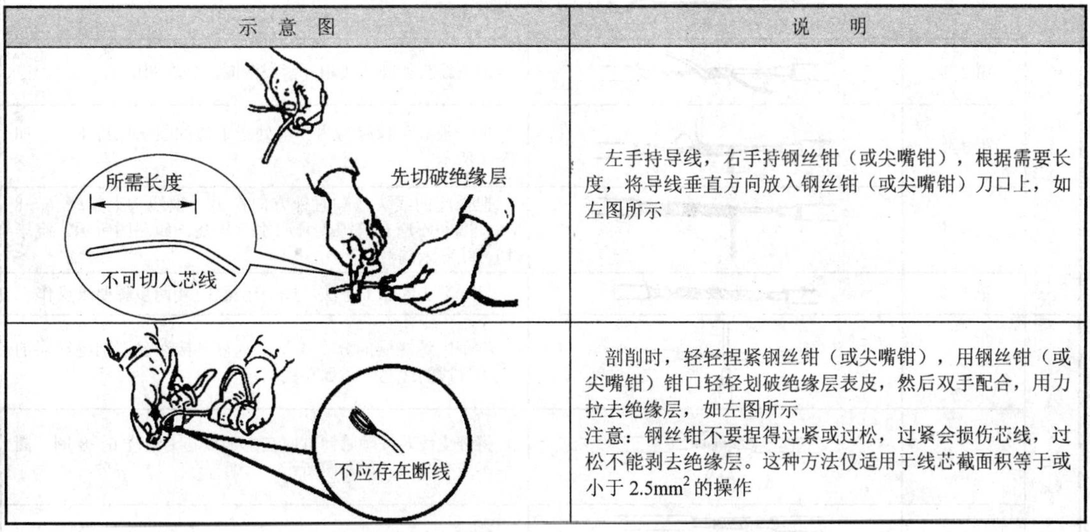

示 意 图	说 明
	左手持导线，右手持钢丝钳（或尖嘴钳），根据需要长度，将导线垂直方向放入钢丝钳（或尖嘴钳）刀口上，如左图所示
	剖削时，轻轻捏紧钢丝钳（或尖嘴钳），用钢丝钳（或尖嘴钳）钳口轻轻划破绝缘层表皮，然后双手配合，用力拉去绝缘层，如左图所示 注意：钢丝钳不要捏得过紧或过松，过紧会损伤芯线，过松不能剥去绝缘层。这种方法仅适用于线芯截面积等于或小于 $2.5mm^2$ 的操作

（3）用剥线钳剥离导线的绝缘层见表 5-3。

表 5-3　用剥线钳剖削

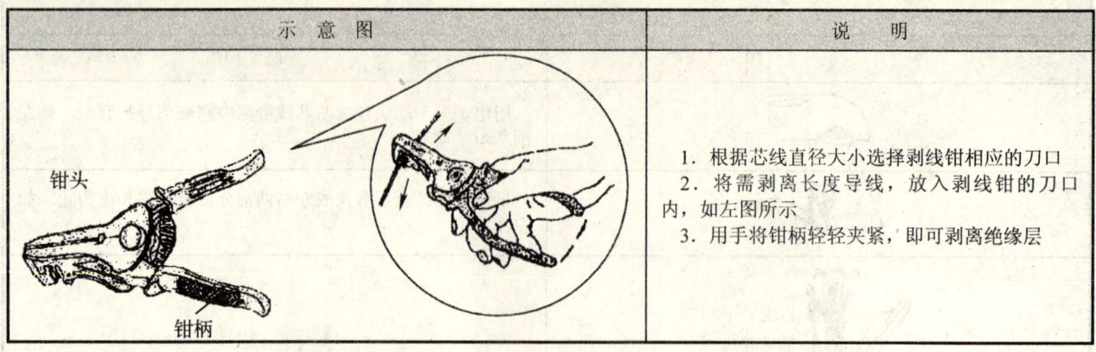

示　意　图	说　　明
	1. 根据芯线直径大小选择剥线钳相应的刀口 2. 将需剥离长度导线，放入剥线钳的刀口内，如左图所示 3. 用手将钳柄轻轻夹紧，即可剥离绝缘层

2. 导线的连接

在室内布线过程中，常常会遇到线路分支或导线"断"的情况，需要对导线进行连接。通常我们把线的连接处称为接头。

（1）导线连接的基本要求。

① 导线接触应紧密、美观，接触电阻要小，稳定性好。

② 导线接头的机械强度不小于原导线机械强度的 80%。

③ 导线接头的绝缘强度应与导线的绝缘强度一样。

④ 铝—铝导线连接时，接头处要作好耐腐蚀处理。

（2）导线连接的方法一般有缠绕式连接（又分直线缠绕式、分线缠绕式、多股软线与单股硬线缠绕式和塑料绞型软线缠绕式等）、压板式连接、螺钉压式连接和接线耳式连接等。

① 单股硬导线的连接方法见表 5-4。

表 5-4　单股硬导线的连接

连接方法与步骤		示　意　图	说　　明
直线连接	第 1 步		将两根线头在离芯线跟部的 1/3 处呈"×"状交叉，如左图所示
	第 2 步		把两线头如麻花状相互紧绞两圈，如左图所示
	第 3 步		把一根线头扳起与另一根处于下边的线头保持垂直，如左图所示
	第 4 步		把扳起的线头按顺时针方向在另一根线头上紧绕 6～8 圈，圈间不应有缝隙，且应垂直排绕，如左图所示。绕毕切去线芯余端
	第 5 步		另一端头的加工方法，按上述第 3、4 两步骤要求操作
分支连接	第 1 步		将剖削绝缘层的分支线芯，垂直搭接在已剖削绝缘层的主干导线的线芯上，如左图所示
	第 2 步		将分支线芯按顺时针方向在主干线芯上紧绕 6～8 圈，圈间不应有缝隙，如左图所示
	第 3 步		绕毕，切去分支线芯余端，如左图所示

② 多股导线的连接方法见表 5-5。

表 5-5　多股导线的连接方法

连接方法与步骤		示意图	说明
直线连接	第 1 步	全长2/5 进一步绞紧	在剥离绝缘层切口约全长 2/5 处将线芯进一步绞紧，接着把余下 3/5 的线芯松散呈伞状，如左图所示
	第 2 步		把两伞状线芯隔股对叉，并插到底，如左图所示
	第 3 步	叉口处应钳紧	捏平叉口处的两侧所有芯线，并理直每股芯线，使每股芯线的间隔均匀；同时用钢丝钳绞紧叉口处，消除空隙，如左图所示
	第 4 步		将导线一端距芯线叉口中线的 3 根单股芯线折起，成 90°（垂直于下边多股芯线的轴线），如左图所示
直线连接	第 5 步		先按顺时针方向紧绕两圈后，再折回 90°，并平卧在扳起前的轴线位置上，如左图所示
	第 6 步		将紧挨平卧的另两根芯线折成 90°，再按第 5 步方法进行操作
	第 7 步		把余下的三根芯线按第 5 步方法缠绕至第 2 圈后，在根部剪去多余的芯线，并揿平；接着将余下的芯线缠足三圈，剪去余端，钳平切口，不留毛刺
	第 8 步		另一侧按步骤第 4～7 步方法进行加工 注意：缠绕的每圈直径均应垂直于下边芯线的轴线，并应使每两圈（或三圈）间紧缠紧挨
分支连接	第 1 步	全长1/10 进一步绞紧	把支线线头离绝缘层切口根部约 1/10 的一段芯线作进一步的绞紧，并把余下 9/10 的芯线松散呈伞状，如左图所示
	第 2 步		把干线芯线中间用旋具插入芯线股间，并将分成均匀两组中的一组芯线插入干线芯线的缝隙中，同时移正位置，如左图所示
	第 3 步		先钳紧干线插入口处，接着将一组芯线在干线芯线上按顺时针方向垂直地紧紧排绕，剪去多余的芯线端头，不留毛刺，如左图所示
	第 4 步		另一组芯线按第 3 步方法紧紧排绕，同样剪去多余的芯线端头，不留毛刺 注意：每组芯线绕至离绝缘层切口处 5mm 左右为止，则可剪去多余的芯线端头

③ 单股与多股导线的连接方法见表 5-6。

表 5-6 单股与多股导线的连接方法

步骤	示意图	说明
第1步	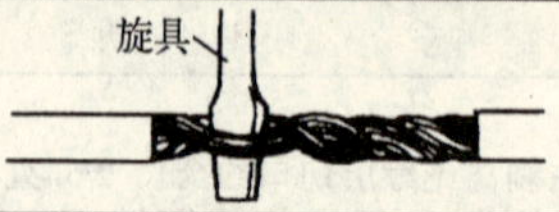 旋具	在离多股线的左端绝缘层切口 3～5mm 处的芯线上，用螺丝刀把多股芯线均匀地分成两组（如 7 股线的芯线分成一组为 3 股，另一组为 4 股），如左图所示
第2步	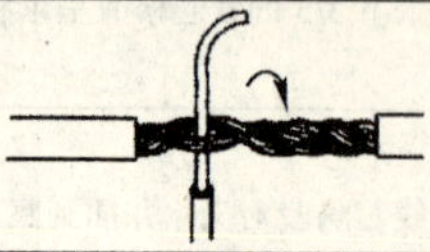	把单股芯线插入多股线的两组芯线中间，但是单股芯线不可插到底，应使绝缘层切口离多股芯线约 3mm 左右，如左图所示。接着用钢丝钳把多股线的插缝钳平钳紧
第3步	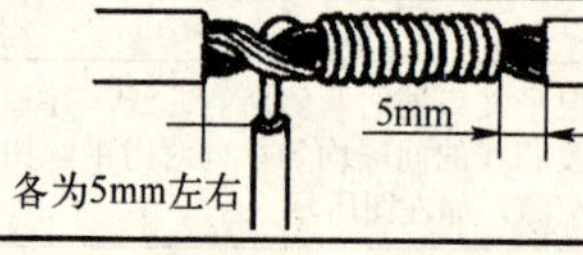 5mm 各为5mm左右	把单股芯线按顺时针方向紧缠在多股芯线上，应绕足 10 圈，然后剪去余端。若绕足 10 圈后另一端多股芯线裸露超出 5mm 时，且单股芯线尚有余端，则可继续缠绕，直至多股芯线裸露约 5mm 为止，如左图所示

④ 导线其他形式的连接方法见表 5-7。

表 5-7 导线其他形式的连接方法

导线连接方法	示意图	说明
塑料绞型软线连接	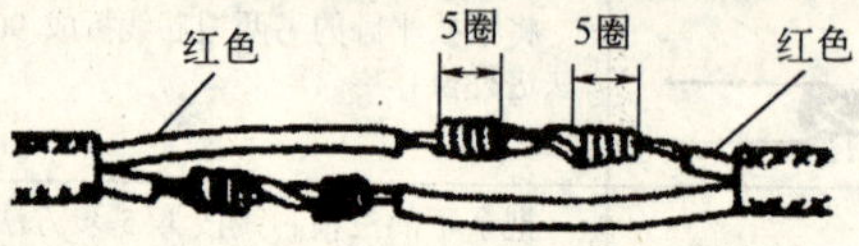 红色 5圈 5圈 红色	将剖削绝缘层的两根多股软线线头理直绞紧，如左图所示 注意：两接线头处的位置应错开，以防短路
多股软线与单股硬线的连接		将剖削绝缘层的多股软线理直绞紧后，在剖削绝缘层的单股硬导线上紧密缠绕 7～10 圈，再用钢丝钳或尖嘴钳把单股硬线翻过压紧，如左图所示
压板式连接	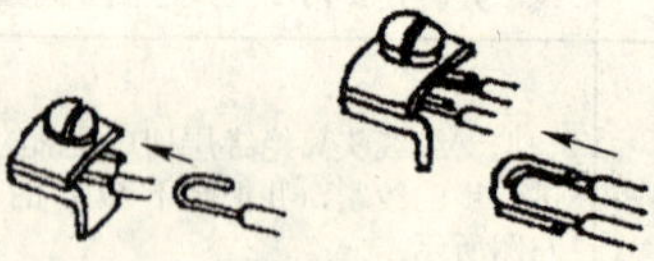	将剥离绝缘层的芯线用尖嘴钳弯成钩，再垫放在压板（瓦楞板或垫片）下。若是多股软导线，应先绞紧再垫放压板下，如左图所示 注意：不要把导线的绝缘层垫压在压板（如瓦楞板、垫片）内
螺钉压式连接	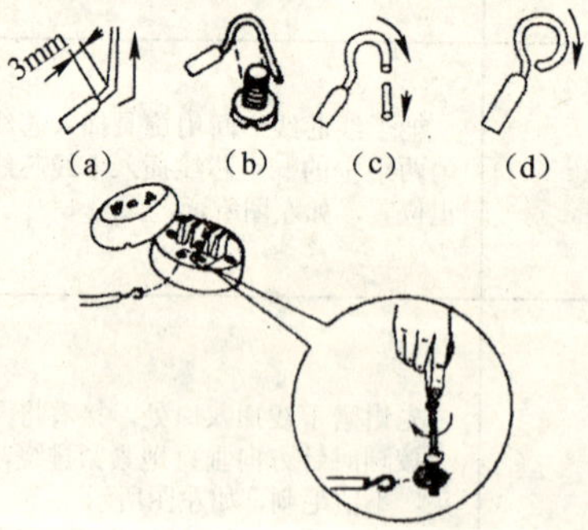 3mm (a) (b) (c) (d)	在连接时，导线的剖削长度应视螺钉的大小而定，然后将导线头弯制成羊眼圈形式（如左图 a, b, c, d 四步弯制羊眼圈工作）；再将羊眼圈套在螺钉上，进行连接
针孔式连接	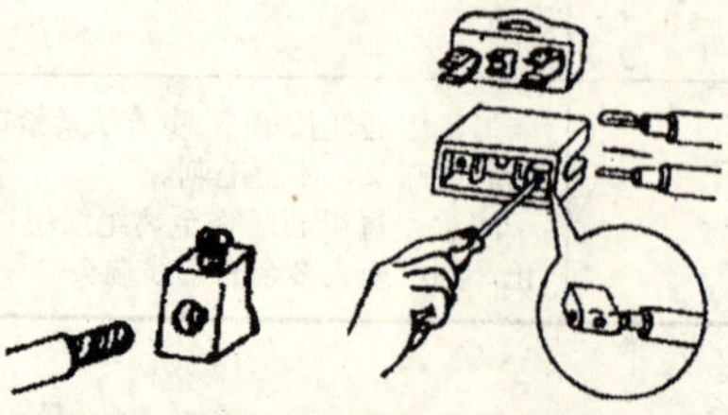	在连接时，将导线按要求剖削，插入针孔，旋紧螺钉，如左图所示

续表

导线连接方法	示 意 图	说 明
接线耳式连接	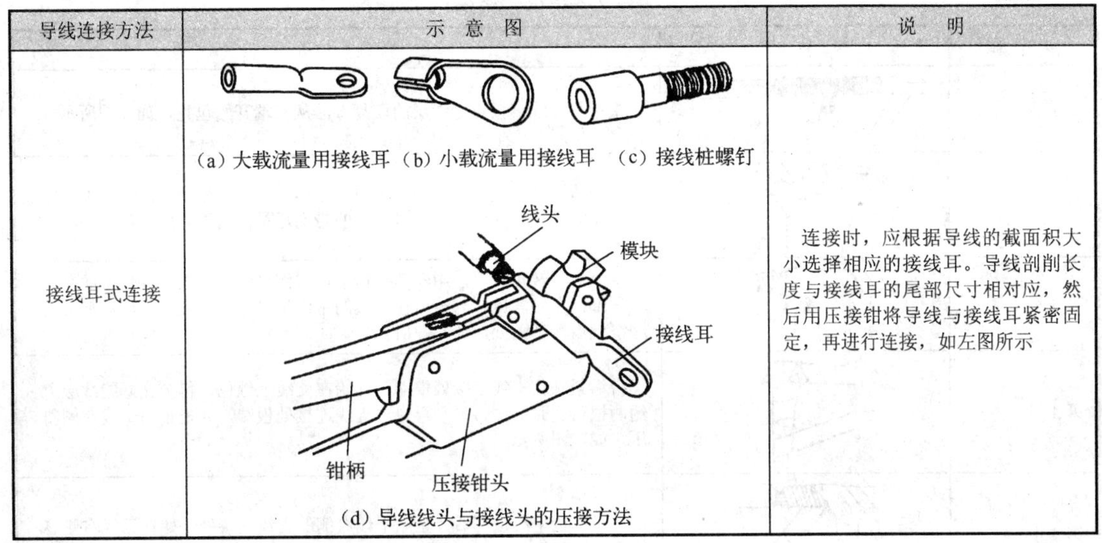 (a) 大载流量用接线耳 (b) 小载流量用接线耳 (c) 接线桩螺钉 (d) 导线线头与接线头的压接方法	连接时，应根据导线的截面积大小选择相应的接线耳。导线剖削长度与接线耳的尾部尺寸相对应，然后用压接钳将导线与接线耳紧密固定，再进行连接，如左图所示

5.1.2 导线绝缘的恢复

导线绝缘层被破坏或连接后，必须恢复其绝缘层的绝缘性能。在实际操作中，导线绝缘层的绝缘性能恢复方法通常为包缠法。包缠法的包缠对象分为导线直接点绝缘层、导线分支接点绝缘层和导线并接点绝缘层，其具体操作方法，分别见表 5-8、表 5-9 和表 5-10。

表 5-8 导线直接点绝缘层的包缠法

步 骤	示 意 图	说 明
第 1 步	30 ～ 40mm 约45°	用绝缘带（黄腊带或涤纶薄膜带）从左侧完好的绝缘层上开始顺时针包缠，如左图所示
第 2 步	1/2带宽	进行包扎时，绝缘带与导线应保持 45° 的倾斜角并用力拉紧，使得绝缘带半幅相叠压紧，如左图所示
第 3 步	黑胶带应包出绝缘带层 黑胶带接法	包至另一端也必须包入与始端同样长度的绝缘层，然后接上黑胶带，并应使黑胶带包出绝缘带至少半根带宽，即必须使黑胶带完全包没绝缘带，如左图所示
第 4 步	两端捏住作反方向扭旋（封住端口）	黑胶带的包缠不得过疏或过密，包到另一端也必须完全包没绝缘带，收尾后应用双手的拇指和食指紧捏黑胶带两端口，进行一正一反方向拧紧，利用黑胶带的黏性，将两端口充分密封起来，如左图所示

注：直接点常出现在因导线不够需要进行连接的位置。由于该处有可能承受一定的拉力，所以导线直接点的机械拉力不得小于原导线机械拉力的 80%，绝缘层的恢复也必须可靠，否则容易发生断路和触电等电气事故。

表 5-9 导线分支接点绝缘层的包缠法

步骤	示意图	说明
第 1 步		采用与导线直接点绝缘层的恢复方法从左端开始包扎，如左图所示
第 2 步		包至碰到分支线时，应用左手拇指顶住左侧直角处包上的带面,使它紧贴转角处芯线，并应使处于线顶部的带面尽量向右侧斜压，如左图所示
第 3 步		绕至右侧转角处时，用左手食指顶住右侧直角处带面，并使带面在干线顶部向左侧斜压，与被压在下边的带面呈“×”状交叉。然后把带再回绕到右侧转角处，如左图所示
第 4 步	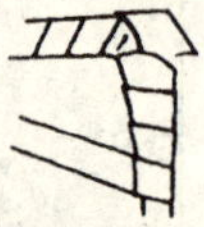	带沿紧贴住支线连接处根端，开始在支线上缠包，包至完好绝缘层上约两根带宽时，原带折回再包至支线连接处根端，并把带向干线左侧斜压，如左图所示
第 5 步	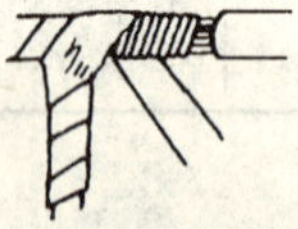	当带围过干线顶部后，紧贴干线右侧的支线连接处开始在干线右侧芯线上进行包缠，如左图所示
第 6 步	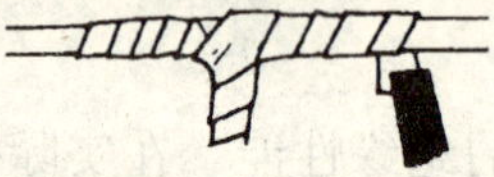	包至干线另一端的完好绝缘层上，接上黑胶带后，再按第 2～5 步方法继续包缠黑胶带，如左图所示

注：分支接点常出现在导线分路的连接点处，要求分支接点连接牢固、绝缘层恢复可靠，否则容易发生断路等电气事故。

表 5-10 导线并接点绝缘层的包缠法

步骤	示意图	说明
第 1 步		用绝缘带（黄腊带或涤纶薄膜带）从左侧完好的绝缘层上开始顺时针包缠，如左图所示
第 2 步		由于并接点较短，绝缘带叠压宽度可紧些，间隔可小于 1/2 带宽，如左图所示
第 3 步	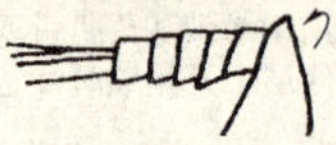	包缠到导线端口后，应使带面超出导线端口 1/2～3/4 带宽，然后折回伸出部分的带宽，如左图所示
第 4 步	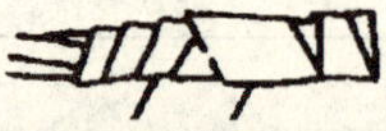	把折回的带面揿平压紧，接着缠包第二层绝缘层，包至下层起包处止，如左图所示
第 5 步	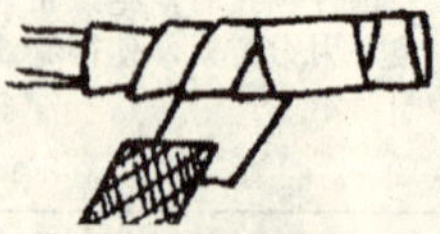	接上黑胶带，并使黑胶带超出绝缘带层至少半根带宽，并完全压没住绝缘带，如左图所示
第 6 步	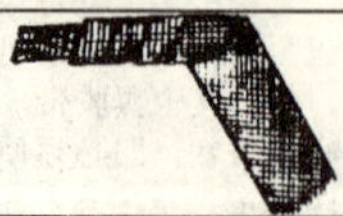	按第 2 步方法把黑胶带包缠到导线端口，如左图所示
第 7 步		按第 3、4 步方法把黑胶带缠包端口绝缘带层，要完全压没住绝缘带；然后折回，缠包第二层黑胶带，包至下层起包处止，如左图所示
第 8 步	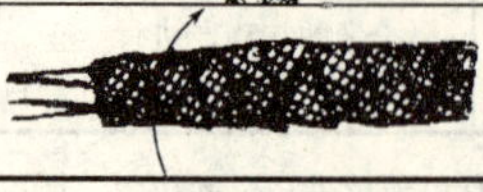	用右手拇、食两指紧捏黑胶带断带口，使端口密封，如左图所示

注：并接点常出现在木台、接线盒内。由于木台、接线盒的空间小、导线和附件多，往往彼此挤在一起，容易贴在墙面，所以导线并接点的绝缘层必须恢复好，否则容易发生漏电或短路等电气事故。

5.1.3　导线的封端

所谓导线的“封端”，是指将大于 10mm^2 的单股铜芯线、大于 2.5mm^2 的多股铜芯线和单股铝芯线的线头，进行焊接或压接接线端子的工艺过程。

导线封端在电工工艺上，铜导线“封端”与铝导线“封端”是不相同的，工艺流程见表 5-11。

表 5-11　导线的“封端”

导线材质	选用方法	“封端”工艺
铜	锡焊法	1. 除去线头表面、接线端子孔内的污物和氧化物 2. 分别在焊接面上涂上无酸焊剂，线头搪上锡 3. 将适量焊锡放入接线端子孔内，并用喷灯对其加热至熔化 4. 将搪锡线头接入端子孔，把熔化的焊锡灌满线头与接线端子孔内 5. 停止加热，使焊锡冷却，线头与接线端子牢固连接
	压接法	1. 除去线头表面、压接管内的污物和氧化物 2. 将两根线头相对插入，并穿出压接管（两线端各伸出压接管 25～30mm） 3. 用压接钳进行压接
铝	压接法	1. 除去线头表面、接线孔内的污物和氧化物 2. 分别在线头、接线孔两接触面涂以中性凡士林 3. 将线头插入接线孔，用压接钳进行压接

【实训项目 9】导线头绝缘层的剖削和连接

1. 实训目的

（1）了解各种类型导线之间的连接。

（2）学会塑料铜芯线、铜芯护套线、塑料绞织型软线的剖削和连接技能。

2. 实训器材

电工刀、钢丝钳、尖嘴钳、剥线钳、1mm^2 单股塑料铜芯导线、1.5mm^2 铜芯护套线、塑料绞织软线、七股铜芯塑料绝缘线、绝缘带（黄腊带或涤纶薄膜带）、黑胶布、熔断器 1 副、瓷接头 1 只。

3. 实训步骤

➢ 说一说：操作要领

请你说一说导线直接、分支连接和绝缘层恢复的操作要领。

➢ 想一想：导线种类

请你想一想导线连接还有哪些方法。

➢ 做一做：剖削与连接

（1）导线绝缘层的剖削。

① 用剥线钳剖削 1mm^2 单股塑料铜芯导线线头的绝缘层。

② 用电工刀剖削 1.5mm^2 铜芯护套线、塑料绞织软线、七股铜芯塑料绝缘线的绝缘层。

（2）导线的连接。

① 单股塑料铜芯导线的直线连接。

② 1.5mm^2 铜芯护套线或塑料绞织软线的直接连接。

③ 七股铜芯塑料绝缘线 T 型分支连接。

（3）导线绝缘层的恢复。

① 导线的线连接后的绝缘层恢复。

② 七股铜芯塑料绝缘线T型分支连接后的绝缘层恢复。

➢ 写一写：收获体会

请把你的实训收获和体会写下来。

5.2 导线敷设的基本要求和工序

5.2.1 室内布线一般工序

室内布线应使电能输送安全可靠，线路力求布置合理便利，整齐美观，满足实用、安全、合理、可靠的要求。室内布线分动力布线和照明布线两种，按导线敷设的方式分类有明敷设和暗敷设两种。导线沿墙壁、顶棚、梁、柱等处作明敷设的布线方式，称为明布线；导线穿管埋设于墙壁、地墙、楼板等处内部或装设在顶棚内作暗敷设的布线方式，称为暗布线。常见的明布线有塑料护套线布线，暗布线有管道布线、灰层布线等。室内布线的一般工序流程见表5-12。

表5-12 室内布线的一般工序

序号	操作说明
1	熟悉施工图，作预埋、敷设准备工作（如确定配电箱柜、灯座、插座、开关、启动设备等的位置）
2	沿建筑物确定导线敷设的路径，穿过墙壁或楼板的位置和所有布线的固定点位置
3	在建筑物上，将布线所有的固定点打好孔眼，预埋螺栓、角钢支架、保护管、木榫等
4	装设绝缘支持物、线夹或管子
5	敷设导线
6	导线连接、分支、恢复绝缘和封端，并将导线出线接头与设备连接
7	检查验收

5.2.2 室内布线一般要求

室内布线的一般技术要求见表5-13。

表5-13 室内布线的一般技术要求

序号	操作说明
1	要求导线额定电压大于线路工作电压；其绝缘层应符合线路的安装方式和敷设环境的条件；其截面应满足供电的要求和机械强度
2	导线敷设的位置，应便于检查和维修
3	导线连接和分支处，不应受机械力的作用
4	线路中尽量减少线路的接头，以减少故障点
5	导线与电器端子的连接要紧密压实，力求减少接触电阻和防止脱落
6	线路应尽量避开热源且不在发热的表面敷设
7	水平敷设的线路，若距地面低于2m或垂直敷设的线路距地面低于1.8m的线路，均应装设预防机械损伤的装置
8	为防止漏电，线路的对地电阻不应小于0.5MΩ

5.3 导线敷设的方法

5.3.1 塑料护套线的敷设

塑料护套线有双层塑料保护层，即线芯外层裹有双芯或多芯绝缘导线，外面再统包一层塑料层，因此具有防潮、耐酸和耐腐蚀等性能，可以直接敷设在室内的空心楼板、墙壁以及建筑物上，用铝片卡或塑料线卡子作为导线的支持物。

明敷塑料护套线施工方法简单，线路整齐美观，造价低廉，被广泛地应用在明线路的布线上。塑料护套线明布线的一般方法见表 5-14。

表 5-14　塑料护套线明布线的一般方法

操作步骤	操作说明
定位画线	先确定线路起点、终点和线路装置（如灯头、吊线盒、插头、开关等）的位置，以就近建筑面的交接线为标准画出水平和垂直基准线，再根据护套线安装要求，每隔 150～300mm 画出固定铝片卡或塑料线卡子的位置。距开关、插座、灯具等木台 50mm 处或导线转弯两边的 80mm 处，都应确定铝片卡或塑料线卡子固定点，如图 5-1 所示 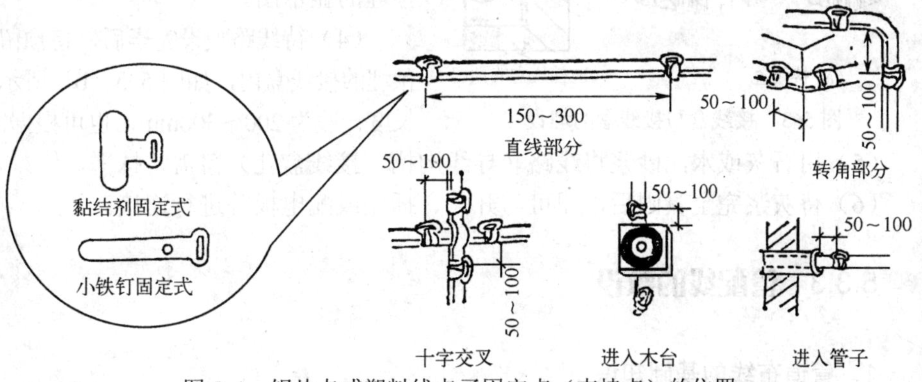 图 5-1　铝片卡或塑料线卡子固定点（支持点）的位置
铝片卡或塑料线卡子的固定	在木结构上，铝片卡或塑料线卡子可用钉子直接钉住；在抹灰层的墙壁上，可用短钉固定铝片卡或塑料线卡子；在混凝土结构上，可采用环氧树脂粘结铝片卡 铝片卡粘结前，应将建筑物敷接面用钢丝刷刷净，然后将配制好的黏结剂用毛笔涂在固定点的表面和铝片卡底部的接触面上。黏结剂涂抹要均匀，涂层要薄。操作时，可用手稍加压力，使两个粘结面接触良好。铝片卡粘完后，应养护 1～2 天，待黏结剂凝固后才可敷线
塑料护套线的敷设	塑料护套线的敷设要做到"横平竖直"，并要逐一夹持好支持点。转角处敷线时，弯曲护套线用力要均匀，其弯曲半径不应小于导线宽度的 3 倍。在同一墙面上转弯时，次序应从上而下，以便操作，如图 5-2 所示 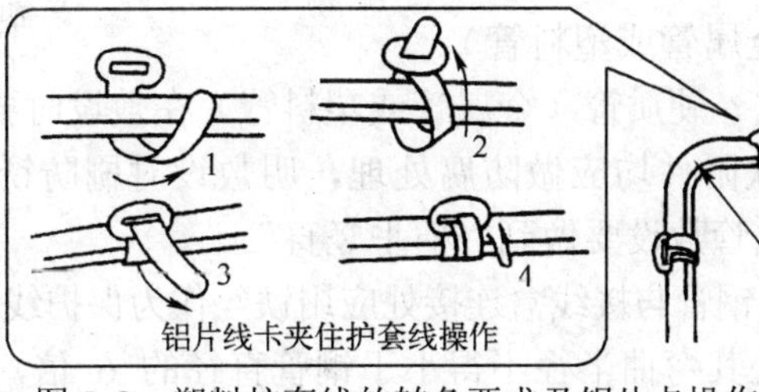 图 5-2　塑料护套线的转角要求及铝片卡操作步骤

续表

操作步骤	操作说明
注意事项	1．护套线的接头应放在开关、插座和灯头内部，以求整齐美观，如接头不能放入这些地方时，应装设接线盒，将接头放在接线盒内 2．导线敷设完毕后，需检查所敷设线路是否横平竖直，对不符合要求的导线可用旋具柄轻敲调整，使导线边缘紧靠画线而平整美观

5.3.2 灰层布线

灰层布线俗称墙敷设，是一种将绝缘导线沿灰墙的线脚、墙角、横梁平行或垂直进行室内暗敷设的方式，这种配线方式（施工）比较简单，能避免导线机械损伤并保持墙面平整清洁，目前常应用于一般家庭线路上。灰层布线的具体操作方法是：

（1）根据室内线路设计要求，沿灰墙的线脚、墙角、横梁画出线路走向。

(a) 接线盒

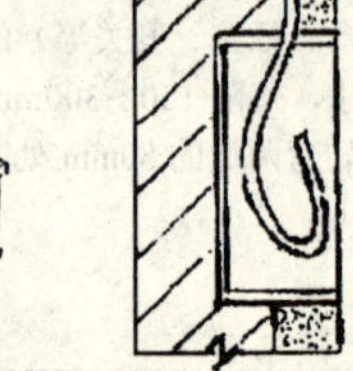

(b) 接线盒的预埋

图 5-3 接线盒与接线盒的埋设

（2）按画出线路走线凿制出导线敷设的沟槽。

（3）将导线敷设在凿制的沟槽内，用铁钉和铝片卡或线卡子固定牢固。同时在接线盒孔中预埋好接线盒。如图 5-3 所示的是接线盒与接线盒预埋的显示图。

（4）待线路敷设完毕后，将预留的导线端绕入预埋的接线盒内，如图 5-3（b）所示，预留导线端长度一般为 200～300mm，也可根据需要选定。

（5）用石灰或水泥砂浆将线路（导线沟槽、接线盒孔）覆盖，抹平。

（6）待灰浆完全凝固后，即可与开关、插座或配电板等进行连接。

5.3.3 管配线的敷设

1．管道布线的基础知识

管道布线又称线管布线，是指将绝缘导线穿入管内的敷设。这种布线方式比较安全可靠，可避免腐蚀和遭受机械损伤，适用于公用建筑和工业厂房的布线装置，以及民用高层建筑的布线。按布线方式可分为：

- 布线方式
  - 明敷设
    - 钢管（焊接钢管、黑铁管） 敷设
    - 塑料管敷设
  - 暗敷设
    - 钢管（焊接钢管、黑铁管） 敷设
    - 塑料管敷设

明敷设是指直接将硬质管（金属管或塑料管）敷设在墙上的布线方式，暗敷设是指将硬质管（金属管或塑料管）埋入墙壁内的布线方式。硬质管（金属管或塑料管）在敷设时要遵循以下要求：

（1）使用钢管及铁附件均应做防腐处理，明敷设时刷防锈漆，暗敷设除刷防锈漆外，还应用混凝土保护。线管敷设要做到“横平竖直”。

（2）钢管连接处及钢管与接线盒连接处应用铁丝作为保护线将钢管与接线盒焊接起来。

（3）钢管内弯曲处其弯曲半径不得小于钢管直径的 6 倍，敷设在混凝土内的弯曲半径不得小于钢管直径的 10 倍，钢管弯曲处的角度不得小于 90°。当管线穿过伸缩缝时，应做补偿处理。

（4）管内所穿导线的总截面（包括绝缘层）不应大于线管内截面的 40%；管内导线不得有接头和扭拧情况，以便检修和换线施工。

（5）布设在混凝土内的钢管，其直径不得超过混凝土板厚的 1/3。

（6）直接敷设在墙内的管线必须使用厚壁钢管，管外壁及焊接接地线处应涂沥青处理。

（7）导线穿线时，同一回路的各相导线不论根数多少，应穿入同一管内，不同回路和不同电压线路的导线不允许穿在同一根管内；直、交流电路导线不得穿在同一管内；单根导线不得穿入钢管。

（8）钢管在墙上固定时，钢管直径在 20mm 以下，管卡支持点间距离不应大于 2.5mm；钢管直径超过 40mm，管卡支持点间距离可增大至 3.5mm。

（9）钢管连成一体后应按保护系统要求接零或接地。塑料管敷设要求与钢管基本相同，但塑料管所用的附件应为塑料制品。塑料管地下敷设时，应用水泥封套保护。塑料管沿墙敷设时其支持点距离应小于钢管的支持点间距。塑料管敷设严禁用铁制附件。

2．管道布线的基本步骤

硬质管敷设的操作工序一般有以下几个步骤：

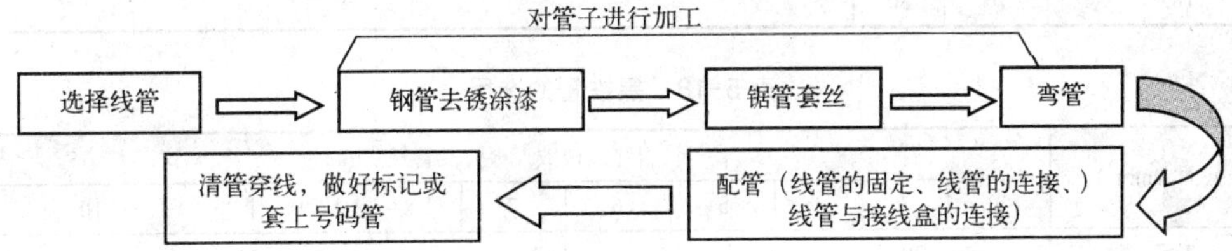

（1）选择线管。常用线管材料的选用见表 5-15。

表 5-15　几种常用管料

管 料 名 称	说　明
焊接钢管（水煤气管）	管壁厚度约为 2mm，可承受相当压强，因此常用来预埋在水泥建筑物的隐蔽工程内和在有腐蚀气体场所明敷或暗敷
黑铁管（电线管）	管壁厚度为 1.5mm，适用于干燥场所的明敷设或暗敷设
硬质塑料管（硬聚氯乙烯管）	耐腐蚀性较好，但机械强度不及钢管。只适用于腐蚀性较大场所的明敷设或暗敷设

选用管料确定后，应考虑配管的截面积，以便于穿线。一般要求管内导线的总面积（包括绝缘层），不超过线管内截面积的 40%。线管的直径的选用，见表 5-16、表 5-17 和表 5-18。

表 5-16 硬质塑料管的选用

公称直径（mm）	外直径及容差（mm）	轻型管壁厚度（mm）	重型管壁厚度（mm）
15	20 ± 0.7	2.0 ± 0.3	2.5 ± 0.4
20	25 ± 1.0	2.0 ± 0.3	3.0 ± 0.4
25	32 ± 1.0	3.0 ± 0.45	4.0 ± 0.6
32	40 ± 1.2	3.5 ± 0.5	5.0 ± 0.7
40	51 ± 1.7	4.0 ± 0.6	6.0 ± 0.9
50	65 ± 2.0	4.5 ± 0.7	7.0 ± 1.0
65	76 ± 2.3	5.0 ± 0.7	8.0 ± 1.2
80	90 ± 3.0	6.0 ± 1.0	—

表 5-17 焊接钢管的选用

<table>
<tr><th rowspan="2">芯线截面（mm²）</th><th colspan="9">管内穿线根数（根）及管径（mm）</th></tr>
<tr><th>2</th><th>3</th><th>4</th><th>5</th><th>6</th><th>7</th><th>8</th><th>9</th><th>10</th></tr>
<tr><td>1.5</td><td colspan="3">15</td><td colspan="2">20</td><td colspan="4">25</td></tr>
<tr><td>2.5</td><td colspan="2">15</td><td colspan="3">20</td><td colspan="4">25</td></tr>
<tr><td>4.0</td><td>15</td><td colspan="3">20</td><td colspan="3">25</td><td colspan="2">32</td></tr>
<tr><td>6.0</td><td colspan="3">20</td><td colspan="3">25</td><td colspan="3">32</td></tr>
<tr><td>10</td><td>20</td><td colspan="2">25</td><td colspan="2">32</td><td colspan="2">40</td><td colspan="2">50</td></tr>
<tr><td>16</td><td colspan="2">25</td><td colspan="2">32</td><td>40</td><td colspan="4">50</td></tr>
<tr><td>25</td><td colspan="2">32</td><td colspan="2">40</td><td colspan="2">50</td><td colspan="3">70</td></tr>
<tr><td>35</td><td>32</td><td>40</td><td colspan="3">50</td><td colspan="3">70</td><td>80</td></tr>
<tr><td>50</td><td>40</td><td colspan="2">50</td><td colspan="3">70</td><td colspan="3">80</td></tr>
<tr><td>70</td><td colspan="2">50</td><td colspan="2">70</td><td colspan="2">80</td><td colspan="3"></td></tr>
<tr><td>95</td><td>50</td><td colspan="2">70</td><td colspan="2">80</td><td colspan="4"></td></tr>
<tr><td>120</td><td colspan="2">70</td><td></td><td>80</td><td colspan="5"></td></tr>
<tr><td>150</td><td colspan="2">70</td><td>80</td><td colspan="6"></td></tr>
<tr><td>185</td><td>70</td><td>80</td><td colspan="7"></td></tr>
</table>

表 5-18 黑铁管的选用

<table>
<tr><th rowspan="2">芯线截面（mm²）</th><th colspan="9">管内穿线根数（根）及管径（mm）</th></tr>
<tr><th>2</th><th>3</th><th>4</th><th>5</th><th>6</th><th>7</th><th>8</th><th>9</th><th>10</th></tr>
<tr><td>1.5</td><td colspan="3">20</td><td colspan="2">25</td><td colspan="4">32</td></tr>
<tr><td>2.5</td><td colspan="2">20</td><td colspan="3">25</td><td colspan="4">32</td></tr>
<tr><td>4.0</td><td colspan="2">20</td><td colspan="2">25</td><td colspan="5">32</td></tr>
<tr><td>6.0</td><td>20</td><td colspan="2">25</td><td colspan="3">32</td><td colspan="3">40</td></tr>
<tr><td>10</td><td>25</td><td colspan="2">32</td><td colspan="2">40</td><td colspan="4"></td></tr>
<tr><td>16</td><td colspan="2">32</td><td colspan="2">40</td><td colspan="5"></td></tr>
<tr><td>25</td><td>32</td><td>40</td><td colspan="7"></td></tr>
<tr><td>35</td><td colspan="2">40</td><td colspan="7"></td></tr>
</table>

通常在用焊接钢管敷穿 3 根电力线时，为便于记忆，工人师傅常采用以下口诀：“20 穿 4、6，25 穿 10，40 穿 35”。口诀意思为：20mm 钢管穿 4mm² 或 6mm² 导线；25mm 钢管只穿 10mm² 导线；40mm 钢管穿 35mm² 导线。若导线为 25mm²，则选用 32mm 钢管。

（2）钢管去锈涂漆。为防止钢管年久生锈，在敷管前应对钢管去锈涂漆，如图 5-4 所示。

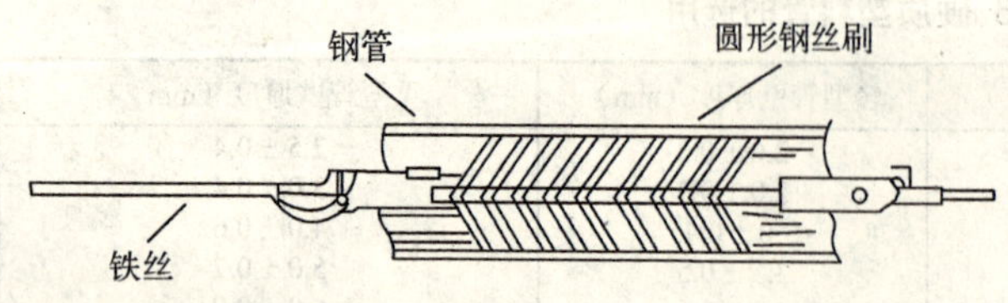

图 5-4 用圆形钢丝刷清除管内锈污

（3）锯管套丝。在现场敷管中，因所需线管的长度要求不同，必须进行锯管和线管套丝。线管与线管间或线管与接线盒间的连接，应用管接头相连。线管套丝的操作方法见表 5-19。

表 5-19　线管套丝操作方法

管材	示 意 图	操 作 说 明
钢管	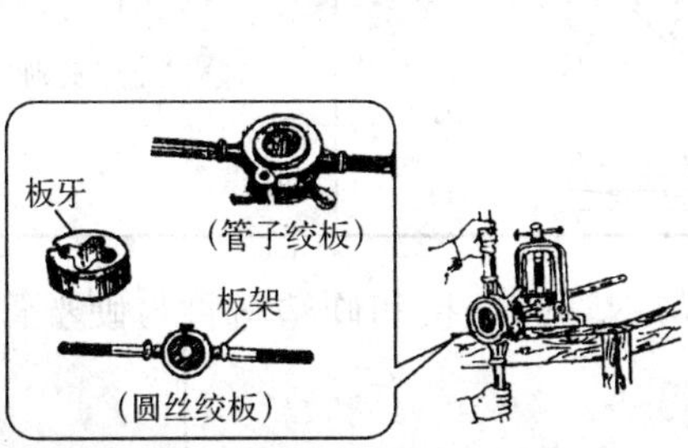 板牙 (管子绞板) 板架 (圆丝绞板)	钢管套丝用管子绞板如左图所示 1. 将钢管固定在管道台虎钳上，调整绞板上的活动刻度盘，使板牙符合需要的尺寸，用固定螺钉把它固定，再调整绞板上的三个支持脚，把绞板套入钢管端部，使其紧贴管子 2. 用手握住绞板手柄，平稳地向里按顺时针方向转动，并及时注油，以便冷却板牙，保持丝扣光滑 3. 待绞出的丝扣长度等于管接头长度的 1/2 多 1～2 个牙距后，即可松开板牙，退出绞板 4. 再将尺寸调整到比第一次小一点，用同样的方法再套一次，快要套完时，稍微松开板牙，边转边松，使其成锥形丝扣
硬质塑料管		硬质塑料管套丝用圆丝绞板如左图所示 操作方法：将硬质塑料管固定在台虎钳上后，选用合适的圆丝绞板，并对正管口，平稳地向里推进即可

（4）弯管。在线路敷设中往往碰到管线改变方向需要将管子弯曲。为了便于穿线，弯曲角度一般要求在 90° 以上，见表 5-20。

表 5-20　线管弯管操作方法

管　材	示 意 图	操 作 说 明
钢管	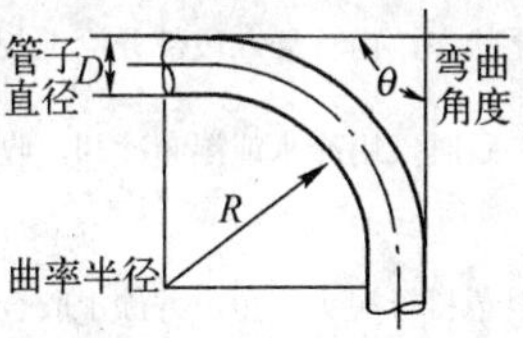 管子直径 D θ 弯曲角度 R 曲率半径	钢管弯管一般采用冷热弯法。使用的工具有手扳弯管器、电动弯管机或液压弯管机。明配管不应小于管子直径 D 的 6 倍，暗配管不应小于管子直径 D 的 10 倍，管子弯头如左图所示 1. 将钢管需要弯曲的部位的前端放在弯管器内 2. 用脚踩住钢管，手扳弯管器手柄，稍加一定压力，逐点移动弯管器，使钢管弯成所需的弯曲半径 注意：手扳弯管器仅适用直径 50mm 以下的钢管，如能采用电动弯管机或液压弯管机则更好
硬质塑料管	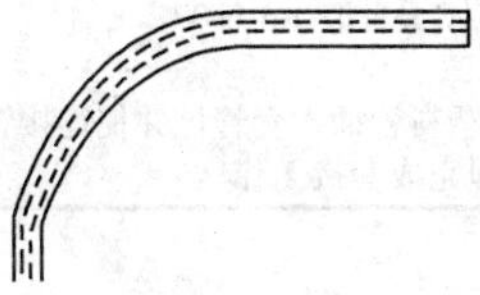	硬质塑料管一般采用热弯法 1. 将塑料管放在热源加热，待至柔软状态时，把塑料管放在坯具内弯曲成型 2. 对管径在 50mm 以上的管子，为防止弯曲后变形（弯扁），可在管内填充干砂子，两端用木塞塞住，用同样方法进行局部加热后再进行操作。管子冷却后倒出砂子即可使用 注意：塑料管加热时要掌握好温度，不要把管子烤伤、变形

（5）配管。配管工作应从配电柜（箱）端开始，逐段配至用电设备处，也可以从用电设备处开始配至配电柜（箱）端，但无论从哪端开始，都必须使管路连接通畅。

① 线管的固定。线管的固定方法有明线管的固定和暗线管的固定两种，见表 5-21。

表 5-21　线管的固定

线管的固定方法	示 意 图	操 作 说 明
明线管的固定	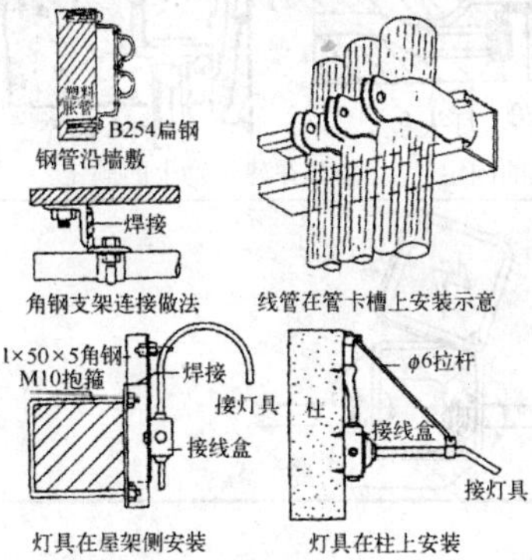 塑料胀管 B254扁钢 钢管沿墙敷 焊接 角钢支架连接做法 线管在管卡槽上安装示意 1×50×5角钢 M10抱箍 焊接 接灯具 接线盒 灯具在屋架侧安装 ϕ6拉杆 柱 接线盒 接灯具 灯具在柱上安装	一般沿建筑物用管卡或管夹等直接固定在建筑物上，如左图所示

续表

线管的固定方法	示意图	操作说明
暗线管的固定	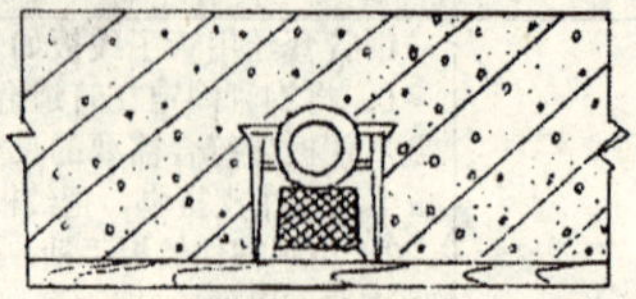	一般应在土建砖砌时预埋，如左图所示

② 线管的连接。线管的连接方法有钢管与钢管的连接和硬塑料管与硬塑管的连接两种，见表5-22。

表5-22 线管的连接

连接方法	示意图	操作说明
钢管与钢管的连接	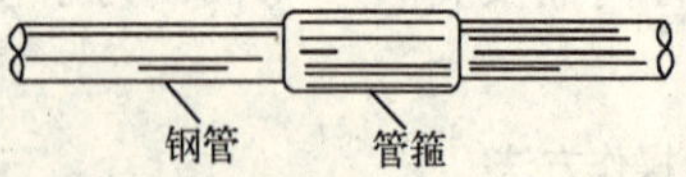 钢管 管箍	采用管接头连接（适宜直径50mm及其以下的钢管）或外加套筒焊接（适宜50mm以上的钢管） 操作方法：将管子从管接头或套筒两端插入，对准中心线后进行连接或焊接
塑料管与塑料管的连接	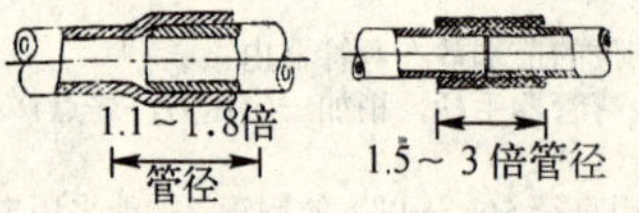 1.1～1.8倍 管径 (a)插接法 1.5～3倍管径 (b)套接法	插接法（左图a）： 1. 将管子倒角（外管倒内角、内管倒外角）后，擦净内外管插接段 2. 外管加热至软化状态，内管插入段部分涂上胶合剂后，迅速插入外管 3. 待内外管吻合一致时，用冷水或湿布冷却，收缩变硬即完成插接连接 套接法（左图b）： 1. 将需套接的两根塑料管端头倒角，并涂上胶合剂 2. 取长度为1.3～3倍管径的套管一段（管径50mm及以下者取1.3倍；管径50mm以上者取1.5倍） 3. 加热套管至130℃ 4. 将被连接的两根塑料管插入套管，并使连接管的对口位于套管中心，待冷却后即完成套接工作

③ 线管与接线盒的安装或连接见表5-23。

表5-23 线管与接线盒的安装或连接

名称	示意图	说明
灯头盒、接线盒	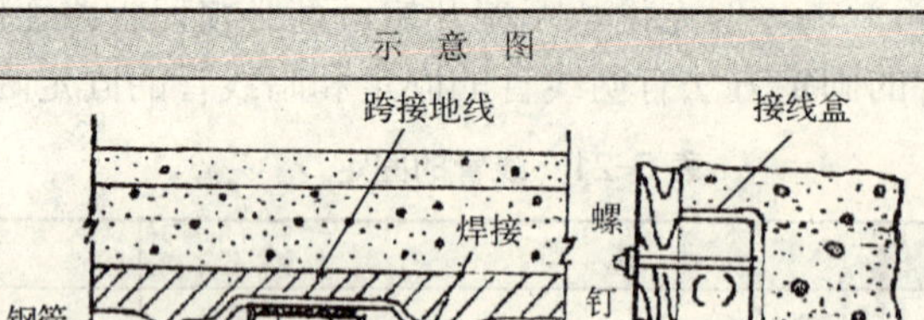 跨接地线 焊接 钢管 锁紧螺母 管螺母 灯头盒 (a) 在混凝土楼板的固定 接线盒 螺钉 钢管 (b) 在建筑物上的固定	一般采用铁钉固定或铁丝缠绕在铁钉上的固定，固定方法如左图所示
钢管与接线盒、或钢管与开关盒、灯头盒	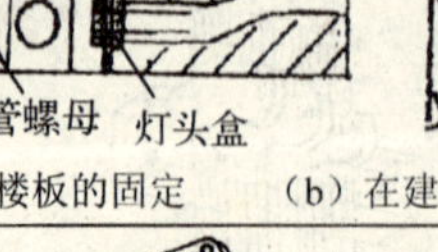	一般采用螺母连接或焊接，如左图所示

④ 清管穿线见表5-24。

表 5-24　线管的清管与穿线

名　称	示 意 图	操 作 说 明
清管	钢管　圆形钢丝刷　铁丝	用圆形钢丝刷清除管内锈圬（如左图所示），并用压力为 0.25 MPa（约 2.5 大气压）的压缩空气吹尽管内残留的锈污、灰尘
穿线	导线与引线的缠绕	需二人配合操作，即先将引入线一头穿入管内，由一人在管口慢慢拉动引入线头；管子的另一端操作者，将导线织扎在引入线尾部并慢慢送入管内，如左图所示。若钢管较长，弯头较多而穿线困难，可将导线外表用滑石粉润滑，但不能用油脂或石墨粉作润滑物 穿线时，为使在管内的线路安全可靠地工作，凡是不同电压和不同回路的导线，不应穿在同一根管内。用金属管保护的交流线路，为避免涡流效应，同一三相交流回路的导线，必须穿在同一根钢管内。穿在管内的导线不能有扭拧情况，不能有接头
剪断余线、做上标记	胶布　编号	导线穿好后应剪除多余的线，但要留有余量以便接线。预留长度以绕盒一周为宜。为了方便接线时能分辨所穿导线，可在导线端头绝缘层上做好标记或套上号码管（如左图所示），以便于区别

5.3.4　瓷绝缘子线的敷设

瓷绝缘子线敷设是利用瓷绝缘子（俗称瓷瓶）对导线进行固定的一种明线敷设方法。瓷绝缘子敷设有转角、交叉、分支三种基本形式，如图 5-5 所示。

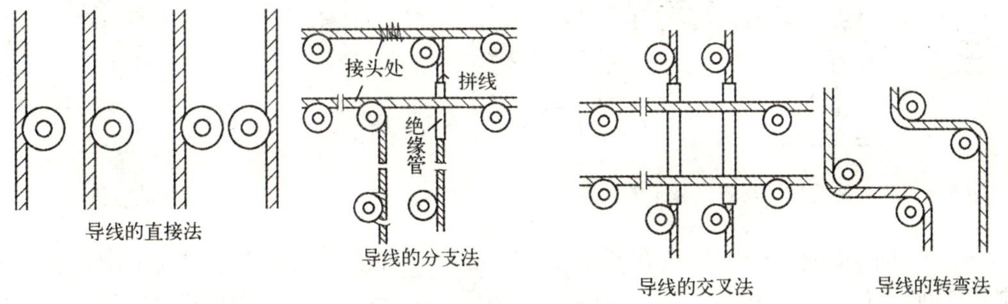

图 5-5　瓷绝缘子线敷设的基本形式

瓷绝缘子线的一般敷设步骤如下：

（1）定位。定位工作应在土建未抹灰前进行。首先按施工图确定灯具、开关、插座和配电柜（箱）等设备的安装地点，然后定导线的敷设位置、穿过墙壁或楼板的位置，最后定中间的位置。瓷绝缘子线敷设线路的固定点和导线之间距离的确定见表 5-25。

表 5-25　线路的固定点和导线之间的距离

配线方式	导线截面（mm^2）	固定点间最大允许距离（mm）	导线间最小允许距离（mm）
瓷绝缘子	1～2.5	2 000	70
	4～10	2 500	70
	16～25	3 000	100
	35～70	6 000	150
	95～12	6 000	150

（2）画线。画线工作应考虑所配线路实用、整洁与美观，尽可能沿房屋线脚、墙角等

处敷设，并与用电设备的进口对正。画线时，沿线确定的瓷绝缘子固定位置以及每个开关、灯具、插座固定点中心处画一个“×”号。如果室内已粉刷，画线时应注意不要弄脏建筑物的表面。

（3）凿眼。凿眼工作应按画定位置进行。在砖墙上可采用钢凿或冲击电钻。凿眼的深度按实际需要确定，尽可能避免损坏建筑物。在用钢凿操作时，钢凿要放直，用铁锤敲击，边敲边转动钢凿，不可用力过猛，以防发生事故。

（4）埋设紧固件。紧固件的埋设应在眼孔凿制后进行，埋设前应在眼孔中洒水淋湿，再装入紧固件（如铁支架或开脚螺栓），用水泥砂浆填充，如图 5-6 所示。待水泥砂浆干硬后，再装上瓷绝缘子。

（5）埋设保护管。对穿墙保护管埋设时其防水弯头应朝下。若在同一穿越点需要排列多根穿墙保护管，应一管一孔，均匀排列，所有穿墙保护管在墙孔内应用水泥封固。

（6）瓷绝缘子的固定。瓷绝缘子的固定，除用上述方法外，还有用膨胀螺丝固定和黏结剂黏结固定等方法。

（7）导线的敷设。导线敷设应从一端开始，将导线一端紧固在瓷绝缘子上，调直导线再逐级敷设，不能有下垂松弛现象，导线间距及固定点距离应均匀。导线敷放时，若线径较粗、线路较长，可用放线架放线，如图 5-7（a）所示；若线径不太粗、线路较短，可用手工放线，如图 5-7（b）所示。

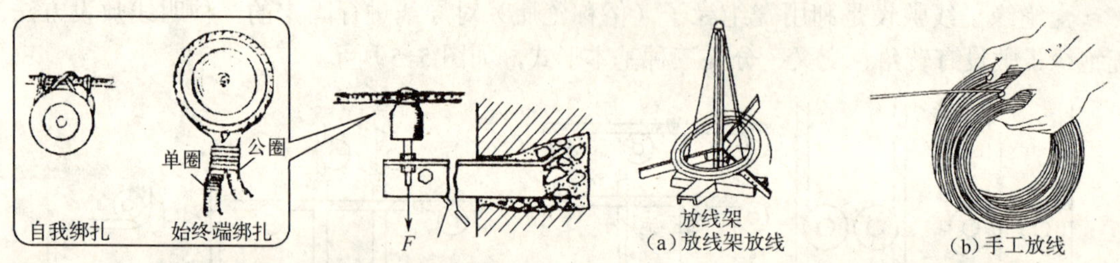

图 5-6 铁支架的埋设与瓷绝缘子的固定

图 5-7 导线的敷放方法

（8）导线的固定。导线固定在瓷绝缘子上的绑扎方法有直线段单绑扎、双绑扎和终端线绑扎 3 种方法，如图 5-8 所示。绑扎时，两根导线应放在瓷绝缘子同侧或同时放在瓷绝缘子外侧，不允许放在瓷绝缘子内侧。导线的绑扎圈数见表 5-26。

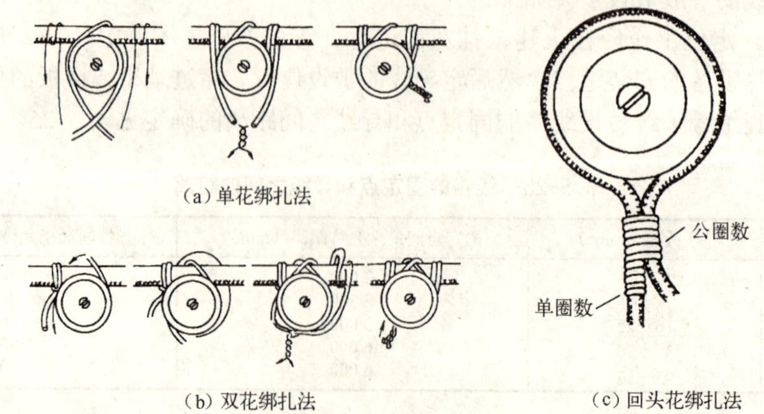

图 5-8 导线的绑扎方法

表 5-26　绑扎圈数

导线截面（mm^2）	1.5～2.5	4～25	35～70	95～120
公圈数	8	12	16	20
单圈数	5	5	5	5

5.4　室内控制、保护设备的安装

5.4.1　配电箱（板）的安装

配电箱（板）是一种连接电源和用电设备的电气装置。它按用途可分为动力配电箱（板）和照明配电箱（板）两种，材料有木制、铁制和塑料制作的三种。配电箱包括盘面板和配电箱两部分。

1. 盘面板的安装

（1）核对盘面板和配电箱尺寸是否匹配，并使盘面板四周与箱边之间有适当缝隙。

（2）将全部电器、仪表分别排列放在盘面板上。一般仪表置于盘面板上方，各回路的开关和熔断器一一对应，放在便于操作的位置，并应考虑接线、维修方便，排列美观。盘面板上的电器及其排列间距，分别如图 5-9 和表 5-27 所示。

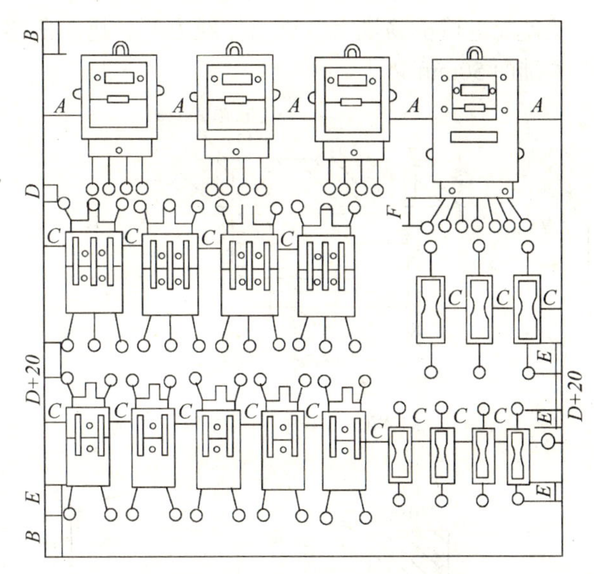

图 5-9　盘面板上的电器排列

表 5-27　盘面板上的电器排列间距

间　　距	最小尺寸（mm）		
A	60		
B	50		
C	30		
D	20		
E	电器规格	10～15A	20
		20～30A	30
		60A	50
F	80		

（3）按照电器排列的实际位置，画出各种电器的安装孔和出线孔（要求排列间距均匀），然后打孔，并在出线孔上套上瓷接头（适用于木制和塑料盘面板）或橡皮护圈（适用于铁盘面板）。再将全部电器按预定位置摆正，用木螺钉或螺栓固定。

（4）根据电器和仪表的规格、容量及位置选择好导线截面和长度。盘面板各电器所用导线截面积应由设计的用电负荷确定，但最小截面铜芯导线不得小于 1.5mm²；铝芯导线不得小于 2.5mm²。配线应排列整齐，绑扎成束。接入盘面板电器及盘面板后引入和引出导线应留有适当余量，以便检修。

2. 配电箱的安装

（1）配电箱的安装，有明安装（挂式、落地式）和暗安装（墙孔式）等方式，如图 5-10 所示。不论采用哪种安装方式，安装的场所都应干燥、明亮，不易受震，便于抄表、维护。

（2）在墙壁明装配电箱时，应先预埋好燕尾螺栓或其他固定件。当采用挂式安装配电箱时，箱底距地面为 1.5m（除特殊要求外），箱（板）垂直安装偏差不大于 3mm，操作手柄距侧面墙沿不小于 200mm。

当采用落地式安装配电箱时，应先预制一个高出地面约 100mm 的混凝土空心台，其目的是使配电箱不易进水，进出导线方便。进入落地式配电箱的钢管，排列应整齐，管口应高出基础面 50mm 以上。

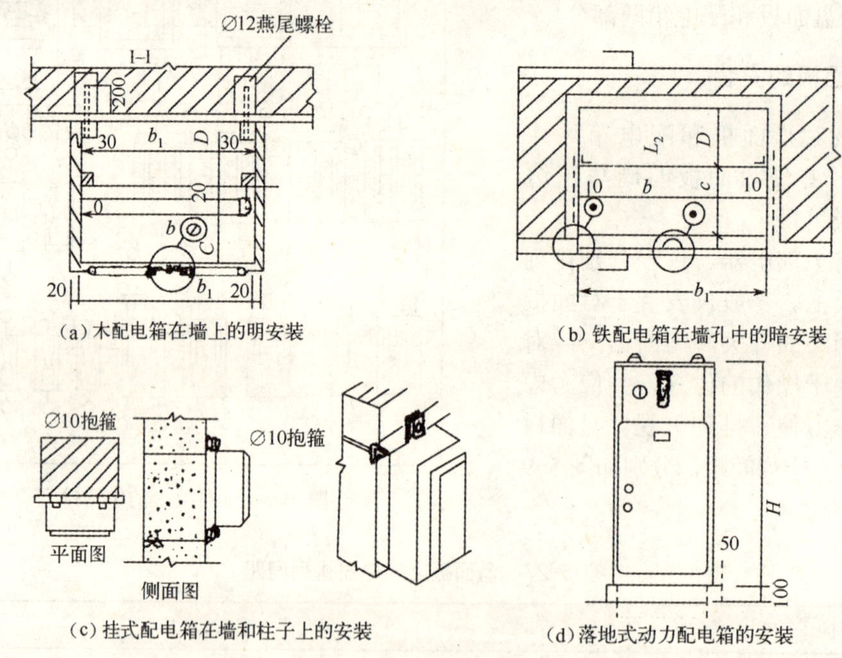

图 5-10　配电箱的安装方式

（3）在墙壁暗装配电箱时，其后壁需用 10mm 厚石棉板衬垫。墙壁内孔预留大小应比配电箱外形尺寸大 20mm 左右。

5.4.2 漏电保护器的安装

漏电保护器（俗称触电保安器或漏电开关），是用来防止人身触电和设备事故的装置。

1. 漏电保护器的使用

（1）漏电保护器应有合理的灵敏度。灵敏度过高，可能因微小的对地电流而造成保护器频繁动作，使电路无法正常工作；灵敏度过低，又可能发生人体触电后，保护器不动作，从而失去保护作用。一般漏电保护器的启动电流应在 15～30mA。

（2）漏电保护器应有必要的动作速度。一般动作时间小于 0.1s，以达到保护人身安全的目的。

2. 漏电保护器使用时注意事项

（1）不能以为安装了漏电保护器，就可以麻痹大意。

（2）安装在配电箱上的漏电保护器线路对地要绝缘良好，否则会因对地漏电电流超过启动电流，使漏电保护器经常发生误动作。

（3）漏电保护器动作后，应立即查明原因，待事故排除后，才能恢复送电。

（4）漏电保护器应定期检查，确定其是否能正常工作。

3. 漏电保护器的安装

漏电保护器的安装步骤见表 5-28。

表 5-28　漏电保护器的安装

示 意 图	步　骤	安 装 说 明
	选型	应根据用户的使用要求来确定保护器的型号、规格。家庭用电一般选用 220V、10～16A 的单极式漏电保护器，如左图所示
	安装	安装接线应符合产品说明书规定装在干燥、通风、清洁的室内配电盘上。家用漏电保护器安装比较简单，只要将电源两根进线连接于漏电保护器进线两个桩头上，再将漏电保护器两个出线桩头与户内原有两根负荷出线相连即可
	测试	漏电保护器垂直安装好后，应进行试跳，试跳方法即将试跳按钮按一下，如漏电保护器开大跳开，则为正常
注：当电器设备漏电过大或发生触电时，保护器动作跳闸，这是正常的，绝不能因跳闸而擅自拆除。正确的处理方法是对家庭内部线路设备进行检查，消除漏电故障点，再继续将漏电保护器投入使用		

【实训项目 10】　控制、保护设备的装配

任务 1　配电板（箱）的装配

1. 实训要求

（1）熟悉配电板（箱）线路中常用器件的作用、基本原理及使用，能正确选择相关器件。

（2）学会家用配电板（箱）的安装与检测技能。

（3）了解动力配电板（箱）的安装、检测方法。

2. 实训器材

电能表、熔断器、自动空气开关、配电箱、2mm^2 和 1.5mm^2 铜芯塑料线（长度视具体线路要求而定）、钢凿、铁锤、旋具、电工刀、木螺钉、塑料绝缘带、黑胶布、号码管、接线条、验电笔。

家用配电板（箱）的配置要求如图 5-11 所示。

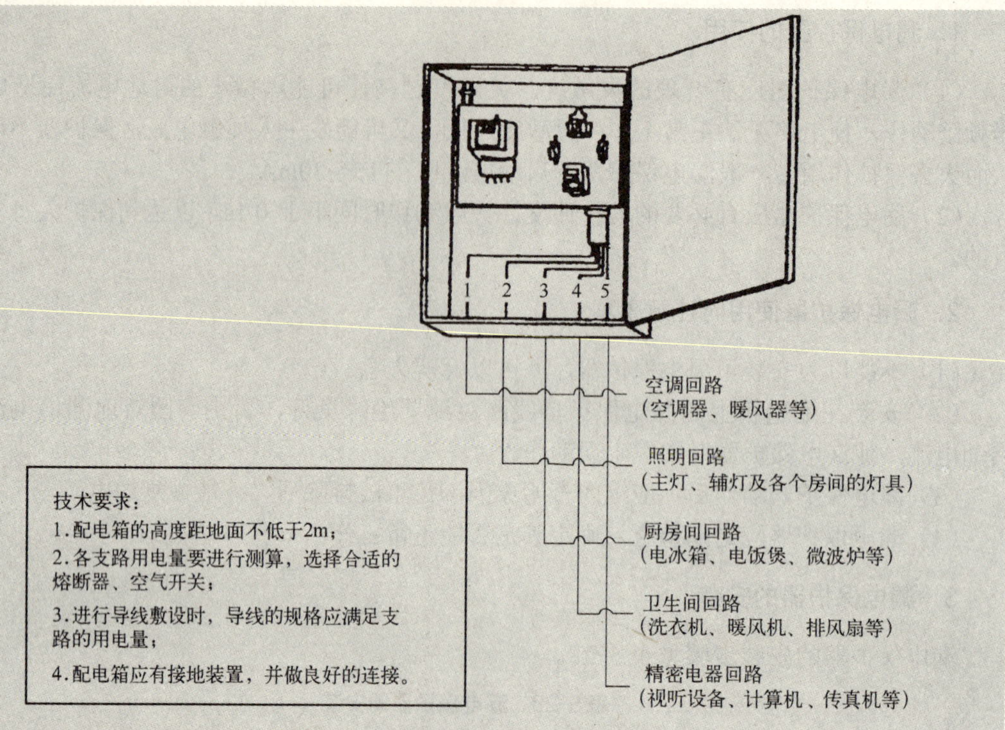

图 5-11 家用配电板（箱）的配置要求

3. 实训步骤

➢ 说一说：安装要领

请你说一说配电板（箱）线路中常用器件的名称、作用和选择方法；动力配电板（箱）一般的安装、检测方法。

➢ 想一想：选用原则

请你想一想配电板（箱）的选用原则。

➢ 做一做：安装配电板（箱）

请你按下列步骤完成训练任务：

（1）二室一厅至少要配置 4～5 个回路，即空调器回路（无论安装一只空调器还是两只空调器，甚至多只空调器，都必须单独设置用电回路，导线截面积以 $2.5mm^2$ 以上为宜），照明、厨房电源插座回路（导线截面积为 $1.5mm^2$），卫生间电源插座回路（导线截面积以 $1.5\ mm^2$ 以上为宜），精密电器回路等。根据图 5-11 所示的配电箱电路的配置要求，画出设计接线图。

（2）选择低压电器和导线，并确定低压电器的安装位置。

（3）根据低压电器布置的位置，打穿线孔。

（4）固定低压电器并进行穿线装接。

（5）将配电箱埋设在凿制好的安装孔内。

（6）安装后，确认无误，即可用沙灰填补配电箱与墙之间的缝隙。

写一写：收获体会

请把你的实训收获和体会写下来。

任务 2　漏电保护器的安装

1. 实训要求

了解漏电保护器的工作原理，会正确安装漏电保护器。

2. 实训器材

漏电保护器、配电板总成（即装有电能表、刀开关和熔断器的配电板）、1.5mm^2 铜芯塑料线（长度视具体线路要求而定）、旋具、电工刀、木螺钉。

3. 操作步骤

➢ 说一说：安装要领

请你说一说漏电保护器的工作原理，以及如何正确安装的要领。

➢ 想一想：型号规格

请你想一想漏电保护器型号规格的含义。

➢ 做一做：实际装接

请你按下列步骤完成训练任务：

（1）合理选择漏电保护器在配电板上的合适位置。

（2）将选用漏电保护器用木螺丝垂直安装在配电板上，垂直偏差不要超过 5° 。

（3）按如图 5-12 所示的线路进行接线，注意“进线”和“出线”的位置。

（4）不得将漏电保护器当作刀开关使用。

➢ 写一写：收获体会

请把你的实训收获和体会写下来。

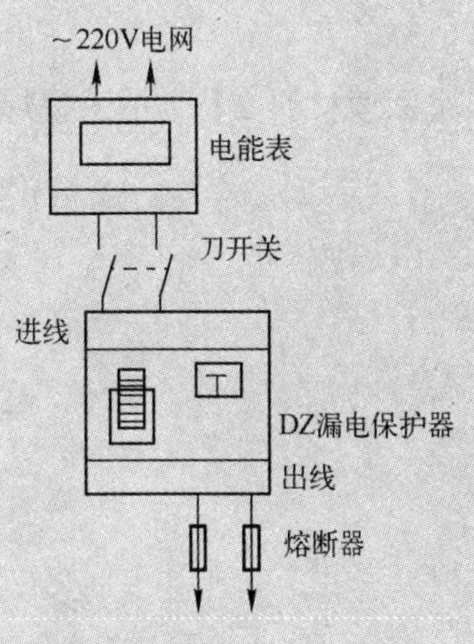

图 5-12　漏电保护器的接线

【阅读材料 1】锡焊的基本要求

电器维修中，电工往往需要对导线线头（或电气元件）进行可靠的连接。它们的连接除上述方法外，还有各种钎焊，其中锡焊是钎焊中最常见的一种。由于锡焊具有成本低、可靠性高、操作方便，又适用于手工操作的特点，要求电工必须掌握。电烙铁是锡焊的基本工具，其外形结构如图 5-13 所示。

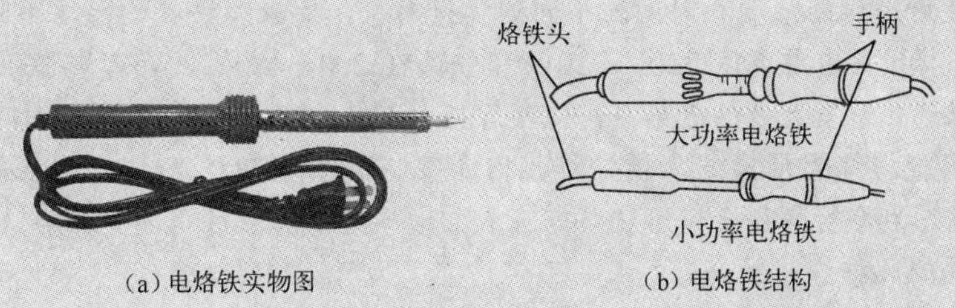

(a) 电烙铁实物图　(b) 电烙铁结构

图 5-13　电烙铁

1. 锡焊的基本要求如下：

（1）焊点表面应光滑。焊点不得出现凹凸不平、毛刺、空隙和变色及光泽不均的现象。

（2）焊点上的焊料要适当。注意焊点表面清洁，不应留有污垢，特别是有害残留物。

（3）焊点应有一定的机械强度和具有良好导电性，无松动或脱落现象，以确保焊件与焊点良好的连接。

2. 手工锡焊姿势

（1）电烙铁的握法有握笔法、直握法和反握法等几种，如图5-14所示。

（2）焊锡丝的握法如图5-15所示。

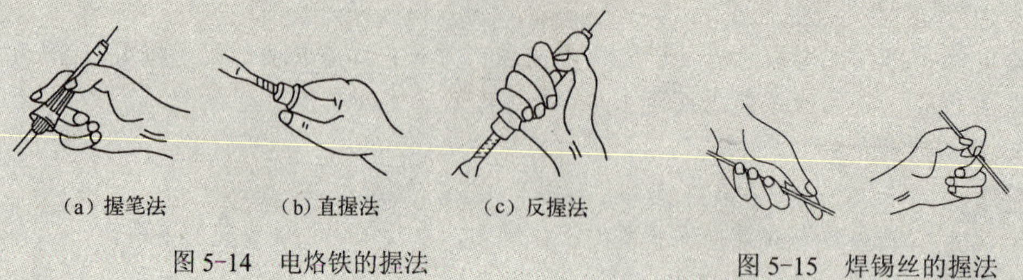

图5-14 电烙铁的握法

图5-15 焊锡丝的握法

【阅读材料2】 手工锡焊一般步骤

1. 手工锡焊的一般操作步骤（见图5-16）

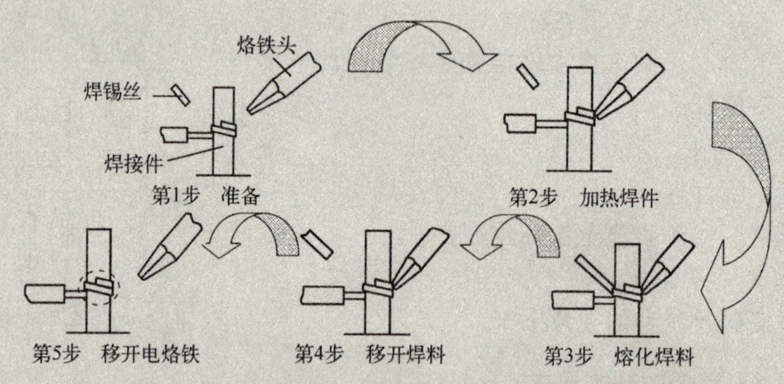

图5-16 手工锡焊的一般操作步骤

2. 手工锡焊注意事项

（1）根据焊接物体的大小来选择相应功率的电烙铁。

（2）注意焊接表面的清洁和搪锡。焊接前一定要清除焊接面的绝缘层、氧化层及污垢，直到完全露出金属表面，并迅速在焊接面搪上锡层，以免表面重新氧化。

（3）掌握好焊接的温度和时间。不同的焊接对象，要求烙铁头的温度不同，焊接的时间长短也不一样。如电源电压220V，20W烙铁头在290～480℃，45W烙铁头在400～510℃，我们可以选择适当瓦数的电烙铁，使其焊接时在3～5s内达到规定的工作温度要求。

（4）恰当把握焊点形成的火候。焊接时不要将烙铁头在焊点上来回磨动，应将烙铁头搪锡面紧贴焊点，待焊锡全部熔化，并在表面形成光滑圆点后迅速移开烙铁头。图5-17所示是点接焊的几种焊接状态。

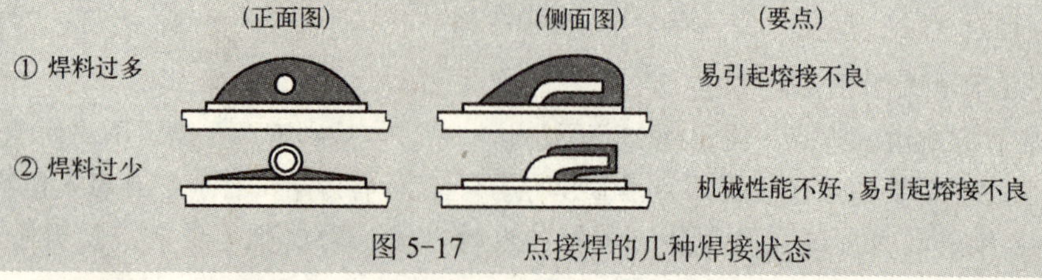

图5-17 点接焊的几种焊接状态

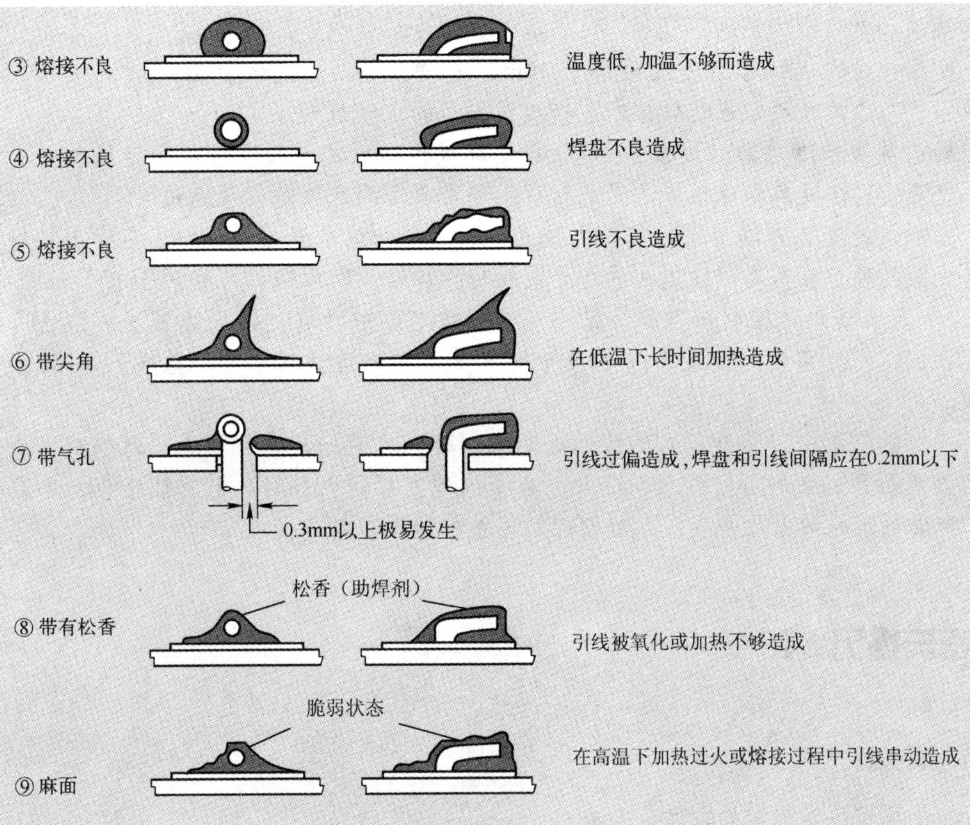

③ 熔接不良 温度低，加温不够而造成

④ 熔接不良 焊盘不良造成

⑤ 熔接不良 引线不良造成

⑥ 带尖角 在低温下长时间加热造成

⑦ 带气孔 引线过偏造成，焊盘和引线间隔应在0.2mm以下

0.3mm以上极易发生

⑧ 带有松香 松香（助焊剂） 引线被氧化或加热不够造成

⑨ 麻面 脆弱状态 在高温下加热过火或熔接过程中引线串动造成

图 5-17 点接焊的几种焊接状态（续）

提示

锡焊时，由于焊锡不会马上凝固，因此在焊锡凝固前一定不要移动被焊件，否则焊锡会凝成砂粒或焊接不牢而造成虚焊。

【本章小结 5】

导线布放是保证屋内配线施工质量的重要一步，常用的导线的布放方法有：手工布放和放线架布放两种。

导线绝缘层的剥离、连接与绝缘层的恢复，是电工基本操作技能之一。它的质量好坏直接关系着线路、用电设备运行的可靠性和安全性。但是无论采取何种连接方法，都包括以下三个步骤：

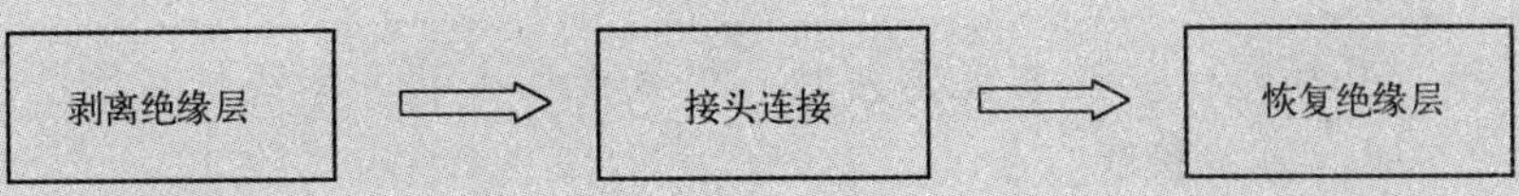

所谓导线的“剥离”，是指用专用工具（如电工刀、钢丝钳或尖嘴钳和剥线钳）将导线绝缘层剥离的工艺过程。导线绝缘层的剥离方法有：用电工刀的剖削、钢丝钳或尖嘴

钳的剖削和剥线钳的剖削等几种。

所谓导线的“封端”，是指将大于 $10mm^2$ 的单股铜芯线、大于 $2.5mm^2$ 的多股铜芯线和单股铝芯线的线头，进行焊接或压接接线端子的工艺过程。

所谓导线绝缘层的“恢复”，是指将破坏或连接后的导线连接处用绝缘材料（如胶布）重新进行恢复其绝缘性能的工艺过程。通常采用的方法是“包缠法”。

白炽灯的安装方法常见的有：吊挂式（软线吊挂灯、链条吊挂灯、钢管吊挂灯）和矮脚式等几种。在需要照度更大的场合或在特殊场合，需用碘钨灯和高压汞灯。

“一只单联开关控制一盏灯”是在日常照明电路中常遇到的接线方法。为了用电安全，我们一定要牢记“相线（俗称‘火线’）进开关，零线（俗称‘地线’）进灯头”的法则。

在实际应用中，除最基本的照明控制电路外，还有一只单联开关同时控制、连带控制两盏或两盏以上的灯，两只双联开关在不同地方控制一盏灯、电源插座与一盏灯的控制、电源插座与两盏及两盏以上灯的控制等各种形式的电路。

【思考与练习5】

1．填空题

（1）导线线头连接的方法一般有：______、______、______和______等。

（2）导线绝缘层的剥离方法有：用______、______和______等几种。

（3）导线连接的基本要求是：① ______；②______；③ ______；④______。

（4）在照明控制电路的接线中，为了做到用电安全，我们一定要牢记______的法则。

（5）安装的插座接线孔的排列顺序是：____________________。

（6）在灯具安装时，为了不使接头处承受灯具的重力，吊灯电源线在进入挂线盒后，在离接线端头________处应打一个保险结（即电工结）。

（7）为避免线路上出现接头，所有接头应尽量装接在____________________。

（8）漏电保护器是____________________的装置。

2．是非题（对打“√”，错打“×”）

（1）配电箱的安装场所应干燥、明亮，不易受震，便于抄表和维护。（　）

（2）分支接点常出现在导线分路的连接点处，要求分支接点连接牢固、绝缘层恢复可靠，否则容易发生断路等电气事故。（　）

（3）安装扳把开关时，开关的扳把应向上为“分”，即电路接通；扳把向下为“合”，即电路断开。（　）

（4）单相二孔插座：二孔垂直排列时，相线接在上孔，零线接在下孔；水平排列时，相线接在左孔，零线接在右孔。（　）

（5）安装单相三孔插座的接线孔排列顺序是：保护线接在上孔，相线接在右孔，零线接在左孔。（　）

（6）吊线灯具重量不超过 1kg 时，可用电灯引线自身作为电灯吊线；吊线灯具重量超过 1kg 时，应采用吊链或钢管吊装。（　　）

（7）螺口灯座安装时应将相（火）线接顶芯极，零线接螺纹极，否则容易发生触电事故。（　　）

（8）漏电保护器应有必要的动作速度。一般动作时间小于 0.5s。（　　）

3．问答题

（1）请你利用软导线打制一个“电工结”。

（2）灯具安装有哪些要求？

（3）照明电器附件的安装有哪些要求？

（4）怎样正确包扎绝缘胶布（带），才能确保导线的绝缘性能？

（5）进行开关（拉线开关、翘板开关）的安装训练（要求：写出所用工具、材料和具体操作步骤）。

第 6 章 室内照明安装和故障检修

【学习目标】

- 熟悉室内照明基本控制线路的接线方法
- 会正确安装基本照明电器具
- 会分析处理室内常见照明线路的故障

6.1 室内照明线路的安装

1. 基本照明控制电路的接线方法

在日常接线中，常会遇到一只单联开关控制一盏灯的接线方法。为了用电安全，我们一定要牢记“相线 L（俗称‘火线’）进开关，零线 N（俗称‘地线’）进灯头”的法则，见表 6-1。

表 6-1 一只单联开关控制一盏灯线路的接线方法

接线步骤	示意图	接线说明
第 1 步 （灯头线的连接）	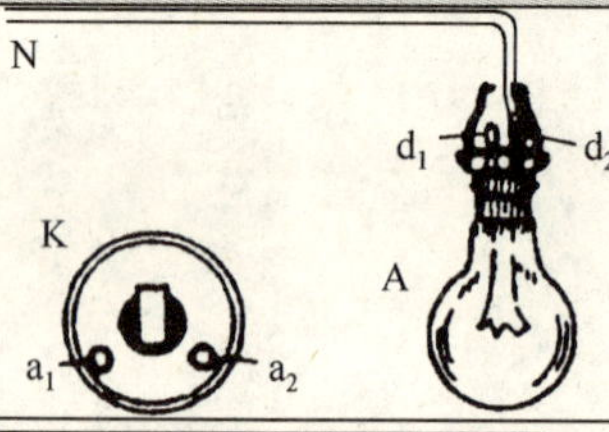 N　K　a_1　a_2　d_1　d_2　A	连接灯头线：把电源线的零线 N 接到灯头 A 的接线柱 d_2 上，如左图所示
第 2 步 （开关线的连接）	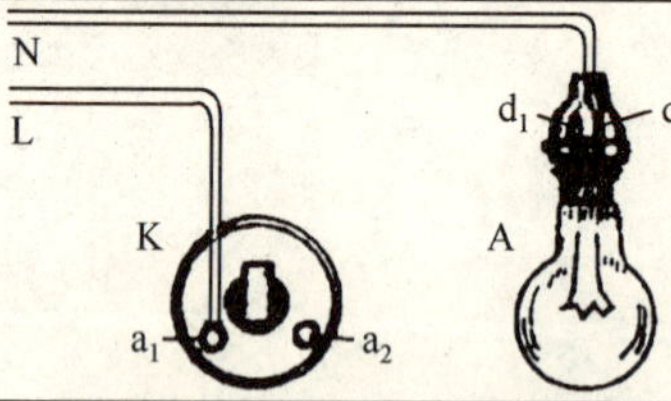 N　L　K　a_1　a_2　d_1　d_2　A	连接开关线：把电源线的相线 L 接到开关 K 的接线柱 a_1 上，如左图所示
第 3 步 （开关与灯头的连接）	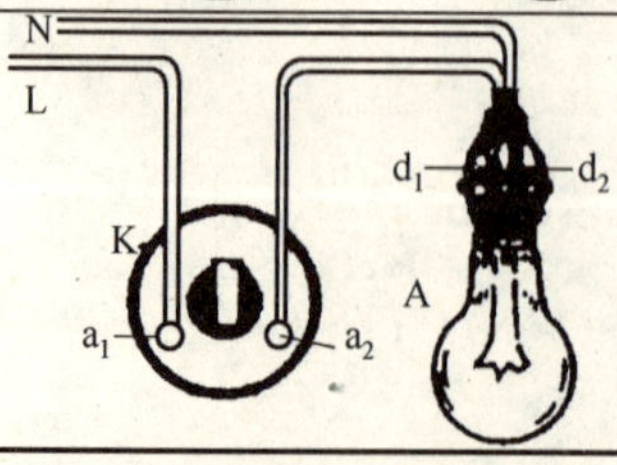 N　L　K　a_1　a_2　d_1　d_2　A	连接开关与灯头：用导线连接灯头 A 的接线柱 d_2 和开关 K 的接线柱 a_1，如左图所示

注：K 表示单联开关，a_1，a_2 表示单联开关接线柱；A 表示灯头，d_1 和 d_2 为 A 的灯头接线柱。

同理，两只单联开关在不同的地方分别控制两盏不同的灯（即两盏灯各由一只单联开关控制）的连接方法，见表 6-2。

表 6-2　两只单联开关分别控制两盏灯的接线方法

接线步骤	示意图	接线说明
第 1 步 （灯头线的连接）	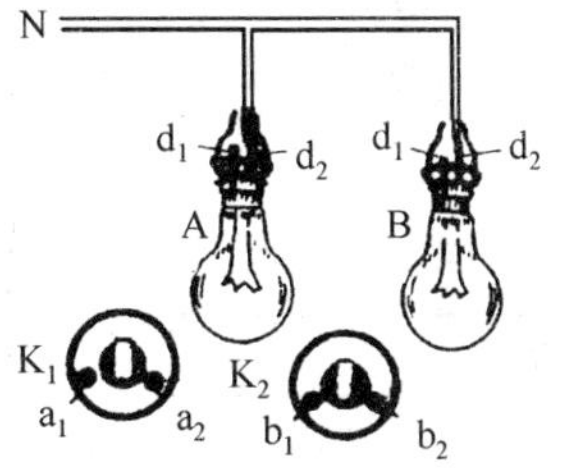	连接灯头线：先把零线 N 从电源上引接到灯头 A 的接线柱 d_2 上，然后用另一段导线也接在灯头 A 的 d_2 上，接妥后，引接到灯头 B 的接线柱 d_2 上旋紧，如左图所示。这就是电工师傅们习惯上说的“灯头线始终进灯头”
第 2 步 （开关线的连接）	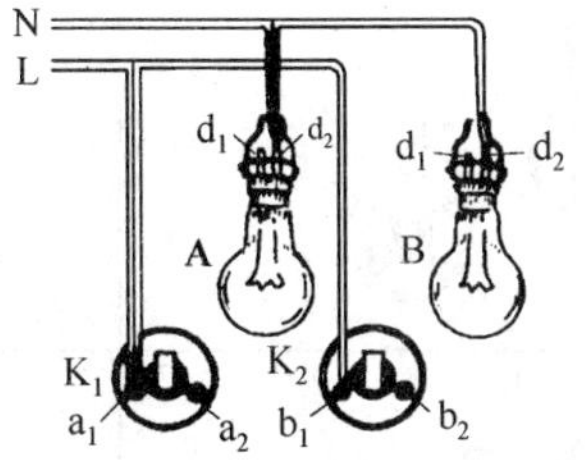	连接开关线：把相线 L 自电源上引来接在开关 K_1 的接线柱 a_1 上，然后用另一段线也接在开关 K_1 的 a_1 上，接妥后，引到开关 K_2 的接线柱 b_1 上旋紧，如左图所示。这就是电工师傅们习惯上说的“开关线始终进开关”
第 3 步 （灯头与开关的连接）	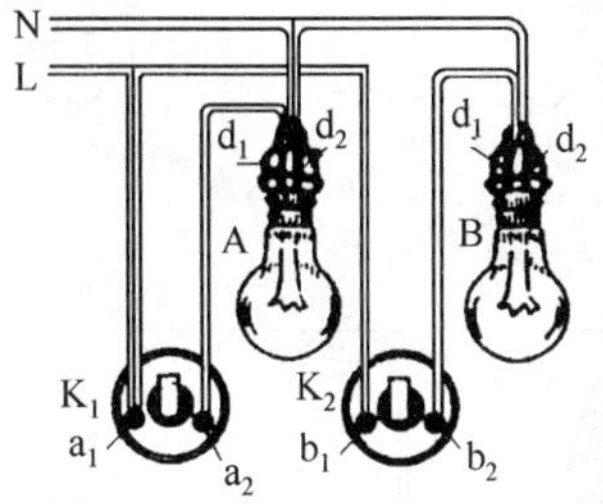	连接灯头与开关：方法是先丈量开关和灯头的距离，截取两段导线，然后把一段导线自开关 K_1 的 a_2 接线柱引到灯头 A 的 d_1 接线柱上。另一段导线自开关 K_2 的接线柱 b_2 引到灯头 B 的接线柱 d_1 上即可

注：K_1、K_2 分别表示单联开关，a_1、a_2 和 b_1、b_2 分别为单联开关 K_1、K_2 的接线柱；A 和 B 分别表示灯头，d_1 与 d_2 为灯头的接线柱。

2．其他照明控制电路的接线方法

在实际应用中，除最基本的照明控制电路外，还会碰到其他各种控制形式的照明电路，例如，一只单联开关连带控制两盏或多盏灯、双联开关在不同地方控制一盏灯、电源插座与一盏灯的控制、电源插座与两盏及两盏以上灯的控制等。

（1）单联开关控制两盏或多盏灯的接线方法。一只单联开关连带控制两盏或多盏灯的接线方法，见表 6-3。

表 6-3　一只单联开关同时控制两盏灯的接线方法

接线步骤	示意图	接线说明
第 1 步 （灯头线的连接）	把电源线的零线 N 连续接到 A 灯头的接线柱 d_2 与 B 灯头的接线柱 d_2 上	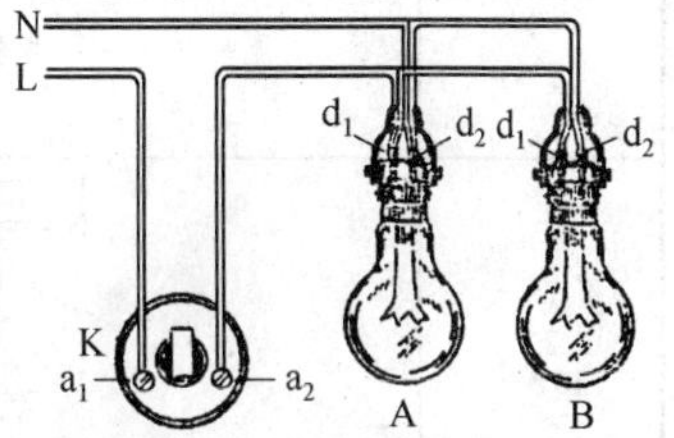
第 2 步 （开关线的连接）	把电源线的相线 L 接到开关 K 的接线柱 a_1 上	
第 3 步 （开关与开关的连接）	用导线从开关 K 的接线柱 a_2 按灯头的顺序连接 A 灯头的接线柱 d_1，再连接到 B 灯头的接线柱 d_1 上	

注：一只单联开关连带控制两盏以上灯的接线方法，也可照此法进行，就是将要连带控制的灯都和 A 灯单联就可以。

（2）两只双联开关在不同地方控制一盏灯的接线方法。安装这种控制线路需要一种特殊的开关——双联开关，如图6-1所示，它比单联开关多两个接线柱，共有4个接线柱，其中2个接线柱是用铜片连接的。两只双联开关在不同地方控制一盏灯的安装见表6-4。

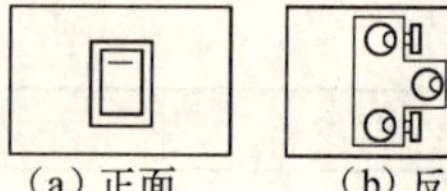

图6-1 双联开关

表6-4 两只双联开关在不同地方控制一盏灯的接线方法

接线步骤	示意图	接线说明
第1步（灯头线的连接）	N, d_2, d_1, K_1, K_2, a_1, a_2, a_3, b_1, b_2, b_3	将电源线的零线N接灯头的接线柱d_2，如左图所示
第2步（开关线的连接）	N, L, d_2, d_1, K_1, K_2, a_1, a_2, a_3, b_1, b_2, b_3	将电源相线L接在开关K_1的连铜片接线柱a_1上，然后用导线分别将开关K_1的接线柱a_2与开关K_2的接线柱b_2连接，开关K_1的接线柱a_3与开关K_2的接线柱b_3相连接，如左图所示
第3步（开关与灯头的连接）	N, L, d_2, d_1, K_1, K_2, a_1, a_2, a_3, b_1, b_2, b_3	用导线将灯头的接线柱d_1与开关K_2的连铜片接线柱b_1连接上即可，如左图所示

注：双联开关K_1可连铜片接线柱a_1和接线柱a_2，a_3，双联开关K_2可连铜片接线柱b_1和接线柱b_2，b_3；灯头接线柱为d_1，d_2。

（3）电源插座与一盏灯的接线方法。电源插座与一盏灯的控制，即一只电源插座与一盏灯的接线方法，见表6-5。

表6-5 一只电源插座与一盏灯的接线方法

步骤	示意图	安装说明
第1步	N, d_2, d_1, 插座, c_1, c_2, a_1, a_2	将电源线的零线N分别接在灯头的接线柱d_2和插座接线柱c_1上，如左图所示
第2步	L, N, d_2, d_1, 插座, c_1, c_2, a_1, a_2	将电源线的相线L连接到插座的接线柱c_2和开关的接线柱a_2上，如左图所示

续表

步　骤	示 意 图	安 装 说 明
第 3 步	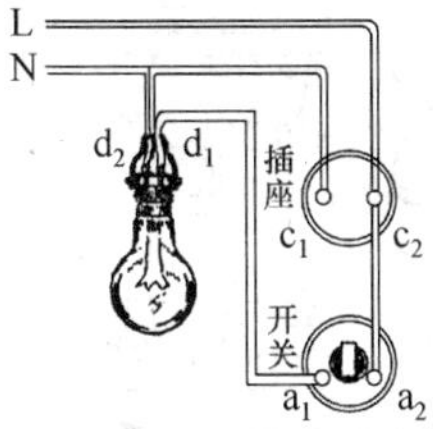 L N d_2 d_1 插座 c_1 c_2 开关 a_1 a_2	连接开关接线柱 a_1 与灯头接线柱 d_1，如左图所示

注：c_1，c_2 表示电源插座接线柱；a_1，a_2 表示单联开关接线柱；d_1，d_2 为灯头 A 的接线柱。

（4）电源插座与两盏以上灯的接线方法。电源插座与两盏以上灯的接线方法，见表 6-6。

表 6-6　电源插座与两盏、两盏以上灯的接线方法

名　称	接线示意图	说　明
电源插座与两盏灯的接线方法	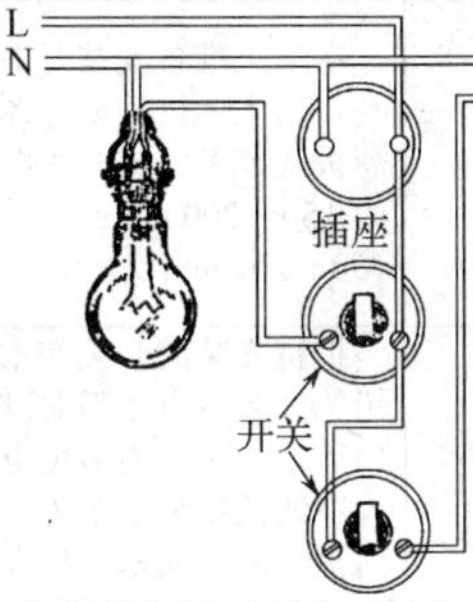 L N 插座 开关	左图是一个电源插座和两只开关各控制一盏电灯的电路图。一般来说，图中的接线方法是安全、经济而又便于使用的 电源插座与两盏灯的接线方法，参照上述方法进行
电源插座与两盏以上灯的接线方法	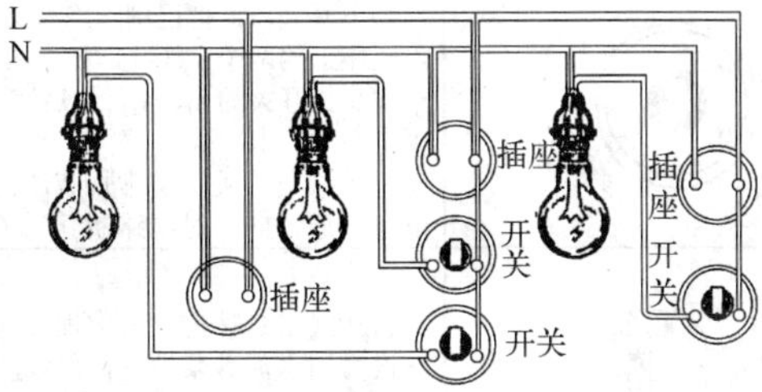 L N 插座 开关 插座 插座 开关 开关	左图是三个电源插座和三只开关各自控制一盏电灯的电路图。接线的要点和电源插座与两盏灯的安装（连接）相同 这种接线方法可应用在装置更多的插座和电灯的场合 注意： 1. 插座用并联接法，即一个接线孔的接线柱接零线，另一个接线孔的接线柱接相线，即“插座左插孔接零线 N，右插孔接相线 L” 2. 插座的安装位置要适当，避免儿童误碰或玩弄而发生危险

6.2　室内照明电器的安装

6.2.1　开关的安装

开关是用来控制灯具等电器电源通断的器件。根据它的使用和安装，大致可分明装式、暗装式和组装式几大类。明装式开关有扳把式、翘板式、揿钮式和双联或多联式；暗装式（即嵌入式）开关有揿钮式和翘板式；组合式即根据不同要求组装而成的多功能开关，有节能钥匙开关、“请勿打扰”的门铃按钮、调光开关、带指示灯的开关和集控开关（板）等。如图 6-2 所示，是一些常见的开关。开关的具体安装范例见表 6-7。

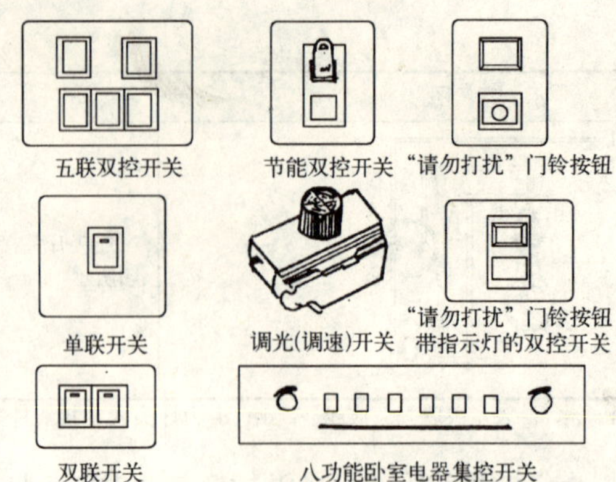

图 6-2 几种常见开关

表 6-7 开关的安装

安装形式	步骤	示意图	安装说明
明装	第 1 步	灯头与开关的连接线 相线 塞上木枕	在墙上准备安装开关的地方，居中钻 1 个小孔，塞上木枕，如左图所示。一般要求倒板式、翘板式或揿钮式开关距地面高度为 1.3 m，距门框为 150～200 mm；拉线开关距地面 1.8 m，距门框 150～200 mm
	第 2 步	在木台上钻孔	把待安装的开关在木台上放正，打开盖子，用铅笔或多用电工刀对准开关穿线孔在木台板上画出印记，然后用多用电工刀在木台钻 3 个孔（2 个为穿线孔，另 1 个为木螺丝安装孔）。把开关的两根线分别从木台板孔中穿出，并将木台固定在木枕上，如左图所示
	第 3 步	K a_1 a_2	卸下开关盖，把已剖削绝缘层的 2 根线头分别穿入底座上的两个穿线孔，如左图所示，并分别将两根线头接开关的 a_1，a_2，最后用木螺丝把开关底座固定在木台上 对于扳把开关，按常规装法：开关扳把向上时电路接通，向下时电路断开
暗装	第 1 步	墙孔 埋入 接线暗盒	将接线暗盒按定位要求埋设（嵌入）在墙内，埋设时用水泥砂浆填充，但要注意埋设平整，不能偏斜，暗盒口面应与墙的粉刷层面保持一致，如左图所示
	第 2 步	开关接线暗盒 开关底板 固定地址 开关面板 ø1.13 ø1.38 ø1.78 (铜)单线专用 单线 剥头尺寸 10~12mm 图是WH501单联位单控开关的安装实例	卸下开关面板；把穿入接线暗盒内的两根导线头分别插入开关底板的两个接线孔，并用木螺丝将开关底板固定在开关接线暗盒上；再盖上开关面板即可，如左图所示

注意事项：

1. 开关安装要牢固，位置要准确。

2．安装扳把开关时，其扳把方向应一致：扳把向上为“合”，即电路接通；扳把向下为“分”，即电路断开。

6.2.2　插座的安装

插座是供移动电器设备（如台灯、电风扇、电视机、洗衣机及电动机等）连接电源用的，分固定式和移动式两类。如图 6-3 所示是常见的固定式插座，有明装和暗装两种。插座的具体安装范例见表 6-8。

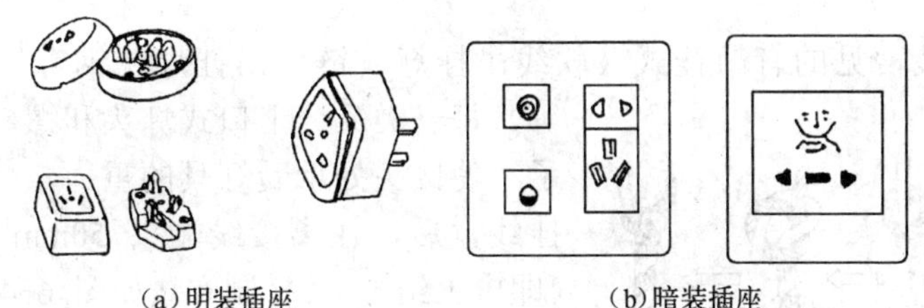

(a) 明装插座　　(b) 暗装插座

图 6-3　几种常见的固定式插座

表 6-8　插座的安装

安装形式	步　骤	示 意 图	安装说明
明装	第 1 步	灯头与开关的连接线　相线　塞上木枕	在墙上准备安装插座的地方居中打 1 个小孔，塞上木枕，如左图所示 高插座木塞安装距地面为 1.8m，低插座木塞安装距地面 0.3m
	第 2 步	在木台上钻孔	对准插座上穿线孔的位置，在木台上钻 3 个穿线孔和 1 个木螺丝孔，再把穿入线头的木台固定在木枕上，如左图所示
	第 3 步	E(保护接地)　N　L	卸下插座盖，把 3 根线头分别穿入木台上的 3 个穿线孔。然后，再把 3 根线头分别接到插座的接线柱上，插座大孔接插座的保护接地 E 线，插座下面的 2 个孔接电源线（左孔接零线 N，右孔接相线 L），不能接错。如左图所示，是插座孔排列顺序
暗装	第 1 步	埋入　墙孔　接线暗盒	将接线暗盒按定位要求埋设（嵌入）在墙内，如左图所示。埋设时用水泥砂浆填充，但要注意埋设平整，不能偏斜，暗装插座盒口面应与墙的粉刷层面保持一致
	第 2 步	E（保护接地）　N　L	卸下暗装插座面板；把穿过接线暗盒的导线线头分别插入暗装插座底板的 3 个接线孔内，插座大孔插入保护接地线线头，插座下面的两个小孔插入电源线线头（左孔插入零线线头，右孔插入相线线头），如左图所示。检查无误后，固定暗装插座，并盖上插座面板

注意事项：

1．安装插座接线孔的排列、连接线路顺序要一致

2．单相二孔插座：二孔垂直排列时，相线接在上孔，零线接在下孔；水平排列时，相线接在右孔，零线接在左孔

3．单相三孔插座：保护线孔接在上孔，相线接在右孔，零线接在左孔

4．三相四孔插座：保护线孔接在上孔，其他三孔按左、下、右接 A，B，C 三相线

6.2.3 白炽灯的安装

白炽灯的安装常见的有吊挂式（软线吊挂灯、链条吊挂灯、钢管吊挂灯）和矮脚式等，每一类又分卡口式灯头和螺口式灯头两种。为了不使接头处承受灯具的重力，吊灯电源线在进入挂线盒后，在离接线端头 50mm 处打一个保险结（即电工结），其打制方法如图 6-4 所示，也可以加链条或钢管进行吊挂式安装。

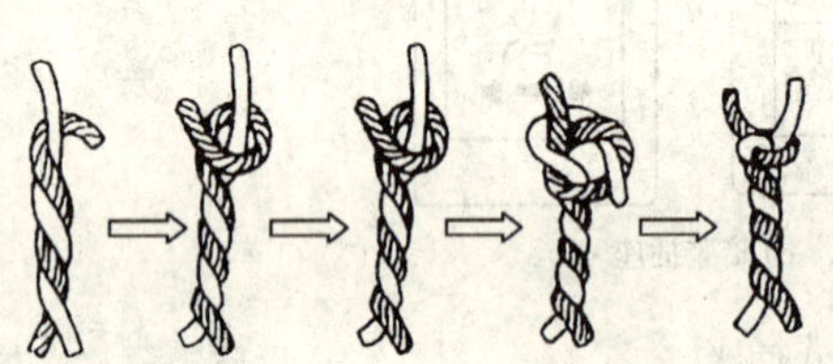

图 6-4 电工结的打制

（1）吊挂式灯头（以软线吊挂灯为例）的安装见表 6-9。

表 6-9 吊挂式灯头的安装

安装步骤	示意图	安装说明
第 1 步		木枕的安装：在准备安装吊线盒的地方居中钻 1 个孔，塞上木枕，如左图所示
第 2 步	在木台上钻孔	木台的钻孔、开槽与固定：用三角钻在木台上钻 3 个小孔（中间是木螺丝孔，两旁的是穿线孔），再在木台一侧开一条进线槽。把零线线头和灯头与开关的连接线头分别穿入木台的穿线孔后，用木螺丝把木台连同底座一起紧固在木枕上，如左图所示 木台有木制和塑料制的两种
第 3 步		吊线盒底座的安装：将两根线头分别穿入吊线盒底座，并用木螺丝固定在木台上。然后，再把两根线头分别接到底座穿线孔的接线柱上，如左图所示
第 4 步		吊线盒的接线：取一段适当长度的胶合软线，在离顶约 50 mm 的地方打上电工结。然后，再把两根软线头穿入底座正中凸起部分的两个侧孔里，分别接到小孔旁的接线柱上，罩上吊线盒盖，如左图所示
第 5 步		灯头的接线：卸下卡口式或螺口式灯头的灯头盖，穿入软线，并在离线头末端约 30 mm 的地方打个电工结。然后，把软线的线头分别接到灯头的接线柱上，罩上灯头盖，如左图所示

注意事项：1．为保证人身安全，灯头线不能装得太低，灯头距地面的高度不应小于 2.5 m。在特殊情况下可以降到 1.5m，但应注意防护工作

2．采用螺口灯座时，应将相（火）线接顶芯极，零线接螺纹极，不能接反，否则在装卸灯泡时容易发生触电事故

3．吊线灯具重量不超过 1kg 时，可用电灯引线自身作为电灯吊线；灯具重量超过 1kg 时，应采用吊链或钢管吊装

（2）矮脚式灯头的安装见表 6-10。

表 6-10　矮脚式灯头的安装

安装步骤	示意图	安装说明
第 1 步	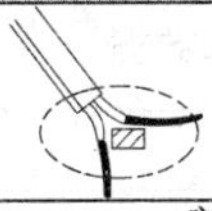	木枕的安装：在准备安装矮脚式灯头的地方居中钻 1 个孔，再塞上木枕，如左图所示
第 2 步	 在木台上钻孔	木台的钻孔、开槽与固定：对准灯头穿线孔的位置，在木台上钻 2 个穿线孔和 1 个木螺丝孔，再在木台一边开好进线槽。然后，将已剖削的线头从木台的 2 个穿线孔中穿出，再把木台固定在木枕上，如左图所示
第 3 步	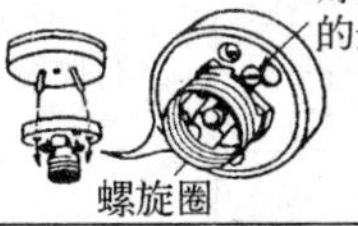 灯头与开关的连接线 螺旋圈	矮脚式灯头的接线：把 2 根线头分别接到灯头的 2 个接线柱上，如左图所示
第 4 步		矮脚式灯头的底座安装：装上卡口式或螺口式灯头的底座，如左图所示

6.2.4 荧光灯的安装

1．基本控制线路及配件

荧光灯控制线路及主要配件技术数据，分别见表 6-11 和表 6-12。

表 6-11　荧光灯控制线路

图形种类		示意图		安装说明
	状况	不带补偿装置	带补偿装置	
原理图	直管	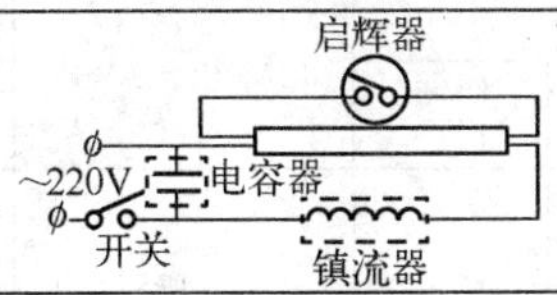 启辉器 ~220V 电容器 开关 镇流器	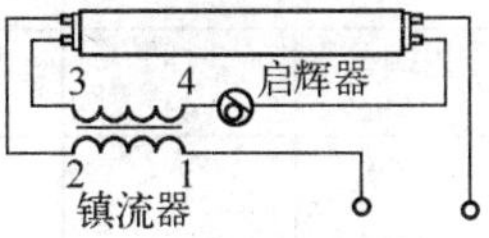 3 4 启辉器 2 1 镇流器	1．开关应安装在相线上 2．避免线路上接头，所有接头应尽量装接在开关、灯座、启辉器座上
	环形	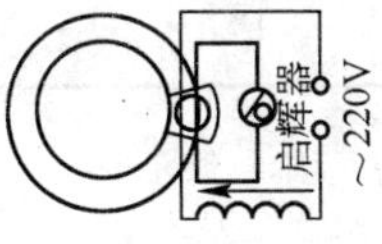 启辉器 ~220V	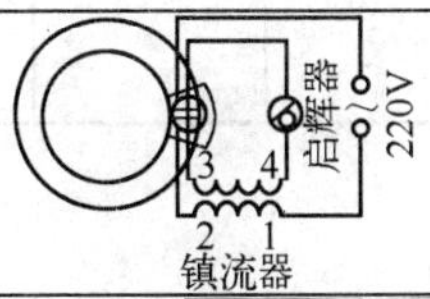 启辉器 220V 3 4 2 1 镇流器	
	U 形	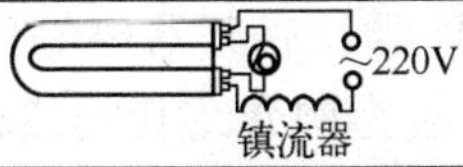 220V 镇流器	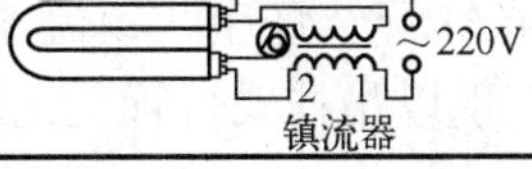 220V 2 1 镇流器	

续表

图形种类		示意图		安装说明
接线图	状况	不带补偿装置	带补偿装置	
		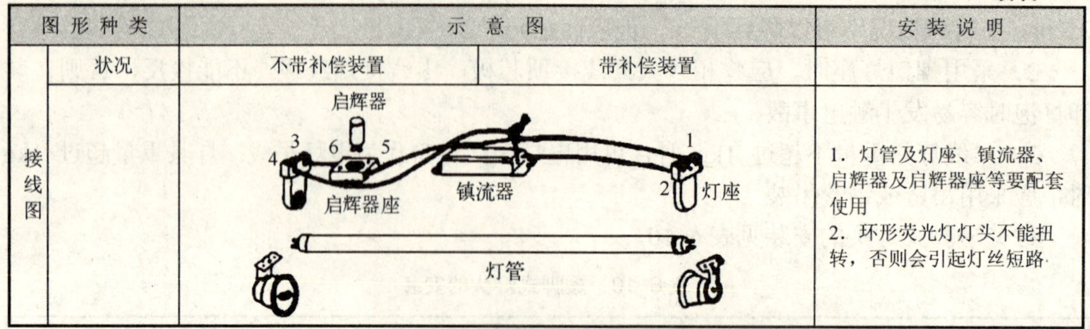		1. 灯管及灯座、镇流器、启辉器及启辉器座等要配套使用 2. 环形荧光灯灯头不能扭转，否则会引起灯丝短路

表6-12 荧光灯主要配件技术数据

荧光灯管							
灯管型号	额定参数					外形尺寸	
	功率（W）	启动电流（mA）	工作电流（mA）	灯管压降（V）	电源电压（V）	长度（mm）	直径（mm）
RR-6	6	180	140	55	110/220	226	15
RR-8	8	195	150	65		301	15
RR-15	15	440	320	52		451	38
RR-20	20	460	350	60		604	38
RR-30	30	560	360	95		909	38
RR-40	40	650	410	108		1215	38

镇流器						
镇流器型号	配用灯管功率（W）	工作电压（V）	启动电流（A）	工作电流（A）	线圈数据	
					导线直径（mm）	匝数（mm）
PYZ-6	6	208	0.10	0.14	0.19	1 000×2
PYZ-8	8	206	0.195～0.2	0.15～0.16	0.19	1 000×2
PYZ-10	10	204		0.25	0.21	1 000×2
PYZ-15	15	202	0.41～0.44	0.3～0.32	0.21	980×2
PYZ-20	20	198	0.46	0.35	0.25	760×2
PYZ-30	30	182	0.56	0.36	0.25	760×2
PYZ-40	40	165	0.65	0.41	0.31	750×2

启辉器								
启辉器型号	配用灯管功率（W）	电压（V）	启动速度		欠压启动		启辉电压（V）	使用寿命（次）
			电压（V）	时间（s）	电压（V）	时间（s）		
PYJ4-8	4～8	220	220	1～4	180	<15	>135	5 000
PYJ4-20	15～20							
PYJ4-40	30～40							

2．荧光灯的安装

荧光灯的安装包括荧光灯管及灯座、镇流器、启辉器及启辉器座等，安装方式有吊挂式、吸顶式和钢管式三种。现以吊挂式直管荧光灯的安装为例介绍其安装和接线的步骤，见

表 6-13。

表 6-13　吊挂式直管荧光灯的安装

安装步骤	示意图	安装说明
第 1 步（灯座和启辉器座的安装）	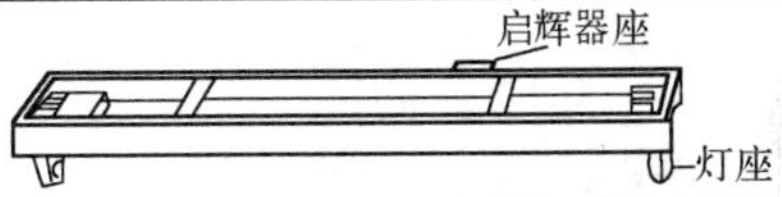	把两只灯座固定在灯架左右两侧的适当位置（以灯管长度为标准），再把启辉器座安装在灯架上，如左图所示
第 2 步（灯座与启辉器接线）	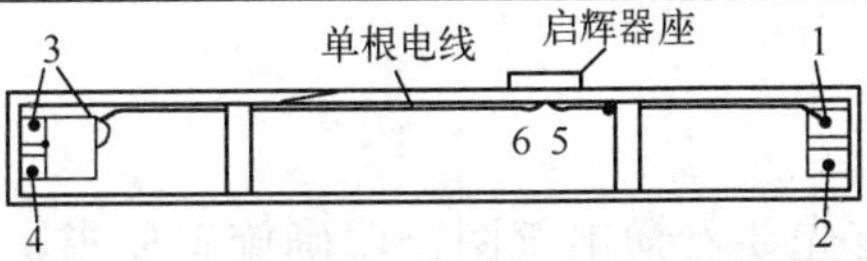	用单导线（花线或塑料软线）连接灯座大脚上的接线柱 3 与启辉器的接线柱 6，启辉器座的另一个接线柱 5 与灯座的接线柱 1 也用单导线连接，如左图所示
第 3 步（镇流器接线）	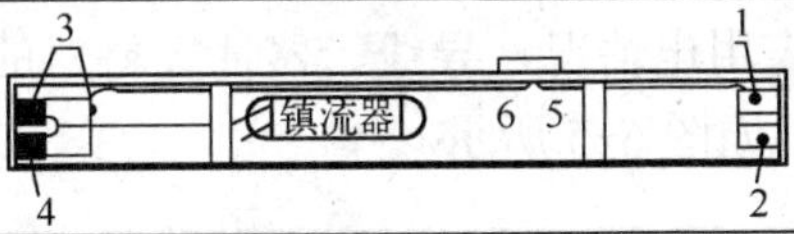	将镇流器的任一根引出线与灯座的接线柱 4 连接，如左图所示
第 4 步（电源线的连接）	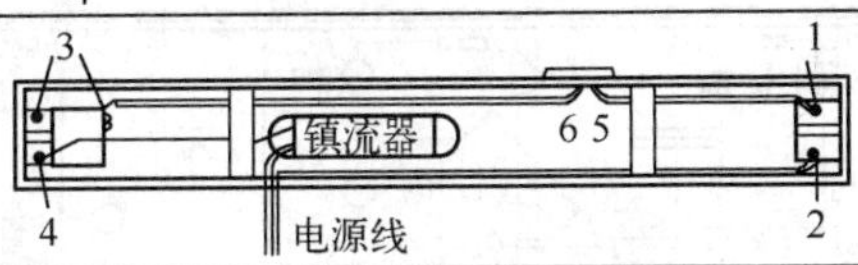	将电源线的零线与灯座的接线柱 2 连接，如左图所示
第 5 步（安装启辉器）	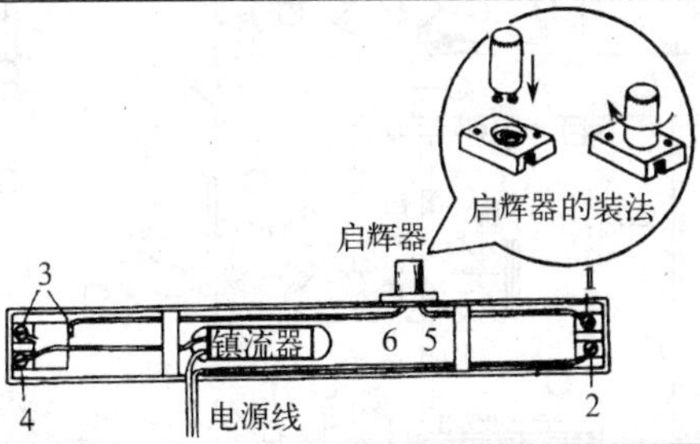	把启辉器装入启辉器座中，如左图所示
第 6 步（安装灯管和悬挂荧光灯）	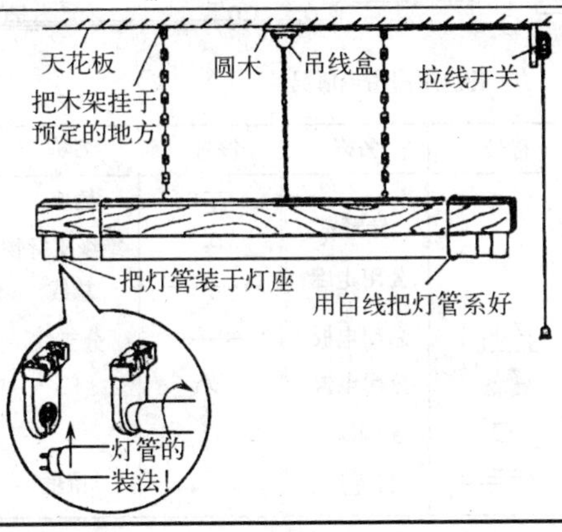	将灯管装入灯座中，保证它们的良好接触，并装好链条，将荧光灯悬挂在天花板上，如左图所示。最后通过开关将两根引接线分别与相线、零线接好，即完成荧光灯的安装工作

6.3　室内照明线路的施工

在室内照明线路施工中，明敷设线路一般要沿墙走，横平竖直，其长度一般可参照建筑物平面图的尺寸来计算。暗敷设线路总以最短的距离到达灯具，其长度往往依靠比例尺在建筑物平面图上量取算得。

一般来说，空调器回路的施工，无论安装一台还是两台空调器，甚至多台空调器，都必须单独设置用电回路，其导线截面积以 2.5mm^2 以上为宜；厨房、卫生间电源插座回路（包括电饭煲、微波炉、电烤箱、电炒锅、洗衣机、暖风机、排风扇、电热淋浴器等）的导线截面积以 1.5mm^2 以上为宜；其他电源回路的导线截面积为 1.5mm^2 即可。

6.3.1 室内照明施工一般步骤

1. 熟悉设计施工图

施工人员在室内照明施工时，首先要看懂电气图，明确施工要求，做好施工前的一切准备工作（如了解房间的分布、房间需用电情况，导线、器件等材料的选定等）。现以某单元三住户用房和用电情况为例来说明，如图 6-5 所示。

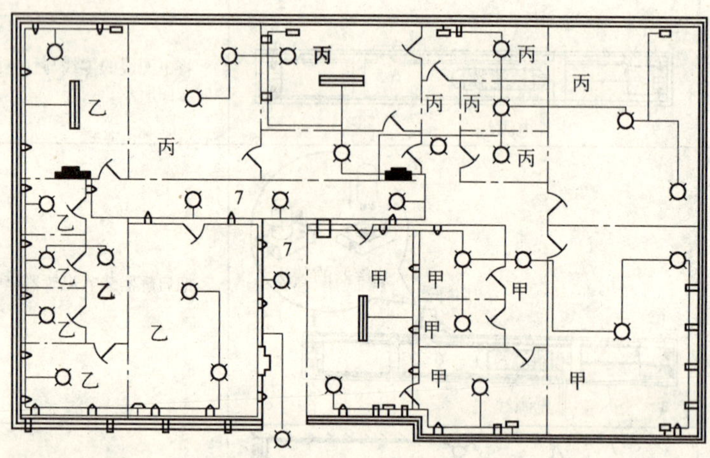

(a) 各户用房用电情况

符号	名称	符号	名称	符号	名称
甲	甲户		储藏室		插座
乙	乙户	7	公用走廊		绝缘支持物
丙	丙户		总配电板		总线
			分配电板		分支线
			白炽灯		门
			日光灯		单壁

(b) 电气符号说明

图 6-5 某单元三住户用房和用电情况

（1）三住户用房及用电情况。

① 各户用房情况。甲户住 5 间，即卧室、厅堂、厨房、浴室、厕所各一间。乙户住 6 间，即卧室、厅堂、厨房、浴室、厕所、储藏室各一间。丙户住 6 间，即卧室 2 间，厅堂、厨房、浴室、厕所各一间。

② 各户用电情况。卧室中各设白炽灯 2 盏、插座 1 只，厅堂中各设白炽灯 1 盏、日光

灯 1 盏、插座 1 只，厨房中各设白炽灯 2 盏、插座 1 只，浴室、厕所、储藏室各设白炽灯 1 盏，公用走廊共有路灯 5 盏，包括门灯 1 盏，私用走廊共有路灯 4 盏。

公用走廊的路灯由总电能表引线，其余分别由各户自行分计用电量。

③ 各户用电总数。甲户有白炽灯 7 盏、日光灯 1 盏、插座 3 只，乙户有白炽灯 8 盏、日光灯 1 盏、插座 3 只，丙户有白炽灯 9 盏、日光灯 1 盏、插座 3 只。

（2）线路负载计算。

① 每条支路（每户一条支路）。每条支路以 10 盏灯（每盏灯 60 W）和 3 只插座（每只 120 W）计算。

$$耗电量\ W_1 = 60\times10+120\times3 = 960\ \text{W}$$

$$载流量\ I_1 = \frac{960}{220} = 4.36\ \text{A}$$

② 总线路。总负载除 3 条支路外，还有 5 盏公用灯。

$$公用灯耗电量\ W_2 = 60\times5 = 300\ \text{W}$$

$$公用灯载流量\ I_2 = \frac{300}{220} = 1.36\ \text{A}$$

$$总载流量\ I = 3I_1+I_2 = 3\times4.36+1.36 = 14.44\ \text{A}$$

（3）器材的选用。

① 总线路。总电能表用单相 15A 电能表；总开关用 15A 的胶木刀开关；总熔丝用直径 1.98mm 的铅锡合金丝（最高安全工作电流 15A，熔断电流 30A），装于 15A 的瓷插式保险盒内。总线用铜芯，截面积为 2.5mm^2 的单根橡皮包线。

② 支（分）线路。各支路电能表用 5A 的电能表。各支路开关用 10A 的胶木刀开关。各支路熔丝用直径 0.98mm 的铅锡合金丝（最高安全工作电流 5A，熔断电流 10A），装于 10A 的瓷插式保险盒内。各支路线用铜芯，截面积为 1.5mm^2 的橡皮包线或塑料护套线。

③ 用电设备。门灯配用 40W 白炽灯，路灯配用 25W 的白炽灯，日光灯配用 40W 的灯管，室内灯具配用 40W 的白炽灯。

④ 其他零件。垫木用圆木，开关用暗装式，插座用单相三孔插座，厕所及厨房内灯用瓷矮脚式灯头、接线盒。

2．确定敷设的路径

确定敷设路径的内容包括：开关、插座、接线盒、灯头等位置。定位时，在每个开关、插座、接线盒、灯头等固定点的中心处画“×”号，并用粉袋弹线（画线）。如在选定房间入口（高度为 1.4 m）处画一个“×”；在沿墙壁暗装插座处也画一个“×”等。

3．做好预埋工作

预埋工作的主要内容有电源的引入方式及位置，电源引入配电箱的路径，垂直引上、引下及穿越梁柱、墙等位置和预埋保护管。

4．装设支持物、线夹、线管及配电箱（盒）

根据确定敷设的路径，在走线固定点上安装好支持物、线夹；线管安装应有一定的倾斜度，以免水倒灌；配电箱（盒）安装应平整、贴墙。

5．敷设导线

导线敷设自上而下，做到横平竖直、尽量减少线路中的接头。所有接头应接设在开关、插座或接线盒中。

6．导线连接

导线的连接尽可能采用螺钉压接法；对直接或分支连接的导线一定要做绝缘层的处理工作。

7．检查验收

室内施工完成交付使用前，要认识检查，做好线路的验电等工作。验电可以用验电笔或校验灯。

6.3.2 室内照明电气施工范例

1．室内电气线路明敷设范例

室内电气线路的明敷设有塑料线槽敷设、塑料护套线敷设和明管敷设等，而塑料线槽敷设、塑料护套线敷设又是常用的两种。

（1）塑料线槽敷设范例。塑料线槽敷设是利用沿建筑物墙、柱、顶边角走向的塑料线槽，将导线固定在线槽内的敷设，具有导线不外露，整齐美观的特点，常用于用电量比较小的屋内干燥场所，例如，住宅、办公室等室内的电气线路敷设。塑料线槽分为槽底和槽盖两部分，施工时先把槽底固定在墙面上，放入导线后再盖上槽盖。VXC-20 线槽尺寸为 20mm ×12.5mm，每根长 2m。

如图 6-6 所示是采用 VXC-20 塑料线槽敷设的施工示意图，如图 6-7 所示为塑料线槽及附件的序号。塑料线槽施工方法见表 6-14。

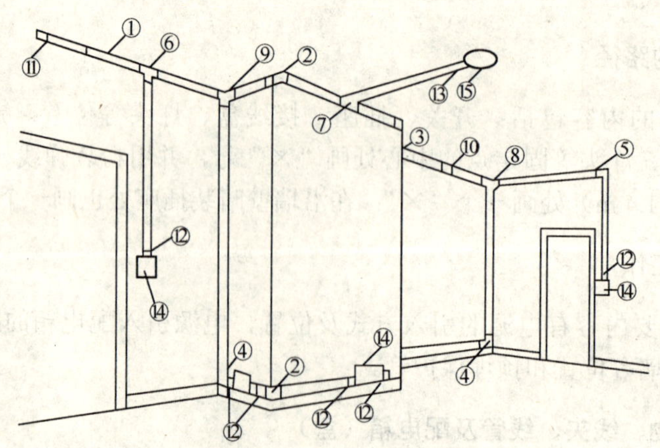

图 6-6 VXC-20 塑料线槽敷设的施工示意图

型号		规格尺寸 (mm)				编号
		A	*B*	*H*	*D*	
接线盒	SM51	86	86	40	60.3	HS1151
	SM52	116	86	40	90	HS1152
	SM53	146	86	40	121	HS1153
盖板	SM61	86	86	—	60.3	HS1161
	SM62	116	86	—	90	HS1162
	SM63	146	86	—	121	HS1163

图 6-7　塑料线槽及附件

表 6-14　VXC-20 塑料线槽敷设的方法

序　号	施 工 步 骤	说　明
1	定位画线	线槽一般沿建筑物墙、柱、顶的边角处定位。定位时，要注意避开不易打孔的混凝土梁、柱。用粉袋弹线（画线）时，要做到横平竖直。在每个开关、灯具和插座等固定点的中心处画一个“×”号
2	槽底下料	根据所画线位置截取合适长度的槽底，转角处槽底要锯成斜角。有接线盒的位置，线槽要到盒边为止
3	固定槽底和明装盒	用钉固定好线槽槽底和明装盒等附件。槽底的固定位置，直线段不大于 0.5mm，短线段距两端 10cm。在明装盒下部适当位置开孔，用于进线
4	下线、盖槽盖	把导线放入线槽，槽内不准接线头，导线接头在接线盒内进行。在放线的同时把槽盖盖上，以免导线掉落

（2）塑料护套线敷设范例。塑料护套线敷设是利用铝片卡或塑料线卡将塑料护套线直接固定在墙壁、楼板及建筑物上的敷设，具有抗腐蚀能力强、耐潮性能好、线路美观、敷线费用少等特点，只是导线的截面积较小。这种敷设方法可用于敷设在潮湿和有腐蚀的场所。塑料护套线敷设方法见表 6-15。

表 6-15 塑料护套线敷设方法

序号	施工步骤	示意图	说明
1	定位画线	插座 开关 ① 线路走向 插座 开关 ②	线槽一般沿建筑物墙、柱、顶的边角处定位。定位时，用粉袋弹线（画线），做到横平竖直。在每个开关、灯具和插座等固定点的中心处画一个“×”号
2	凿孔		根据定位画线要求，在走线固定点上凿打预埋件孔
3	埋设预埋件		在凿打预埋件孔中埋设预埋件（如木榫等）
4	固定线卡	木榫 扎线 (16#镀锌铁丝)	用铁钉把线卡固定在木榫上
5	导线敷设	150～200 50～100 50～100 50～100 50～100 100	导线敷设应自上而下进行，做到导线平直、贴墙。塑料护套线夹持的位置如左图所示

2. 室内电气线路暗敷设范例

随着家庭住宅条件的改善，暗敷设已经逐渐普及，新的住宅也都采用暗线施工。暗线敷设的特点是房间布置整洁，也无电线磕碰，安全可靠。

（1）二室一厅标准层单元住宅暗线施工范例。室内电气线路的暗敷设分预埋和现埋两种，而现埋施工是最常用的。如图 6-8 所示的是二室一厅标准层单元住宅 6 路配置的供电施工图。其电气线路现埋的施工步骤和方法见表 6-16。

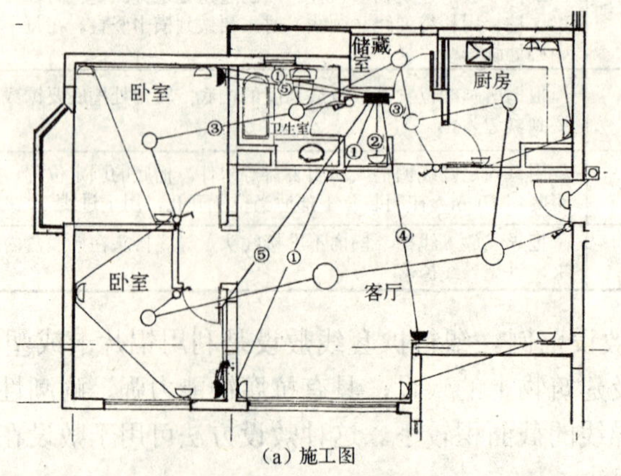

（a）施工图

图 6-8 二室一厅单元住宅电气线路施工（平面）图

技术要求

1. 空调器插座距地 1.8m
2. 厨房油烟机距地面 2.4m，插座距地 1.3m
3. 电冰箱、洗衣机插座、开关距地 1.3m
4. 卫生间电热水器，油烟机、排风扇距地面 2.4m
5. 其他插座距地面 0.3m
6. 线路敷设为暗敷

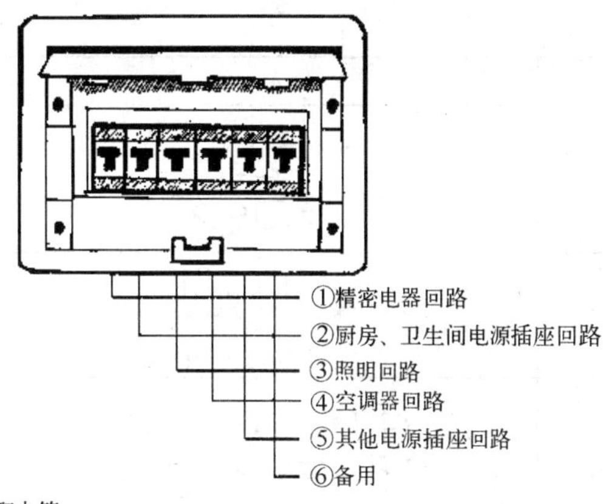

（b）配电箱

图 6-8　二室一厅单元住宅电气线路施工（平面）图（续）

表 6-16　室内电气线路现埋施工步骤和方法

序号	示　意　图	说　　明
1		根据施工图纸，明确二室一厅单元住宅电气线路平面图和技术要求
2	走向线 线盒埋位	根据电源引入位置和房间布置要求确定配电板开关、灯具、插座等位置，并在建筑物上画出它们的走向线，同时应考虑合理走向，尽量避开混凝土结构部分
3	砖角	按走向线凿打埋管槽和接线盒孔，槽孔深度应能放进塑料管，并要使墙面外侧至管外侧（或接线盒外沿至墙面）至少距离 6mm 以上，否则补槽后墙面容易开裂。 用凿子凿打的开关、插座等位置按各自线盒的外形尺寸大小确定
4		参照技术要求，在应埋的线管固定点槽底凿打木榫孔
5	木棒 扎线 （16#镀锌铁丝）	把 16#镀锌铁丝缠绕在榫头上一起钉入榫孔内，用以固定线管
6	线管推入	将塑料管按需要截取，并埋设在管槽内，要求使塑料管不松动为宜
7		在接线盒孔内埋装线盒，要求线盒平整，以不松动为宜

续表

序号	示意图	说　明
8		用水泥砂浆填封线管和接线盒的空隙，填封应与砖砌面齐平
9		待水泥砂浆凝固后，应将线管内的多余部分截去，管口伸出盒内壁 2～3 mm 为宜
10	线管 推入 引线	对塑料管进行穿线，要求按线段穿线，并做好标记，以方便接线
11		在每个线盒内并头，安装灯开关或插座等。接线时要求接头牢固可靠，并头处先用塑料绝缘带包好，再用黑胶布扎紧，以防止潮湿，保证安全。最后将接好线的开关板或插座板各自固定在相应的线盒上
12	测电棒	根据电气图对照实际线路，检查安装是否符合要求，线路是否有错接、漏接、误接等现象。在确认接线完全正确后，方可将线路与电源接通，进行通电试验。此时可用验电笔或校验灯逐一检查，做到准确无误

（2）三室一厅标准层单元住宅暗线施工范例。某三室一厅标准层的单元电气系统图和平面布置图见第4章图4-27、4-28所示，其施工步骤如下：

① 熟悉设计施工图。熟悉准备施工的三室一厅标准层的单元电气系统图和平面布置图。明确该单元有客厅1间、卧室3间、卫生间2间和厨房、储藏室各1间等，共计8间。在门厅过道有配电箱一只，分8路（其中1路在配电箱内做备用）引出；室内天棚灯座10只、插座24只、开关10只及连接这些灯具（电器）的线路。所有的开关和线路为暗敷设，并在线路上标出1、2、3、4、5、6、7字样，与图4-27系统图一一对应。此外，还有门厅墙壁座灯一盏。

单元配电箱的总线用2根 $16mm^2$ 加1根 $6mm^2$ 的BV型铜芯电线接入电源。设计使用功率为11.5kW，经型号为45N/2P50A的空气开关控制，安装管道（暗装）直径为32mm。电气分8路控制（其中一只在配电箱内，备用），各由型号为C45N/1P16A的空气开关控制一路。每条支路有 $2.5mm^2$ 的BV型铜芯线3根，穿线管直径为20mm。各支路设计使用功率分别为2.5kW、1.5kW、1.1kW、2kW、1kW、1.5kW、3kW。

空调器插座、厨房冰箱、洗衣机用插座及开关等电器件距地面的安装技术数据，分别规定为：空调插座距地面1.8m，冰箱、洗衣机、厨房插座距地面1.3m，开关距地面1.3m，卫生间电热水器、排风扇距地面2.4m，油烟机距地面2.4m，其他插座距地面0.3m。

在熟悉设计施工图的前提下，再根据图中的具体要求，准备好材料。

② 确定灯具位置和敷设路径。即根据每个室厅、过道的要求，确定好开关、插座、接线盒、灯头等位置，导线沿建筑确定敷设的路径后，凿制好墙孔、预埋好保护管。

③ 装设支持物、线夹线管及配电箱（盒）。装设好配电箱支持物，连接导线的线夹、线管及其接线盒。

④ 敷设导线。注意在导线敷设时，要将所有接线头编上线号，以便正确接线，做到与

图纸上标出线路字号相符合。

⑤ 安装电器设备。包括开关、插座、接线盒、灯头的安装与连接，配电箱的安装以及室内线路与连接。

⑥ 检查验收。即对三室一厅的电气进行逐一检查验收，做到各种装置安装牢固可靠，电器设备安装高度符合设计要求，暗装开关的盖板端正、严密并与墙面平齐，开关位置与灯具一一对应，所有的开关扳把接通或断开的上下位置一致等。

【实训项目 11】室内照明配线

1. 实训要求

（1）在训练场地完成从配电箱（包括电能表、空气开关）到电灯、开关、插座构成的回路。

（2）回路间的连线分别采用明配线和暗配线。

2. 实训器材

旋具、电工刀、尖嘴钳、验电笔、铁锤、Φ6 冲击钻钻头、导线、硬塑料管、铁丝、配电箱、电能表、空气开关、管卡、铝卡片、塑料卡、铁钉、插座、开关、灯头、灯泡、分线盒、膨胀管、木螺钉、绝缘胶布、挂链、万用表和电气原理图等。

3. 实训步骤

➢ 想一想：操作方案

根据教师提供的电气原理图纸，请你想一想在训练场地进行实际操作的施工方案。

➢ 画一画：画配线图

在训练场地按照教师提供的电气原理图纸画出施工(配线)示意图，并在图纸上标出各个部件相互之间的连接关系。

➢ 做一做：配线操作

（1）各个部件定位画线。根据所画的施工示意图将器件位置及导线敷设的路径在训练场地定位画线。注意各个器件位置应美观整齐，符合实际使用的要求。

（2）在配电箱上打孔，安装电能表及空气开关。

（3）对明配线部位，可根据画线位置敷设线路（注意采用铝卡片或塑料卡钉固定导线，固定点间距小于 200mm，且距离相等。在配电箱及电器设备的连接处要留有余线，导线布置应横平竖直，美观大方）；对暗配线，可根据线管敷设位置，先进行线管敷设（注意采用管卡固定线管，固定点间距相等，线管横平竖直），再穿线（注意在电器设备的位置，要留有余线）。

（4）导线的连接，将电能表、空气开关用导线连接起来，在分线盒处、插座处、开关及电灯处，用导线正确连接。注意连接点要牢固，不留毛刺，导线的连接及封端要规范，连接后的接点要绝缘恢复。

（5）灯头的安装要符合要求。

（6）用万用表检查线路。经教师复核无误后，接通电源。

➢ 写一写：收获体会

请把你的实训收获和体会写下来。

6.3.3 室内电气线路故障寻迹图

在室内电器使用过程中，难免会发生这样或那样的故障，这时，应仔细观察、认真分析，才能及时排除。

如图6-9所示的是灯具线路故障寻迹图。如图6-10所示的是灯具故障寻迹图。

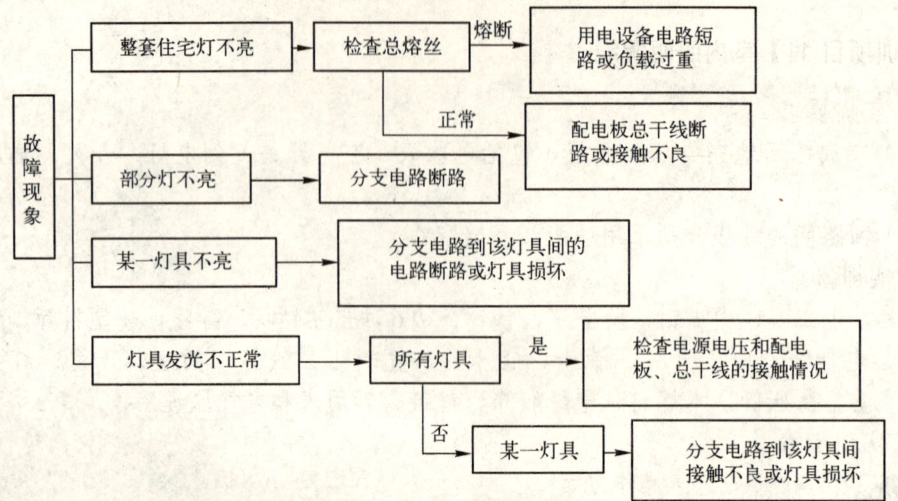

图6-9 灯具线路故障寻迹图

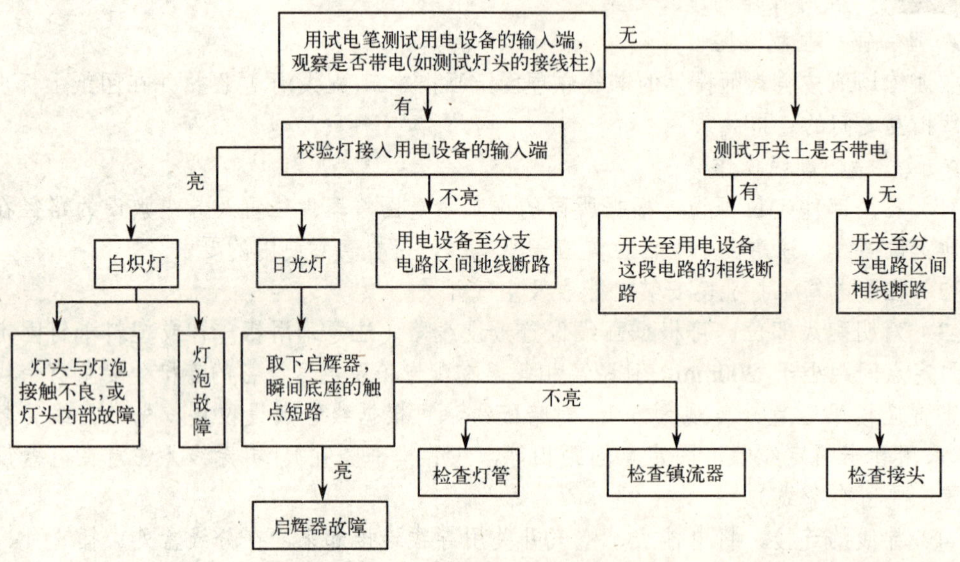

图6-10 灯具故障寻迹图

6.3.4 室内电气线路的常见故障分析

1. 短路

短路是指电源及通向负载的两根导线不经过负载而相互接通的现象。电气线路出现短

路故障的原因见表 6-17。

表 6-17　电气线路出现短路故障的原因

短路原因	示意图	举例
线路短路		导线陈旧，绝缘层包皮破损，支持物松脱或其他原因使两根导线的金属裸露部分相碰
灯具线头短路		灯座、灯头、吊线盒、开关内的接线柱螺钉松脱或没有把绞合线拧紧，致使铜丝散开，线头相碰
家用电器内、外部线路的短路		家用电器内部的线圈绝缘层损坏，灯泡的玻璃部分与铜头脱胶，旋转灯泡时使铜头部分的导线相碰
违章作业，造成线路短路		未用插头就直接把导线线头插入插座，造成线路短路

2. 断路

断路是指电路中某一部分断开，使电流不能导通（通过）的现象。灯具线路出现断路故障的主要原因见表 6-18。

表 6-18　电气线路出现断路故障的原因

断路原因	示意图	举例
灯头线脱出		灯头线未拧紧，脱离接线柱
灯泡断丝或接合稍损坏	良好　损坏	灯泡钨丝烧断、接合梢损坏，造成不能与灯座的电触点良好接触
开关接触不良		开关触点烧蚀或弹簧弹性下降，致使开关接触不良

续表

断路原因	示意图	举例
熔丝熔断		小截面导线因严重过载而损坏，或线路发生短路而熔断熔丝

3．漏电

漏电是指部分电流没有经过用电设备而白白漏掉。发生漏电时，往往会出现耗电量有不同程度的增加，并且随着漏电程度的增大，还可能出现类似过载和短路的故障，例如，熔丝经常熔断、漏电保护器频繁动作及导线、用电设备过热等现象。

灯具线路出现漏电故障的原因主要有：

（1）线路及设备的绝缘层老化或破损，引起接地或搭壳漏电。

（2）线路安装不符合电气安全技术要求，导线接头绝缘处理不合理。

（3）线路或设备受潮、受热或遭受化学腐蚀，致使绝缘性能严重下降等，如图6-11所示。

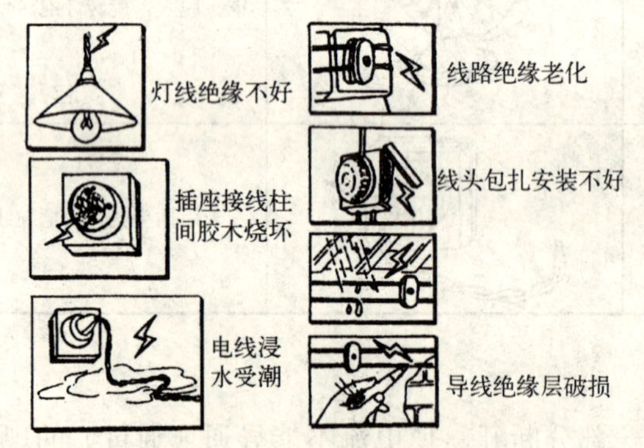

图6-11 灯具线路漏电故障原因

6.3.5 室内照明线路的常见故障检修方法

（1）短路故障。短路故障检修思路图如图6-12所示。

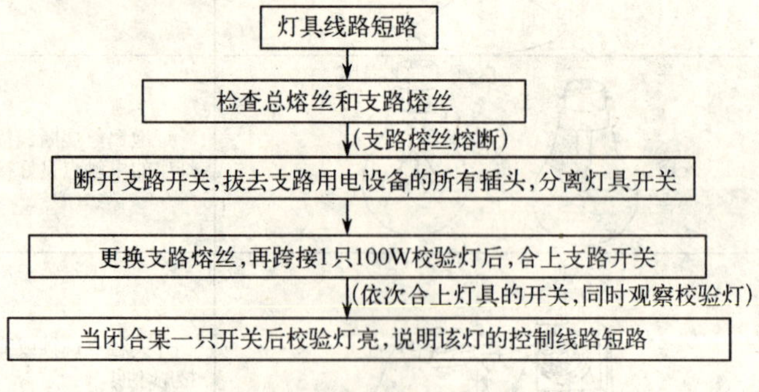

图6-12 灯具线路短路故障检修流程

（2）断路故障。断路故障检修思路图如图 6-13 所示。

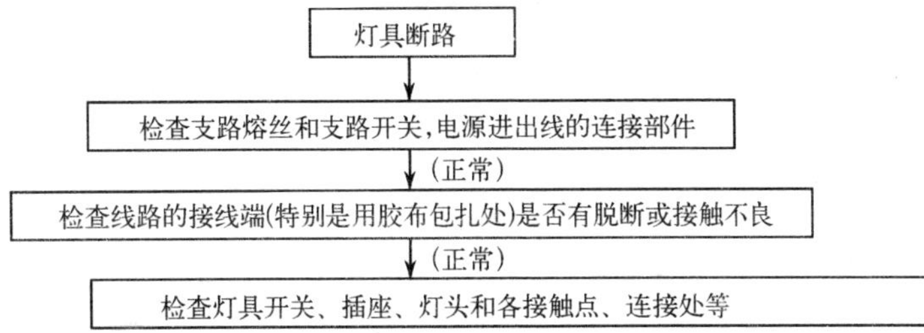

图 6-13 灯具断路故障检修流程

（3）漏电故障。漏电故障检修思路图如图 6-14 所示。

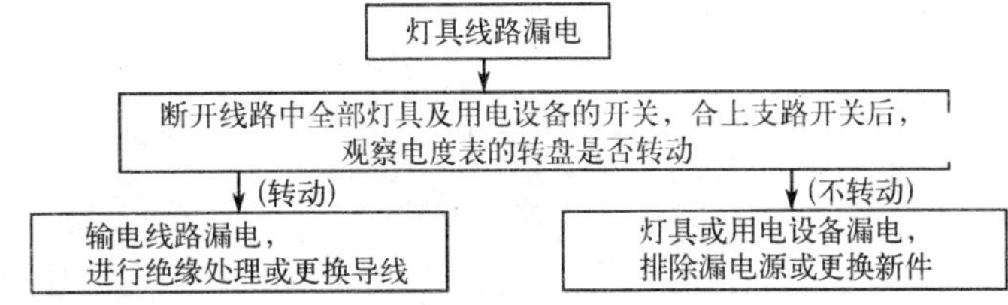

图 6-14 灯具漏电故障检修流程

6.4 室内照明电器故障分析与排除

6.4.1 白炽灯具的故障分析与排除方法

白炽灯具的常见故障和排除速查表见表 6-19。

表 6-19 白炽灯具的故障和排除速查表

故障现象	原因	排除方法
灯不亮	1．灯泡损坏或灯头引线断线 2．开关、灯座（灯头）接线松动或接触不良 3．电源熔丝熔断 4．线路断路或灯座（灯头）导线绝缘损坏而短路	1．更换灯泡或检修灯头引线 2．查清原因，加以紧固 3．检查熔丝熔断原因，更换熔丝 4．检查线路，在断路或短路处重接或更换新线
灯泡忽亮忽暗或忽亮忽熄	1．开关处接线松动 2．熔丝接触不良 3．灯丝与灯泡内的电极虚焊 4．电源电压不正常或有大电流、大功率的设备接入电源电路	1．查清原因，加以紧固 2．同上 3．更换灯泡 4．采取相应措施
灯光强白	1．灯泡断丝后灯丝搭接，电阻减小引起电流增大 2．灯泡额定电压与电源线路电压不相符	1．更换灯泡 2．更换灯泡
灯泡暗淡	1．灯泡使用寿命终止 2．灯泡陈旧，灯丝蒸发后变细，电流减小 3．电源电压过低	1．更换灯泡 2．更换灯泡 3．采取相应措施，例如，加装稳压电源或待电源电压正常后再使用

6.4.2 荧光灯具的故障分析与排除方法

1. 荧光灯具不发光

荧光灯具接入电路，启辉器不跳动，灯管两端和中间都不亮，说明荧光灯管没有工作，其故障原因及检查步骤见表6-20。

表6-20 荧光灯具的故障分析与排除方法

原　因	检查方法	示意图
供电部门因故停电，电源电压太低或线路压降过大	用万用表的交流250V挡位检查电源电压	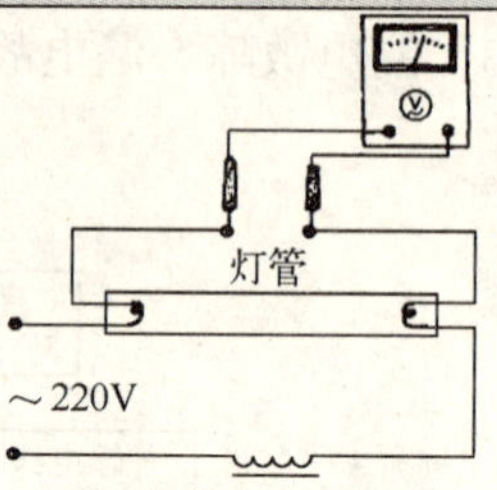 灯管 ~220V 灯管压降的测试
电路中有断路或灯座与灯脚接触不良	检查启辉器两端的电压，如右图所示，如果没有万用表，也可以用220V串灯检查。用万用表检测时，先将启辉器从启辉器座中取出（逆时针转动为取出，顺时针转动为装入），此时万用表的读数即为电源电压。用串灯检查时，灯泡能发光说明电路没有断路而是启辉器故障，应更换启辉器	
灯管断丝或灯脚与灯丝脱焊	如果用万用表测不出电压，或串灯检查时灯泡不发光，故障可能是荧光灯座与灯脚接触不良。转动荧光灯管，如果仍不能使荧光灯发光，应将灯管取下，进一步检查两端的灯丝是否完好 灯丝通断的检查如右图所示，可用万用表测量，也可用串灯法进行检查。如果万用表低阻挡的读数接近表6-21中的对应数值，或串灯能发光，说明荧光灯管灯丝完好，可能另有问题	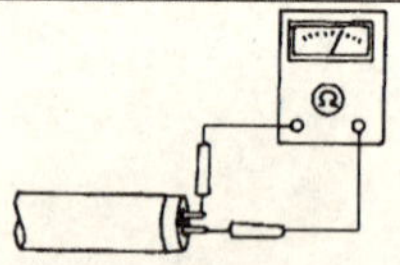 (a) 表测法 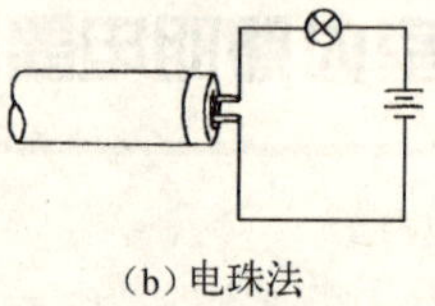 (b) 电珠法 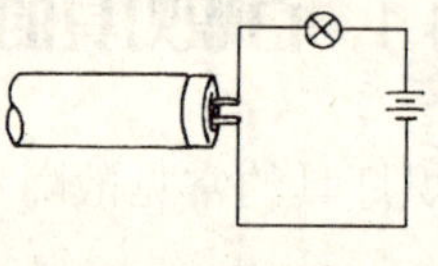 (c) 电珠法
启辉器与启辉器座接触不良	用导线搭接启辉器座上的两个触点，如果能使荧光灯管发光，说明启辉器有故障或启辉器与启辉器座接触不良。如果故障是启辉器引起的，可打开启辉器外罩进行检查。观察启辉器氖泡的外接线是否脱焊（如发现脱焊，要重新焊牢），或氖泡是否烧毁（如发现烧毁，要更换）。如果更换启辉器后仍不能使荧光灯发光，说明启辉器与启辉器座接触不良，加以紧固即可。如果用导线搭接后灯管仍不能发光，就需要检查镇流器	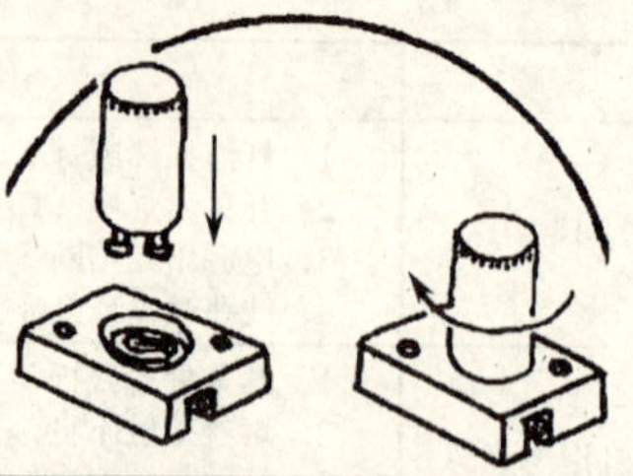

表6-21 常用规格灯管灯丝的冷态直流电阻值

灯管功率（W）	6～8	15～40
冷态直流电阻（Ω）	15～18	3.5～5

注：由于各生产厂的设计、用料不完全相同，表中所列灯管灯丝的阻值范围仅供参考，不作为质量标准。

2．荧光灯管两头发亮中间不亮

这种故障通常有两种现象：一是合上开关后，灯管两端发出像白炽灯似的红光，中间不亮，灯丝部分也没有闪烁现象，启辉器不起作用，灯管不能正常点亮。这种现象说明灯管已慢性漏气，应更换灯管；另一种现象是灯管两端发亮，而中间不亮，在灯丝部位可以看到闪烁现象。其故障原因可能有：

（1）启辉器座或连接导线有故障。

（2）启辉器本身有问题，需进一步检查。如果取出启辉器后仍只有灯管两端发亮，则可能是连接导线或启辉器座有短路故障，应进行检修，如果取出启辉器后，用导线搭接启辉器座的两个触点时灯管能正常点亮，说明是启辉器故障。此时，可把启辉器的外罩打开，用万用表的电阻挡位测量小电容器是否短路。测量时，先烫开 1 个焊点，若表针指到零位，说明小电容器已击穿，需换上 1 只 0.005μF 的纸介质电容器。如果一时没有替换的电容器，可除去小电容器，启辉器还能暂时使用。若小电容器是完好的，而氖泡内双金属片与静触片搭接，应更换启辉器。

3．启辉器跳动，而荧光灯管不亮

灯管接上电源后，如果启辉器的氖泡一直在跳动，而灯管不能正常发光或者很久才能点亮。其故障原因可能有：

（1）电源电压低于荧光灯管的最低启动电压（额定电压 220V，规定的最低启动电压为 180V）。

（2）灯管衰老。

（3）镇流器与灯管不配套。

（4）启辉器故障。

（5）环境温度太低，管内气体难以电离。

检修时可按以下步骤进行：

先用万用表测量电源电压是否低于荧光灯管的额定电压。如果故障不是由于电源电压或气温过低等原因造成的，那么就要考虑灯管及其主要附件的质量问题。若灯管使用时间较长，灯丝发射电子的能力就会降低，因而难以启动。如果换上新灯管后仍不能正常点亮，就要进一步检查镇流器是否与灯管配套。

另外，如果启辉器的质量不好，使得断开瞬间所产生的脉冲电动势不够高，或启辉电压低于灯管的工作电压，灯管也难点亮，或者点亮后也不能稳定发光。此时，可将启辉器的两个触点调换方向后插入座内（等于改变了双金属片的接线位置），如果灯管仍不能点亮，就要更换启辉器。

提示

当启辉器长时间跳动而荧光灯不能正常工作时，应迅速检修排除，否则会影响荧光灯管的使用寿命。

4．荧光灯管出现螺旋形光带

荧光灯正常启动点亮时，如果灯管内出现螺旋形光带（打滚），故障原因可能有：

（1）灯管本身有问题。

（2）镇流器工作电流过高。

提示

在检修时要注意以下两个方面：

当出现螺旋形光带，说明灯管内的气体不纯或出厂前对产品通电老化处理不够，通常只要在反复启动几次后即可消除。

当新灯管工作数小时后才出现螺旋形光带，而且反复启动也不能消除，说明灯管质量不好，应更换灯管。如果更换新灯管后仍出现这种现象，说明镇流器可能有故障，需要检修或更换镇流器。

5．荧光灯管有霎光

荧光灯接入 50Hz 的单相交流电源时，流经灯管的电流在 1s 内要波动 100 次，而光能的输出是随电流周期性变化而变化的，这就引起了霎光。荧光灯的霎光现象与镇流器的参数有关，因此要选用质量较好的镇流器。

新灯管的霎光现象是暂时的，一般多启动几次或使用一段时间后，就会自动消除。

如果需要多支荧光灯同时使用，通常是把灯管分别接在不同的相线上，利用交流电的相位差来减弱霎光。

6．电源切断后，荧光灯管两端仍有微光

电源切断后灯管两端仍有微光，故障原因可能有：

（1）接线错误。

（2）开关漏电。

（3）新灯管的余辉现象。

提示

在检修时要注意以下几点：

（1）如果开关接在零线上，即使开关没有闭合，灯管一端仍与相线接通。由于灯管与墙壁间存在电容效应，在中性点接地的供电系统中，灯管会出现微光，这时只要将开关改接在相线上就可以消除。

（2）如果接线正确，要检查开关是否漏电，并加以更换或修复，否则会严重影响灯管的使用寿命。

（3）如果接线正确，在断开电源后仍有微光，但不久便能自动消失，这是灯管内壁的荧光粉在高温工作后的余辉现象，不会影响灯管的正常使用。

7．镇流器的蜂音过大

荧光灯在使用中，如果镇流器的蜂音（噪声）很大，故障原因可能有：

（1）电源电压过高。

（2）安装位置不当。

（3）镇流器质量较差或长期使用后内部松动。

在检修时只要采取相应的措施，例如，降压、改变安装位置、夹紧镇流器铁心钢片等就可以减弱噪声。此外，也可以考虑更换镇流器。

8. 镇流器过热

荧光灯的镇流器在使用中如出现过热或绝缘物外溢，故障原因可能有：

（1）镇流器质量较差。

（2）电源电压过高。

（3）启辉器故障。

检修时用万用表检查荧光灯电路的电流（即镇流器的工作电流）。例如，镇流器阻抗发生变化或线圈有短路，会造成电流过高，应调换镇流器；镇流器阻抗符合标准，电源电压也正常，则应检查启辉器。当启辉器中的小电容器短路或氖泡内部搭接时，电路中流过的电流就为荧光灯的预热电流，长时间处于这种状态也会造成镇流器过热而烧毁线圈。

9. 灯管寿命短

如果荧光灯管的使用寿命低于额定时间（正常寿命为 2 500h 以上），故障原因可能有：

（1）电源电压不适合。

（2）开关频繁而引起过多闪光。

（3）接触不良。

在维修时，首先检查镇流器上所标明的额定电压是否与电源电压相等，然后检查线路，注意灯座、灯管、启辉器等安装是否牢固，接触是否良好，同时，还要尽量减少荧光灯的开关次数。

10. 荧光灯亮度减低

如果荧光灯管使用一段时间后，亮度明显减低，故障原因可能有：

（1）灯管使用时间过长或灯管外积尘太多。

（2）环境温度过低或过高。

（3）电源电压偏低。

提示

在维修时要注意以下几点：

（1）如果荧光灯管使用已久，可以更换灯管。

（2）如果灯管上积尘很多，应用干毛巾或掸子擦净。

（3）环境温度很低时，应设法对灯管加以保护，注意避免冷风直吹；如外界温度过高，则应设法改善灯架的通风，防止灯管过热。

（4）如果电源电压过低，应加装升压器。

【实训项目 12】 室内照明线路的故障排除

1. 实训要求

学会室内照明线路的故障分析和排除的操作技能。

2. 实训器材

万用表和电气原理图（教师提供），低压电器（插座、开关、灯头、灯泡）、导线，电工工具（如旋具、验电笔、尖嘴钳、电工刀、铁锤）以及铁钉、木螺钉、绝缘胶布等。

3. 实训步骤

➢ 想一想：故障原因

根据教师提供的电气原理图纸和现场查看，请你想一想容易产生故障的部位（点）及可能产生的现象。

➢ 看一看：故障部位

利用仪表和工具对线路测试、分析，确定发生故障的部位（点）。

➢ 做一做：故障排除

确定故障部位（点）后，采用有针对性的方法对故障部位（点）进行排除。

➢ 写一写：收获体会

请把你的实训收获和体会写下来。

【阅读材料 1】 碘钨灯的安装与故障排除

除白炽灯和荧光灯以外，在需要照度更大的场合或在特殊场合，常用到碘钨灯。碘钨灯的安装见表 6-22。

表 6-22 碘钨灯的安装

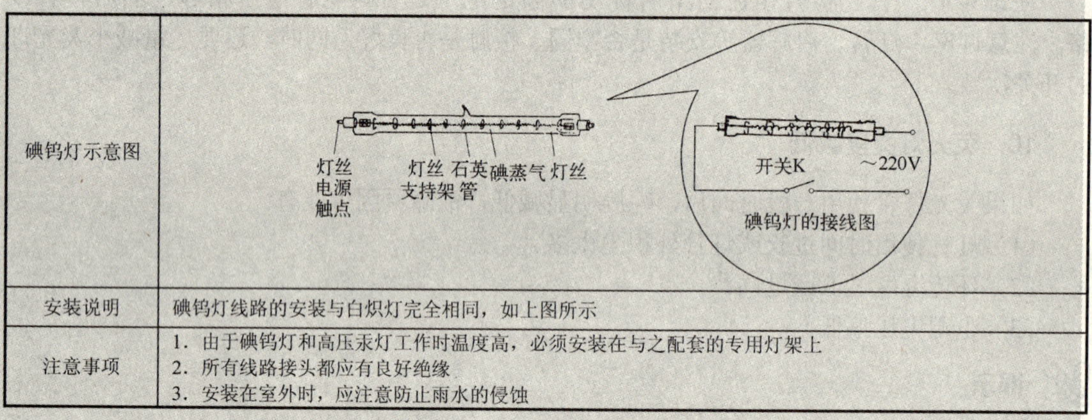

碘钨灯示意图	（见上图）
安装说明	碘钨灯线路的安装与白炽灯完全相同，如上图所示
注意事项	1. 由于碘钨灯和高压汞灯工作时温度高，必须安装在与之配套的专用灯架上 2. 所有线路接头都应有良好绝缘 3. 安装在室外时，应注意防止雨水的侵蚀

碘钨灯的故障较少，除出现如同白炽灯类似的常见故障外，还易出现以下故障

（1）灯管安装倾斜，灯丝寿命短。一般应重新安装，使灯管保持水平，倾斜度不超过4°。

（2）因工作时灯管过热，经反复热胀冷缩后，灯脚密封处松动，接触不良。一般应更换灯管。

【阅读材料 2】 高压汞灯的的安装与故障排除

在需要照度更大的场合或在特殊场合，还需用到高压汞灯，见表 6-23。

表 6-23　高压汞灯的安装

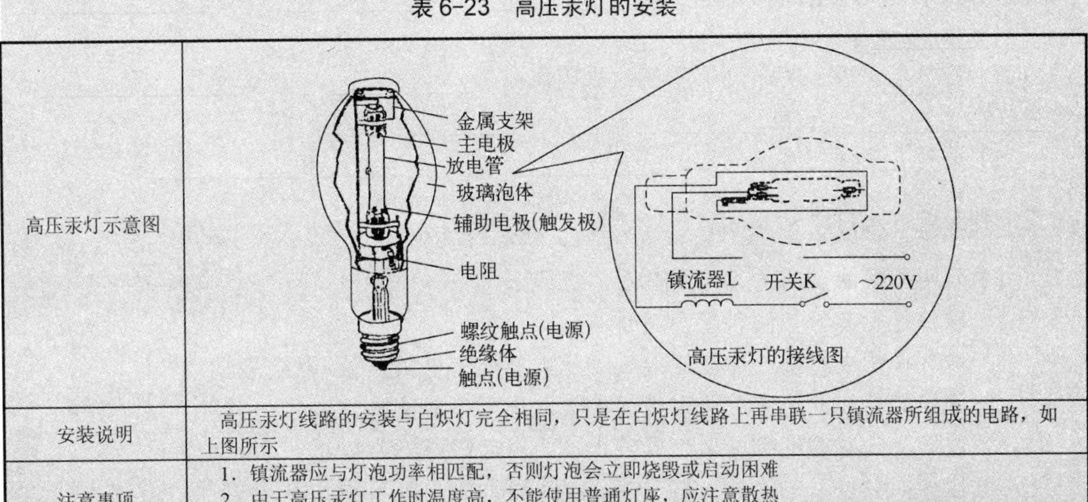

高压汞灯示意图	（见上图）
安装说明	高压汞灯线路的安装与白炽灯完全相同，只是在白炽灯线路上再串联一只镇流器所组成的电路，如上图所示
注意事项	1．镇流器应与灯泡功率相匹配，否则灯泡会立即烧毁或启动困难 2．由于高压汞灯工作时温度高，不能使用普通灯座，应注意散热 3．灯泡应垂直安装，线路接头应有良好绝缘。如安装在室外，应注意防雨雪侵蚀

（1）由于电源电压过低或镇流器选配不当，电流过小，或灯泡内部构件损坏等原因引起的故障，应待电源恢复正常后使用，对损坏器件要及时更换。

（2）由于灯泡玻璃破碎或漏气等原因引起的故障，则需要更换新件。

（3）由于电源电压波动在启辉电压临界值上，或灯座接触不良，灯泡螺口松动，或连接头松动等原因所引起的灯泡忽亮忽熄；则需采取措施调整电压，拧紧连接头，使电源电压符合启辉电压值，使连接头接触良好。

（4）由于停电或线路熔体烧断、开关失灵、连接导线脱落、镇流器或灯泡损坏等原因引起的故障，应采取不同措施予以排除。

【本章小结 6】

室内电器线路的常见故障有短路、断路和用电设备漏电。

白炽灯具的常见故障有灯不亮、灯泡忽亮忽暗或忽亮忽熄、灯光强白和灯泡暗淡等。

荧光灯具的故障有：荧光灯具不发光；荧光灯管两头发亮中间不亮；启辉器跳动而荧光灯管不亮；荧光灯管出现螺旋形光带；荧光灯管有霎光；电源关断后，荧光灯管两端仍有微光；镇流器的蜂音过大；镇流器过热；灯管寿命短和荧光灯亮度减低等。

碘钨灯的最常见的故障有灯管安装倾斜和灯脚接触不良等。

【思考与练习 6】

1．填空题

（1）短路是指：____。

（2）断路是指：____。

（3）白炽灯具不亮的原因有：①__________；②__________；③__________；④__________等。

（4）接上电源后，荧光灯管不亮的原因有：①__________；②__________；③__________；④__________；⑤__________等。

（5）电气安全作业常识包括：__________、__________和__________等。

2. 判断题（对打"√"，错打"×"）

（1）我国一般的照明电压为210V。（　　）

（2）碘钨灯安装时其倾斜度不超过4°。（　　）

（3）电气操作或检修，都应该做到"无电当成有电操作"，不能马虎。（　　）

（4）陈旧的导线或绝缘层已破损的导线，绝对不能使用。（　　）

（5）线路及设备的绝缘层老化或破损，会引起断路。（　　）

3. 问答题

（1）怎样检修线路故障？

（2）怎样检修灯具故障？

（3）怎样检修线路漏电故障？

（4）螺口灯头及带开关螺口灯头的安装有什么要求？

（5）简述荧光灯管两头发亮、中间不亮的故障检查步骤。

第7章　三相异步电动机的拆卸与检修

【学习目标】

- 了解三相异步电动机的结构原理
- 会正确使用三相异步电动机
- 学会三相异步电动机基本维修操作技能

7.1　三相异步电动机的结构原理

7.1.1　三相异步电动机的结构

三相异步电动机是一种将电能转变为机械能的交流电动机。由于三相异步电动机结构简单，制造、使用和维修方便，运行可靠，以及重量较轻、成本较低，能适应各种不同使用条件的需要。因此，电动机在工农业生产中是一种既经济又方便的动力设备，使用电动机作动力已成为发展工农业生产必不可少的一部分。

三相异步电动机与同步电动机及直流电动机的区别之一，是它的转子绕组不需要与其他的电源相连接，定子电流直接取自交流电网。如图7-1所示的是一种常见的小型三相异步电动机的外形。

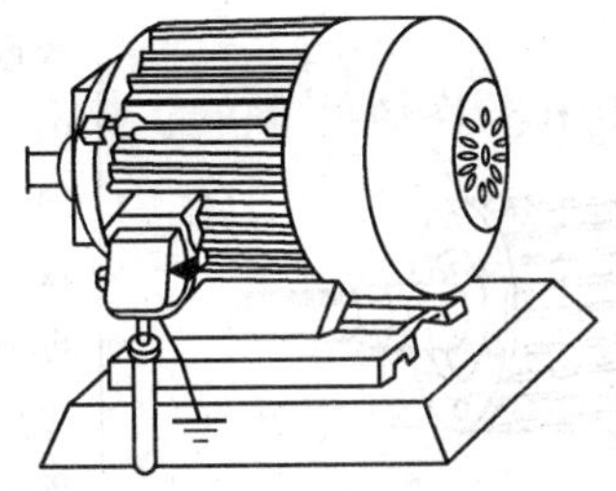

图7-1　三相异步电动机的外形

三相异步电动机由两个基本部分组成，固定不动的部分叫定子（定子铁心、定子绕组、机壳和端盖），转动的部分叫转子（转子铁心、转子绕组和转轴）。三相异步电动机的基本结构见表7-1。

表 7-1　三相异步电动机的结构

基本结构		示意图	说明
定子	定子铁心	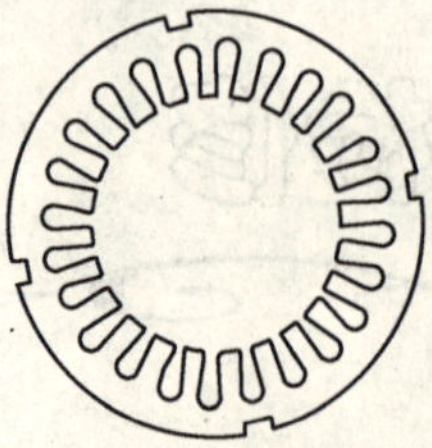	铁心是由互相绝缘的 0.35 ～0.5mm 厚的硅钢片叠压而成。硅钢片内圆冲有均匀分布的槽，常见的有 24 槽、36 槽
	定子绕组	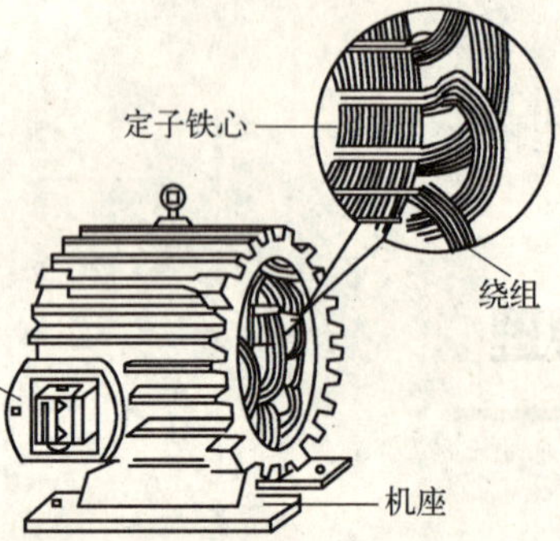	定子绕组是电路部分，由 3 个完全相同的绕组构成，并按一定规律嵌设在叠成铁心后的槽内 定子中的 3 个（三相）绕组是对称的，共有 6 个出线端，绕组的首端分别用 U_1、V_1、W_1 表示，末端分别用 U_2、V_2、W_2 表示，通常将它们接在接线盒内
	机壳和端盖	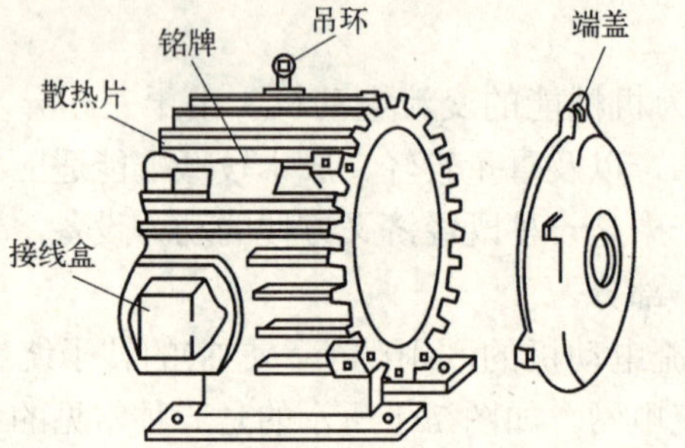	机壳和端盖一般由铸铁制成。机壳表面铸有凸筋，称为散热片，起发散热量、降低电动机温升的作用。端盖分前端盖和后端盖，安装在机壳的前后两端，以保证转子与定子之间有一定的空气间隙（称为气隙）
转子		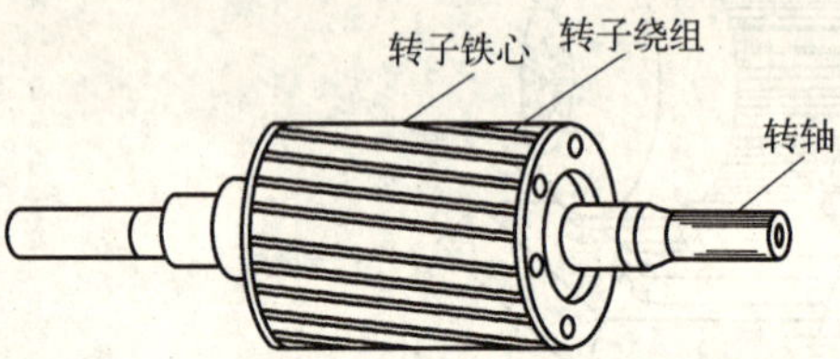	转子主要由转轴、铁心和绕组等组成。转子铁心是一个圆柱体，也是由互相绝缘的 0.35 ～0.5mm 厚的硅钢片叠压而成。硅钢片的外圆冲有均匀分布的槽，叠成铁心后在槽内放转子绕组。为了节省铜材，现在中小型异步电动机一般都采用铸铝的鼠笼型转子，即把熔化的铝液浇铸在转子铁心的槽内，两个端环和风叶也一并铸成。采用铸铝转子简化了工艺，降低了成本
电动机部件图		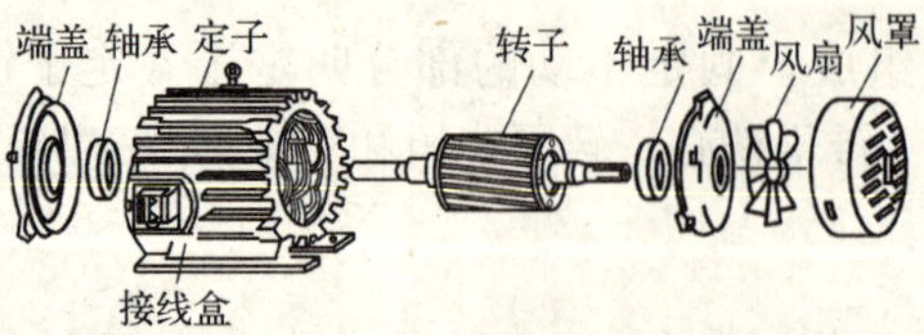	电动机除定子、转子外，还有轴承、风扇、风罩和接线盒等部件

7.1.2　三相异步电动机的工作原理

当在电动机定子绕组内通入三相交流电时，即产生一个同步转速（旋转磁场的转速）为 n_0 的旋转磁场，在 t_0 瞬时其磁场分布如图 7-2 所示。当磁场以 n_0 速度顺时针方向旋转时，由于转子导体与旋转磁场间存在着相对运动，转子导体切割旋转磁场，从而产生感应电势。其方向可用右手定则判定。在应用右手定则时应注意，右手定则指的磁场是静止的，导体去切割磁力线的运动，而异步电动机却相反，因此要把磁场看作不动，导体以逆时针（即反向运动）去切割磁力线。这样，用右手定则可判断转子导体上半部分的感应电势方向是由里向外的，导体下半部分的感应电势方向是由外向里的。由于转子导体是被短路环短路的，在感应电势的作用下转子导体内将产生与感应电势方向基本一致的感应电流（由于转子导体中有感抗，故两者将相差一个ϕ 角）。这些载有电流的导体在旋转磁场中又会受到作用力，其方向可用左手定则来判定。这些作用于转子导体上的电磁力，在转子的轴上形成转矩，称为电磁转矩，其作用方向与旋转磁场方向一致。因此，转子就顺着旋转磁场的方向转动起来。

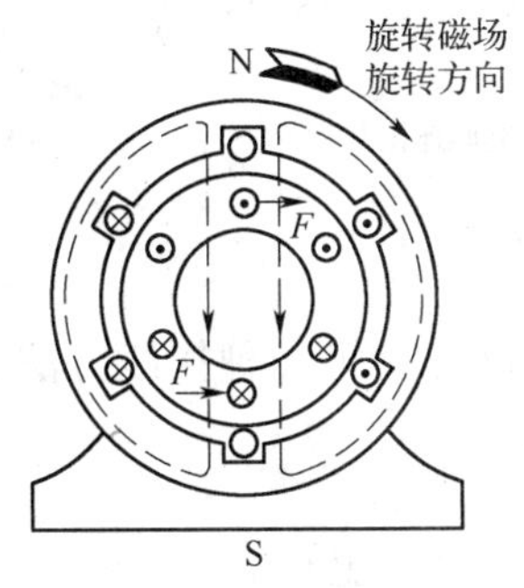

图 7-2　三相异步电动机的工作原理

转子的转速 n 永远小于旋转磁场的转速 n_0，若 $n = n_0$，转子导体也就不切割磁力线，因此就不产生感应电动势、感应电流和电磁转矩。可见转子总是紧跟着旋转磁场以小于同步转速 n_0 的转速旋转，所以这类交流电动机称为异步电动机。因为这种电动机的转子是由电磁感应产生的，所以又称为感应电动机。

通常把同步转速 n_0 与转子转速 n 之差与同步转速 n_0 之比值，称为异步电动机的转差率，其表达式为

$$S = \frac{n_0 - n}{n_0}$$

转差率 S 是异步电动机的一个重要参数，当转子刚启动时，$n = 0$，此时转差率 $S = 1$。理想空载下 $n \approx n_0$，此时转差率 $S = 0$。所以，转差率的变化范围为 0～1。转子转速越高，转差率就越小。异步电动机在正常使用时其转差率约为 0.02～0.08。

7.1.3　三相异步电动机变磁极对数的调速原理

目前三相异步电动机转速 n 的改变方法，主要是变定子绕组极对数，即在定子绕组上设置两套互相独立的绕组。这种电动机定子绕组有六个出线端，若将电动机定子绕组三个出线端 U_1、V_1、W_1 分别接三相电源 L_1、L_2、L_3，而将 U_2、V_2、W_2 三个出线端子悬空，如图 7-3（a）所示，则三相定子绕组构成了三角形（△）连接，此时每相绕组的①、②线圈串联，电流方向如图中的虚线箭头所示，磁极为 4 极，同步转速 1 500 r/min。若是将电动机定子绕组的 U_2、V_2、W_2 三个出线端分别接三相电源 L_1、L_3、L_2，而 U_1、V_1、W_1 三个出线端连接在一起，如图 7-3（b）所示，这时电动机的三相定子绕组构成双星形（Y/Y）连接，此时每相绕组中的①、②线圈相互并联，电流方向如图中的实线箭头所示，磁极为两极，同步转速 3 000 r/min。

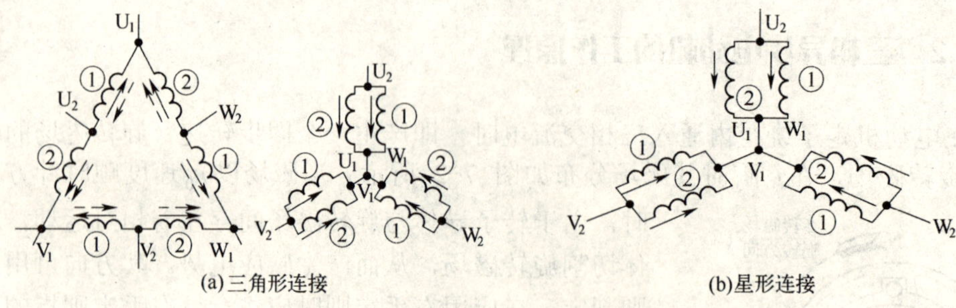

图 7-3 双速电动机定子绕组的接线

双速电动机定子接线方法除上述绕组由三角形改接成双星形以外，另一种接线方法为绕组由单星形改接成双星形，如图 7-4 所示。

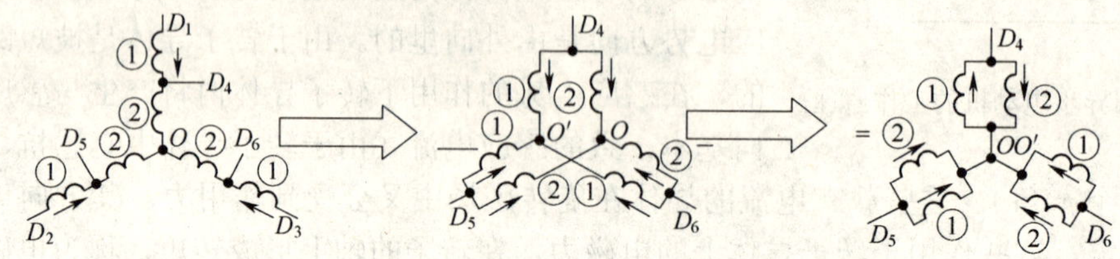

图 7-4 双速电动机定子绕组星形/双星形接线

提示

（1）双速电动机的定子绕组必须特制。

（2）这种调速方法只能使电动机获得两个或两个以上的转速，却不可能实现连续可调。

7.2 三相异步电动机的使用

7.2.1 三相异步电动机的铭牌

每台电动机的机壳上都有一块铭牌，上面标有型号、规格和有关技术数据，如图 7-5 所示。

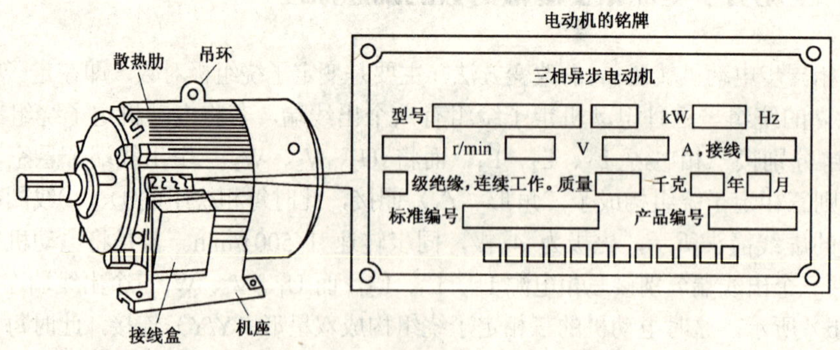

图 7-5 三相异步电动机的铭牌

1. 型号

型号是表示电动机品种形式的代号，由产品代号、规格代号和特殊环境代号组成。型号的具体编制方法如下：

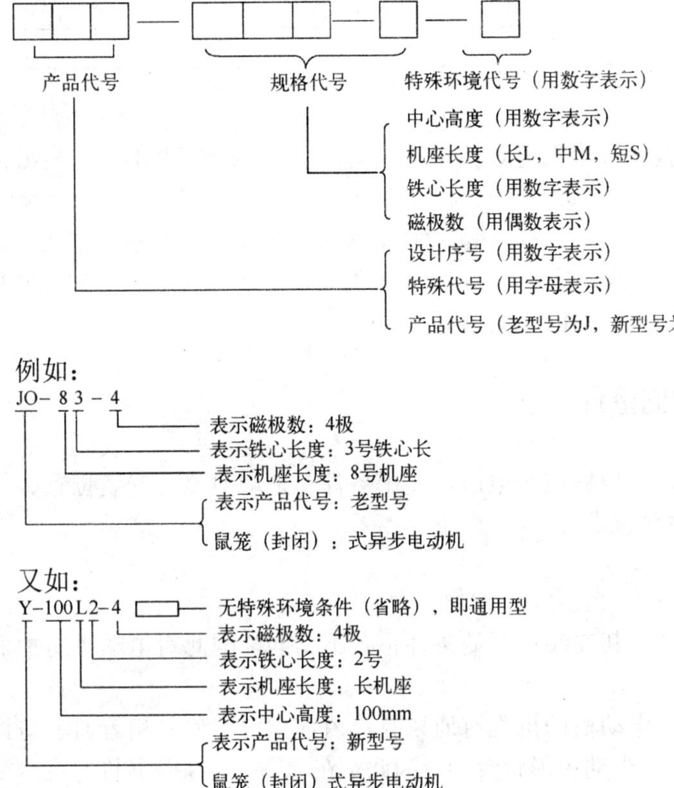

2. 额定值

三相异步电动机铭牌上标注的主要额定值见表 7-2。

表 7-2　电动机铭牌上的主要额定值

额　定　值	说　　明
额定功率（P_N）	电动机在额定工作状态下运行时转轴上输出的机械功率，单位是 kW 或 W
额定频率（f）	电动机的交流电源频率，单位是 Hz
额定转速（n_N）	电动机在额定电压、额定频率和额定负载下工作时的转速，单位是 r/min
额定电压（U_N）	在额定负载下电动机定子绕组的线电压。通常铭牌上标有两种电压（如 220/380V），与定子绕组的不同接法一一对应
额定电流（I_N）	电动机在额定电压、额定频率和额定负载下定子绕组的线电流。对应的接法不同，额定电流也有两种额定值
绝缘等级	电动机所采用的绝缘材料的耐热能力，表明电动机允许的最高工作温度

3. 工作方式

电动机的工作方式有 3 种，见表 7-3。

表 7-3 电动机的工作方式

工作方式	说明
连续	电动机在额定负载范围内，允许长期连续使用，但不允许多次断续重复使用
短时	电动机不能连续不停使用，只能在规定的负载下作短时间的使用
断续	电动机在规定的负载下，可作多次断续重复使用

4. 编号

编号表示电动机所执行的技术标准编号。其中“GB”为国家标准，“JB”为机械部标准，后面数字是标准文件的编号。如 JO2 系列三相异步电动机执行 JB 742—1966 标准，Y 系列三相异步电动机执行 JB 3074—1982 标准等。而 Y 系列三相异步电动机性能比旧系列电动机更先进，具有启动转矩大、噪声低、震动小、防护性能好、安全可靠、维护方便和外形美观等优点，符合国际电工委员会（IEC）标准。

7.2.2 三相异步电动机的选择

在选用三相异步电动机时，应根据电源电压、使用条件、拖动对象、安装位置、安装环境等，并结合工矿企业的具体情况选择。

1. 防护形式的选用

电动机带动的机械多种多样，其安装场所的条件也各不相同，因此对电动机防护形式的要求也有所区别。

（1）开启式电动机。开启式电动机的机壳有通风孔，内部空气同外界相流通。与封闭式电动机相比，其冷却效果良好，电动机形状较小。因此，在周围环境条件允许时应尽量采用开启式电动机。

（2）封闭式电动机。封闭式电动机有封闭的机壳，电动机内部空气与外界不流通。与开启式电动机相比，其冷却效果较差，电动机外形较大且价格高。但是，封闭式电动机适用性较强，具有一定的防爆、防腐蚀和防尘埃等作用，被广泛地应用于工农业生产。

2. 功率的选用

各种机械设备对电动机的功率要求不同，如果电动机功率过小，有可能带不动负载，即使能启动，也会因电流超过额定值而使电动机过热，影响其使用寿命甚至烧毁电动机。如果电动机的功率过大，就不能充分发挥作用，电动机的效率和功率因数都会降低，从而造成电力和资金的浪费。根据经验，一般应使电动机的额定功率比其带动机械的功率大 10%左右，以补偿传动过程中的机械损耗，防止意外的过载情况发生。

3. 转速的选择

三相异步电动机的同步转速：2 极为 3 000r/min，4 极为 1 500r/min、6 极为 1 000r/min 等，电动机（转子）的转速比同步转速要低 2%～5%，一般 2 极为 2 900 r/min 左右，4 极为 1 450r/min 左右，6 极为 960r/min 左右等。在功率相同的条件下，电动机转速越低，体积越大，价格也越高，而且功率因数与效率较低。因此，选用 2 900r/min 左右的电动机较好，但由于其转速高，启动转矩小，启动电流大，电动机的轴承也容易磨损。因此，在工农业生产中选用 1 450r/min 左右的电动机较多，其转速较高，适用性强，功率因数与效率也较高。

4. 其他要求

除了防护形式、功率和转速外，有时还有其他一些要求，例如，电动机轴头的直径和长度、电动机的安装位置等。

7.2.3　三相异步电动机的安装

1. 安装地点的选择

电动机的安装正确与否，不仅影响电动机能否正确工作，而且关系到安全运行问题。因此，应安装在干燥、通风、灰尘较少和不致遭受水淹的地方，其安装场地的周围应留有一定的空间，以便于电动机的运行、维护、检修、拆卸和运输。对于安装在室外的三相异步电动机，要采取防止雨淋日晒的措施，以便于电动机的正常运行和安全工作。

2. 安装基础确定

电动机的安装基础有永久性、流动性和临时性等形式。

（1）永久性基础。永久性的电动机基础，一般在生产、修配、产品加工或电力排灌站等处电动机机组上采用。这种基础可用混凝土、砖、石条或石板等做成。基础的面积应根据机组底座确定，每边一般比机组大 100～150mm 左右；基础顶部高出地面约 100～150mm 左右；基础的重量大于机组的重量，一般不小于机组重量的 1.5～2.5 倍。

如图 7-6 所示的是混凝土构成的电动机基础。浇注基础前，应先挖好基坑，并夯实坑底以防止基础下沉，然后再把模板放在坑里，并埋进底脚螺栓；在浇注混凝土时，要保证底脚螺栓距离与机组底脚螺栓距离相符合并保持不变、上下垂直，浇注速度不能太快，并要用钢钎捣固；混凝土浇注后，还必须保持养护。养护的方法一般是用草或草袋覆盖在基础上，防止太阳直晒，并要经常浇水。一般养护 7 天以后，便可以拆除模板，再继续养护一段时间即可。从浇注到养护结束大约需要 21～28 天。

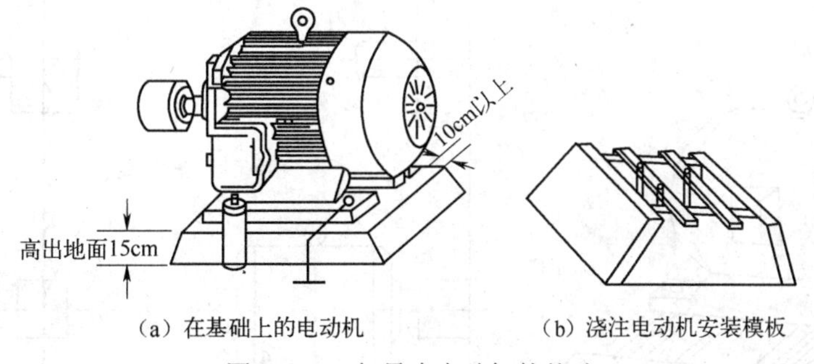

（a）在基础上的电动机　　（b）浇注电动机安装模板

图 7-6　三相异步电动机的基础

如图 7-7 所示的是电动机的底脚螺栓。底脚螺栓的下端应做成人字形，以防止在拧紧螺栓时，底脚螺栓跟着转动。另外，穿电动机引线用的铁管，要在浇注混凝土前埋好。

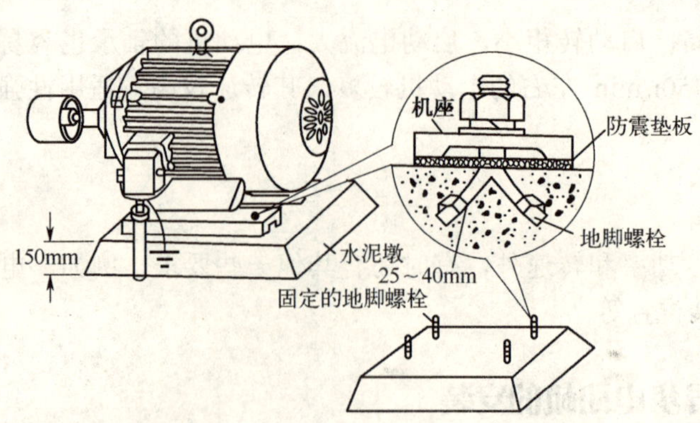

图 7-7 电动机基础的底脚螺栓

（2）流动性和临时性基础。临时的抗旱排涝或建筑工地等流动性或临时性机组，宜采用这种简单的基础制作，可以把机组固定在坚固的木架上。木架一般用 100 mm×200 mm 的方木制成。为了可靠起见，可把方木底部埋在地下，并打木桩固定。

（3）电动机机组的校正方法。校正电动机机组时，可用水平仪对电动机作横向和纵向两个方向的校正，包括基础的校正和传动装置的校正。

① 校正基础水平。电动机安装基础不平时，应用薄铁皮把机组底座垫平，然后拧紧底脚螺母。如图 7-8 所示的是用水平仪对电动机基础的水平校正。

② 校正传动装置。对皮带传动，必须使两皮带轮的轴互相平行，并且使两皮带轮宽度的中心线在同一直线上。当两皮带轮宽度一样时，可测皮带轮的侧面校正轴的平行，校正方法如图 7-9（a）所示，拉直一根细绳，平行的两个轴且皮带轮宽度的中心线也在一条直线上，那么两个皮带轮的端面必定在同一平面上，这根细绳应同时碰到两个皮带轮侧面的 1、2、3、4 各点；如果两个皮带轮的宽度不同，应按照如图 7-9（b）所示，先准确地画出两个皮带轮的中心线，然后拉直一根细绳，一端对准 1—2 这条中心线平行的两个轴，细绳的另一端就和 3—4 那条中心线重合，如果不重合，说明两轴不平行，应以大轮为准，调整小轮，直到重合为止，说明两轴已经平行。

对交叉皮带传动，也可以参照上述方法进行校正。

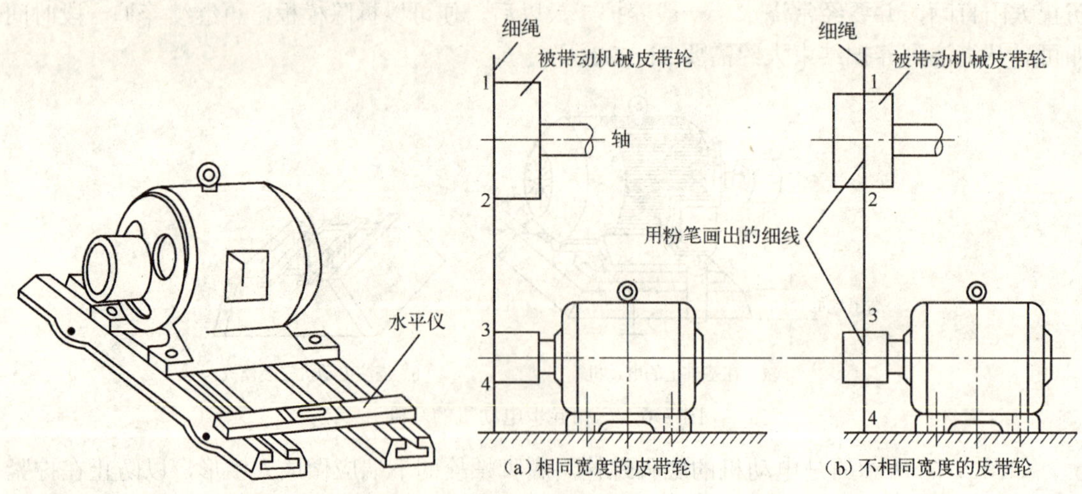

图 7-8 用水平仪对电动机的校正

图 7-9 皮带轮轴平行校正示意图

对联轴器传动，必须使电动机与工作机联轴器的两个侧面平行，而且两轴心要对准，并用螺钉拧紧，如图 7-10 所示。

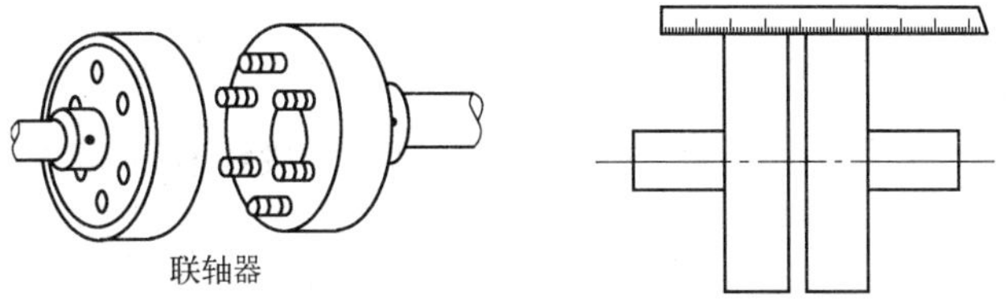

图 7-10　联轴器传动的校正示意图

7.2.4　三相异步电动机的电源引线和引出线端的接法

1. 三相异步电动机的电源引线

三相异步电动机的电源引线应采用绝缘软导线，电源线的截面应按电动机的额定电流选择，见表 7-4。

表 7-4　电动机的电源线（铜芯）选择

电动机		导线截面（mm^2）	穿线管（mm）	电动机		导线截面（mm^2）	穿线管（mm）
功率（kW）	电流（A）			功率（kW）	电流（A）		
<5.5	<12	2.5	16	30	58	35	38
7.5～10	15～20	4	19	40	75	50	51
13～17	25～33	6	25	55	103	70	51
22	44	16	32	75	138	95	64

从电源到电动机的控制开关段的导线应加装铁管、金属软管或 PVC 管穿套，如图 7-11 所示。

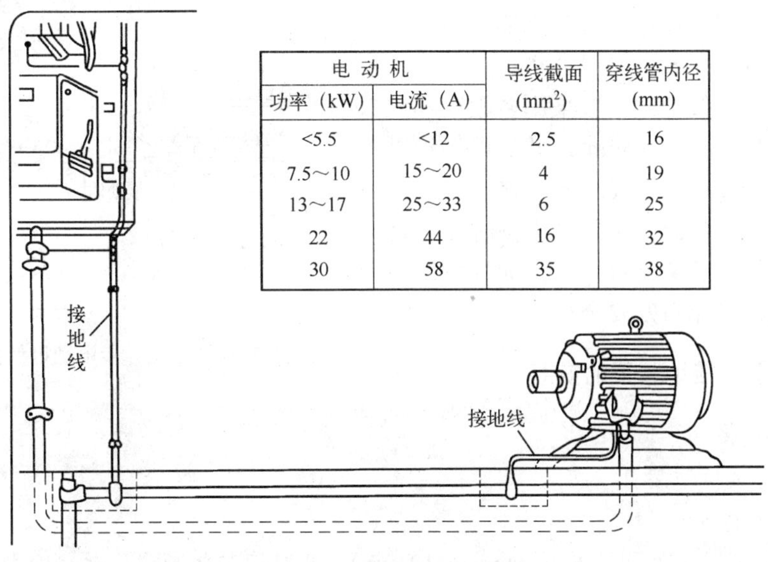

电动机		导线截面（mm^2）	穿线管内径（mm）
功率（kW）	电流（A）		
<5.5	<12	2.5	16
7.5～10	15～20	4	19
13～17	25～33	6	25
22	44	16	32
30	58	35	38

图 7-11　电动机的引线安装

接至电动机接线柱的导线端头上还应装接相应规格的接线头，如图 7-12 所示，以利于电动机接线盒内的接线安全牢固。3 根电源线要分别接在电动机的 3 个接线柱上。

2. 三相异步电动机接线端子

三相异步电动机的定子绕组引出线端，一般都接在接线盒的接线端子上。它们的连接有星形（Y）和三角形（△）两种方法，如图 7-13 所示。

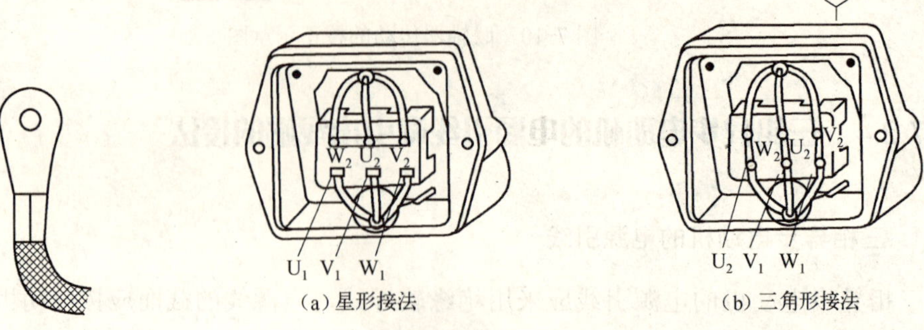

图 7-12　电源线的接线头　　图 7-13　三相异步电动机的星形和三角形接法

定子绕组的连接方法应与电源电压相对应，如电动机铭牌上标注的 220/380V-△/Y 字样，其含义是：当电源线电压为 220V 时定子绕组为三角形连接，当电源线电压为 380 V 时定子绕组为星形连接。接线时不能弄错，否则会损坏电动机。

3. 三相异步电动机的接地装置

三相异步电动机的保护接地装置由接地体和接地线构成，如图 7-14 所示。

（1）接地体。电动机的接地体可用圆钢、角钢、扁钢或钢管做成，头部做成尖形，以便垂直打入地下，接地体长度一般不小于 2m。为了降低接地电阻，在埋入或打入的地面土壤中，可加少许食盐和木炭的混合物。

（2）接地线。接地线一般采用多股铜芯软导线，其截面积不小于 4 mm^2，并加以保护以防止碰断，其长度不小于 0.5 m；接地线的接地电阻不应大于 10 Ω。在日常维护时要经常检查电动机的接地装置是否良好，如果发现问题要及时处理，以免引发安全事故。

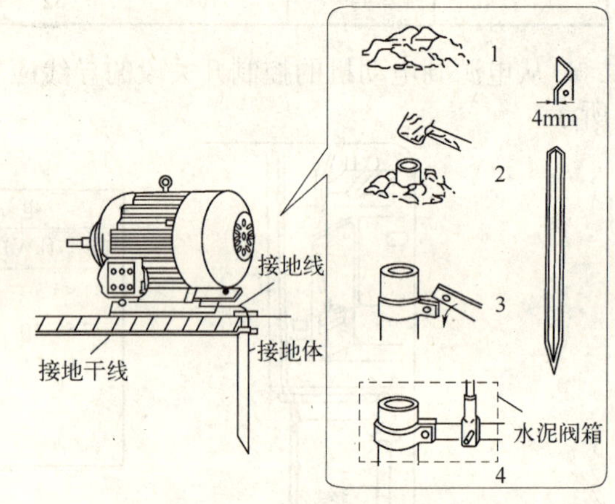

图 7-14　三相异步电动机保护接地装置

【实训项目 13】　接地装置的安装

1. 实训要求

会正确安装接地装置。

2. 实训器材

角钢、扁钢（截面积不小于 4mm × 12mm），多股铜芯软导线，铁锤、扳手、螺钉、接地电阻、兆欧表、万用表、食盐和木炭等。

3. 实训步骤

➢ 想一想：位置选择

请你想一想安装接地体的位置为什么要选择土壤电阻率较高的地层？

➢ 说一说：接地导线

请你说一说接地线为什么要采用多股软裸铜导线？

➢ 做一做：接地装置

（1）加工接地体（接地体长度一般在 2～3m）。

（2）选择土壤电阻率较高的地层，或者采用挖坑换土的方法加工地面，并在每只土坑周围 0.5m 以下、1.2m 以上的地层中填放适量木炭和食盐水。

（3）采用打桩法将接地体逐一打入地面，顶端露出地面 150mm。

（4）用兆欧表逐一测量接地体的接地电阻，接地体之间应相隔 2.5m。

（5）用万用表逐一测量接地体的接地电阻，并与（5）比较。

（6）连接接地体组成接地网。

（7）用兆欧表测量接地网的接地电阻与（5）比较。

（8）用万用表测量接地网的接地电阻与（5）比较。

➢ 写一写：收获体会

请把你的实训收获和体会写下来。

7.3 三相异步电动机的维护

7.3.1 电动机运行前的准备

对于新安装或停用 3 个月以上的电动机，在使用前，有必要对电动机作绝缘性能的检查、机械传动装置的检查、电源电压与电动机的接线方法是否相符的检查。

（1）绝缘测量。用 500V 的兆欧表摇测电动机的绕组间绝缘电阻和绕组对地的绝缘电阻，其值不得小于 0.5MΩ。若小于此值，必须进行干燥处理。

（2）检查机械传动装置。例如，皮带是否合适，联轴器的螺栓、销子是否紧固，机组转动是否灵活，有无相擦现象，电动机和被带动机械的基础是否可靠、牢固等。

（3）检查电动机接线及电源电压等。根据电动机铭牌上的电压和接法，检查电源电压是否正常，与规定的接线方法是否相符等。

7.3.2 电动机运行中的监视

电动机运行中的监视是防止电动机发生故障和扩大运行事故的重要环节，也是电工人员在设备维护工作中的主要内容。电动机在运行中应做好如下监视工作：

（1）电动机转向。电动机启动后旋转方向是否与规定的方向一致。若与规定的方向不一致，应停机后将三根电源线中的任意两根线对调一下。

（2）电动机温度。机体温度是否正常和在允许的温差范围内，电动机的轴承温度是否正常。用手触摸电动机外壳温度是否过高，有无特殊气味（焦臭味）或出现冒烟等。电动机的各发热部位的允许温度见表7-5。

表7-5 电动机各发热部位的允许温度（℃）

绝缘等级 发热部位	A级绝缘	E级绝缘	B级绝缘	F级绝缘
绕组	105	110	125	145
铁心	115	120	140	165

注：滚珠轴承的允许温度为95℃。

（3）电动机声响。检查时，用旋具一端接触电动机轴承盖，另一端贴到耳朵上，听轴承运行声响是否均匀，否则应停机进一步检查、修理。

（4）电动机的震动是否过大。

7.3.3 电动机的定期检查

三相异步电动机应根据使用环境进行定期检查，每年不应少于两次。

（1）检查和清洁电动机及启动设备外部。

（2）检查轴承磨损情况和润滑情况。

（3）检查电动机接线盒内引线接头连接情况。

（4）检查电动机的机体接地线是否安装牢固，有条件时最好测量一下接地电阻。

7.3.4 电动机的拆卸和组装

1. 电动机的拆卸

三相异步电动机的拆卸步骤与方法见表7-6。

表7-6 三相异步电动机的拆卸步骤与方法

序号	拆卸步骤	示意图	说明
1	安装拉模		拉模安装时，应保证拉模丝杆轴与电动机轴中心线一致
2	拆卸皮带轮或联轴器		不准采用铁锤敲击的方法拆卸皮带轮或联轴器

续表

<table>
<tr><th>序　号</th><th colspan="2">拆卸步骤</th><th>示意图</th><th>说　明</th></tr>
<tr><td>3</td><td colspan="2">拆卸风罩</td><td> 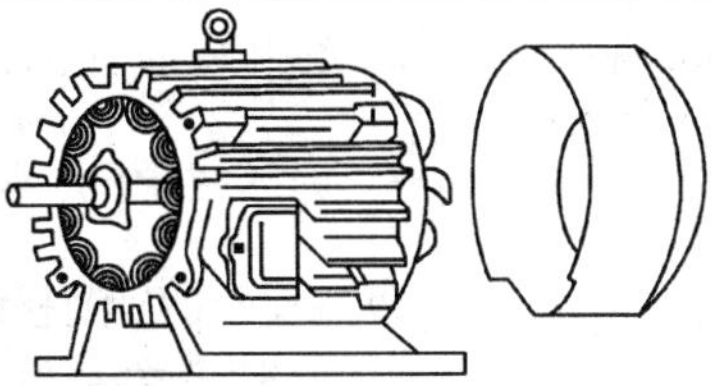</td><td>先拧下电动机风罩的 4 只固定螺钉，再拆卸风罩</td></tr>
<tr><td>4</td><td colspan="2">拆卸风扇</td><td> 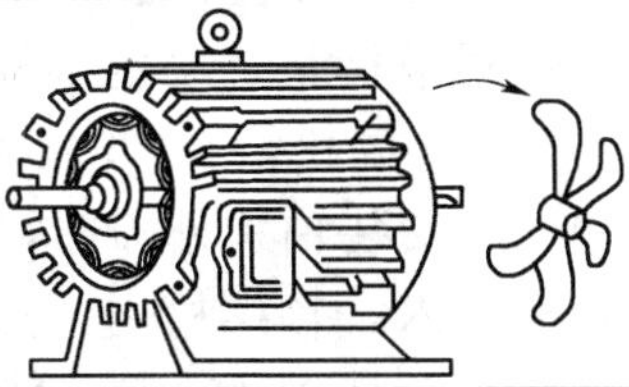</td><td>拧下风扇固定螺钉，取下风罩</td></tr>
<tr><td>5</td><td colspan="2">拆卸前轴承外盖</td><td> </td><td>轴承外盖上一般有 3 只固定螺钉，应先用螺丝刀拧出固定螺钉，再取下轴承外盖，并做好标记</td></tr>
<tr><td>6</td><td colspan="2">拆卸前端盖</td><td> </td><td>用螺丝刀拧出 4 只固定螺钉后，再取下前端盖，并做好标记</td></tr>
<tr><td>7</td><td colspan="2">拆卸后轴承外盖</td><td> 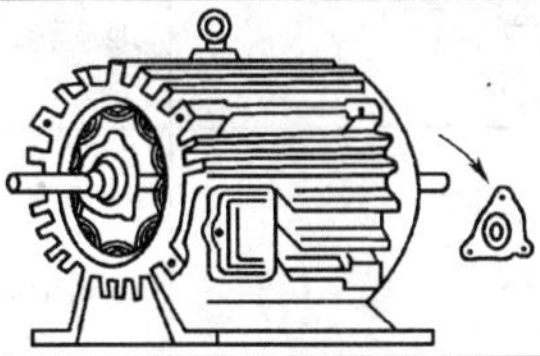</td><td>拆卸后轴承外盖的方法，与拆卸前轴承外盖方法相同</td></tr>
<tr><td>8</td><td colspan="2">拆卸后端盖</td><td> 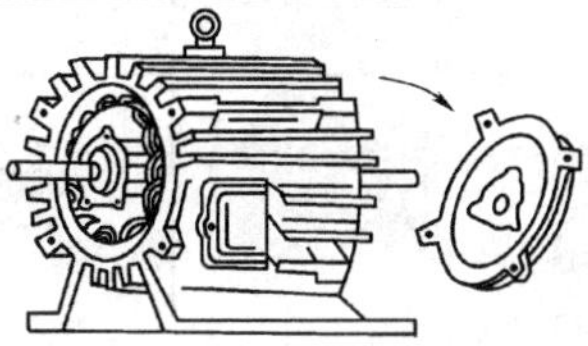</td><td>拆卸后端盖的方法，与拆卸前端盖方法相同</td></tr>
<tr><td rowspan="2">9</td><td rowspan="2">取出转子</td><td>一人取出转子</td><td> 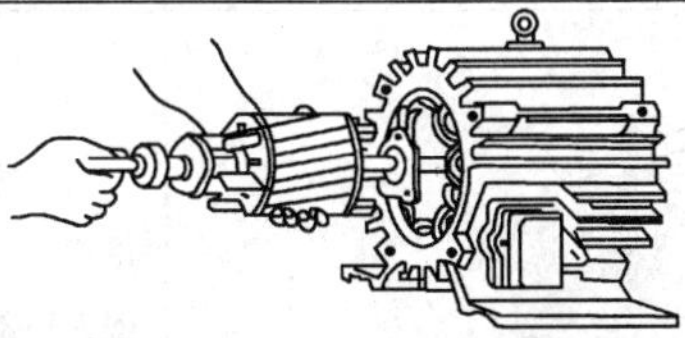</td><td>对较轻的电动机转子，可 1 人用手托住转子，慢慢向外移取。在外移时，注意转子不能与定子绕组相碰，以免损坏绕组绝缘层</td></tr>
<tr><td>二人取出转子</td><td> 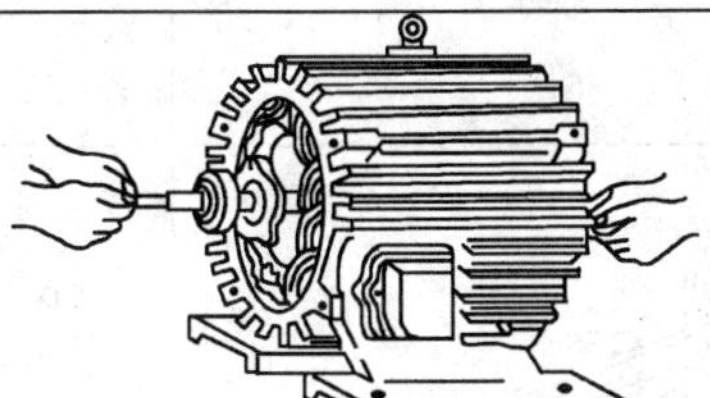</td><td>对较重的电动机转子，可采用两人配合，用手抬着转子，慢慢向外移取。同样，在外移时注意转子不能与定子绕组相碰，以免损坏绕组绝缘层</td></tr>
</table>

2. 电动机的组装

三相异步电动机的组装顺序与拆卸顺序相反。在组装前应清洗电动机内部的灰尘，清洗轴承并加足润滑油，然后按以下顺序操作：

（1）在转轴上装上轴承和轴承盖。

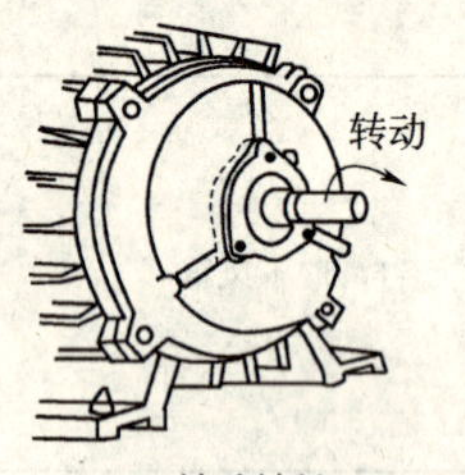

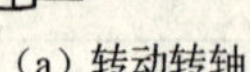
（a）转动转轴

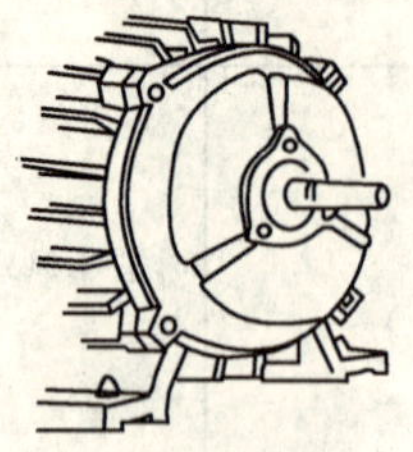
（b）均匀旋紧螺栓

图 7-15　组装轴承外盖

（2）将转子慢慢移入定子中。

（3）安装端盖和轴承外盖。安装端盖时，注意对准标记，固定螺栓要按对角线一前一后旋紧，不能松紧不一，以免损坏端盖或卡死转子。

安装轴承外盖时，先把它装在端盖中，然后插入一颗螺栓用一只手顶住，另一只手转动转轴，使轴承内盖与它一起转动。当内、外盖螺栓孔一致时，再将螺栓顶入，并均匀旋紧，如图 7-15 所示。

（4）安装风扇和风罩。

（5）安装皮带轮或联轴器，例如，皮带轮的安装见表 7-7。

表 7-7　电动机皮带轮的安装

序　号	安装步骤	示意图	说　明
1	除去皮带轮内孔的铁锈		用缠有细纱布的圆棍在皮带轮内孔轻轻地旋转，以除去内孔的铁锈
2	除去电动机转轴外的铁锈		用细砂纸除去转轴表面的铁锈
3	套上皮带轮		对准键槽把皮带轮套在转轴上，调整好皮带轮与转轴之间的位置
4	敲入转子轴键		用铁锤轻轻敲打，使转子轴键慢慢进入键槽（转子轴键与键槽配合要适当，太紧或太松都会损坏键槽）
5	固定压紧螺钉		用扳手旋紧固定压紧螺钉，以防止皮带轮的轴向滑动

【实训项目 14】　三相异步电动机的拆卸和组装

1. 实训要求

（1）熟悉三相异步电动机结构，掌握其拆装的基本技能。

（2）养成认真踏实的工作作风。

2. 实训器材

三相异步电动机、扳手、旋具、铁锤、拉模、铜棒和木板等。

3. 实训步骤

➢ 说一说：组成作用

请你说一说三相异步电动机的基本组成部件及其作用。

➢ 做一做：拆卸组装

请你按下列操作步骤完成三相异步电动机的拆卸和组装任务。

（1）拆卸电动机。拆卸时，不能用铁锤直接敲打。

（2）清洗电动机零部件、对轴承添加润滑油。

（3）组装电动机各部件。拧紧端盖螺钉时，要按对角线上下左右逐步拧紧。

（4）操作过程中要注意安全，同学间团结互助。

➢ 写一写：收获体会

请把你的实训收获和体会写下来。

7.4　三相异步电动机的检修

7.4.1　电动机一般故障的处理

三相异步电动机的一般故障：电动机不能启动、电动机运转时声音不正常、电动机温升超过允许值、电动机轴承发烫、电动机发生噪声、电动机震动过大和电动机在运行中发生冒烟等。

1. 电动机不能启动

电动机不能启动的原因及处理方法见表 7-8。

表 7-8　电动机不能启动的原因及处理方法

序　号	原　因	处 理 方 法
1	电源未接通	检查断线点或接头松动点，重新装接
2	被带动的机械（负载）卡住	检查机器，排除障碍物
3	定子绕组断路	用万用表检查断路点，修复后再使用
4	轴承损坏，被卡住	检查轴承，更换新件
5	控制设备接线错误	详细核对控制设备接线图，加以纠正

2. 电动机运转时声音不正常

电动机运转时声音不正常的原因及处理方法见表 7-9。

表 7-9 电动机运转时声音不正常的原因及处理方法

序　号	原　因	处 理 方 法
1	电动机缺相运行	检查断线处或接头松脱点，重新装接
2	电动机地脚螺钉松动	检查电动机地脚螺钉，重新调整、填平后再拧紧螺钉
3	电动机转子、定子摩擦，气隙不均匀	更换新轴承或校正转子与定子间的中心线
4	风扇、风罩或端盖间有杂物	拆开电动机，清除杂物
5	电动机上部分紧固件松脱	检查紧固件，拧紧松动的紧固件（螺钉、螺栓）
6	皮带松弛或损坏	调节皮带松弛度，更换损坏的皮带

3. 电动机温升超过允许值

电动机温升超过允许值的原因及处理方法见表 7-10。

表 7-10 电动机温升超过允许值的原因及处理方法

序　号	原　因	处 理 方 法
1	过载	减轻负载
2	被带动的机械（负载）卡住或皮带太紧	停电检查，排除障碍物，调整皮带松紧度
3	定子绕组短路	检修定子绕组或更换新电动机

4. 电动机轴承发烫

电动机轴承发烫的原因及处理方法见表 7-11。

表 7-11 电动机轴承发烫的原因及处理方法

序　号	原　因	处 理 方 法
1	皮带太紧	调整皮带松紧度
2	轴承腔内缺润滑油	拆下轴承盖，加润滑油至 2/3 轴承腔
3	轴承中有杂物	清洗轴承，更换新润滑油
4	轴承装配过紧（轴承腔小，转轴大）	更换新件或重新加工轴承腔

5. 电动机发生噪声

电动机发生噪声的原因及处理方法见表 7-12。

表 7-12 电动机发生噪声的原因及处理方法

序　号	原　因	处 理 方 法
1	熔丝一相熔断	找出熔丝熔断的原因，换上新的同等容量的熔丝
2	转子与定子摩擦	矫正转子中心，必要时调整轴承
3	定子绕组短路、断线	检修绕组

6. 电动机震动过大

电动机震动过大的原因及处理方法见表 7-13。

表 7-13　电动机震动过大的原因及处理方法

序　号	原　因	处理方法
1	基础不牢，地脚螺钉松动	重新加固基础，拧紧松动的地脚螺钉
2	所带的机具中心不一致	重新调整电动机的位置
3	电动机的线圈短路或转子断条	拆下电动机，进行修理

7. 电动机在运行中发生冒烟

电动机在运行中发生冒烟的原因及处理方法见表 7-14。

表 7-14　电动机在运行中发生冒烟的原因及处理方法

序　号	原　因	处理方法
1	定子线圈短路	检修定子线圈
2	传动皮带太紧	减轻传动皮带的过度张力

7.4.2　电动机绕组的“短路、断路、通地”处理

三相异步电动机绕组的常见故障有绕组短路、绕组断路、绕组接地和轴承损坏等。处理时，应“由外到里、先机械后电气”，通过看、听、闻、摸等途径去检查，进行有针对性的修理。

1. 绕组短路故障的检修

（1）绕组短路故障的检查方法。绕组短路故障的检查方法有许多，例如，外部检查法、电阻检查法、电流平衡检查法、感应电压检查法和短路侦察器检查法等，其中外部检查法、电阻检查法是常用的两种方法。

① 外部检查法。使电动机空载运行 20～25 min 后停下来，马上拆卸两边端盖，用手摸线圈的端部。如果某一个或某一组比其他部分热，这部分线圈很可能短路，也可以观察线圈有无焦脆现象，若有，该线圈可能短路。

② 电阻检查法。电阻检查法是指利用万用表或电桥法进行检查。若在空转过程中发现有异常情况，应立即切断电源，采用电阻检查法进一步进行检查。

电动机绕组相间短路的检查见表 7-15，电动机绕组匝间短路的检查见表 7-16。

表 7-15　电动机绕组相间短路的检查

序　号	示意图	操作说明
1	$U_1V_1W_1$ $W_2U_2V_2$	打开电动机的接线盒，拆下电动机接线盒的 3 片短接板
2	U_1 V_1 W_1 W_2 U_2 V_2 ⟺ U_1 V_1 W_1 1 4 7 10 3 6 9 12 5 8 11 2 U_2 V_2 W_2	当电动机各相绕组电阻值较大时，可用万用表检查；当电动机各相绕组电阻值较小时，应用电桥法检查。相间绝缘电阻的方法：依次 U_1-V_1、V_1-W_1、U_1-W_1 两端，若阻值很小，说明该两相间有短路。例如，U_1-V_1、U_1- W_1 很大（趋于“∞”），而 V_1-W_1 之间很小（等于“0”或小于正常电阻值），则 V 相与 W 相之间存在相间短路

表 7-16　电动机绕组匝间短路的检查

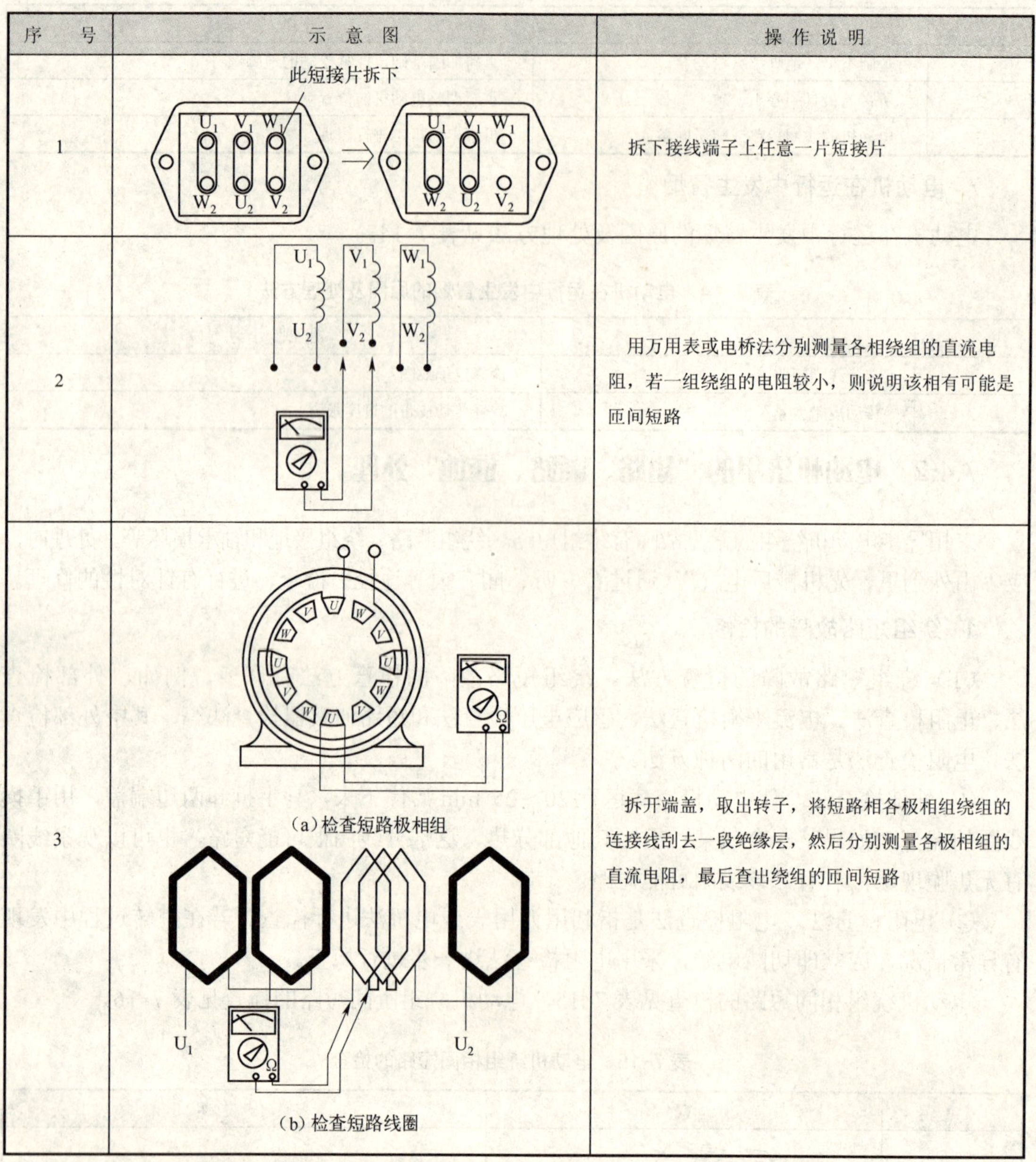

序　号	示 意 图	操 作 说 明
1		拆下接线端子上任意一片短接片
2		用万用表或电桥法分别测量各相绕组的直流电阻，若一组绕组的电阻较小，则说明该相有可能是匝间短路
3	（a）检查短路极相组 （b）检查短路线圈	拆开端盖，取出转子，将短路相各极相组绕组的连接线刮去一段绝缘层，然后分别测量各极相组的直流电阻，最后查出绕组的匝间短路

（2）绕组短路故障的修理方法。绕组容易发生短路的地方是线圈的槽口部位以及双层绕组的上下线圈之间。如果短路点在槽外，可将绕组加热软化，用画线板将短路处分开，再垫上绝缘纸或套上绝缘套管。如果短路点在槽内，将绕组加热软化后翻出短路绕组的匝间线。在短路处包上新绝缘纸，在重新嵌入槽内并浸渍绝缘漆。

2. 绕组断路故障的检修

（1）绕组断路故障的检查方法。单路绕组电动机断路时，可采用万用表检查。如果绕组为星形接法，可分别测量每相绕组，断路绕组表不通，如图 7-16（a）所示。若绕组为三角形接法，需将三相绕组的接头拆开再分别测量，如图 7-16（b）所示。

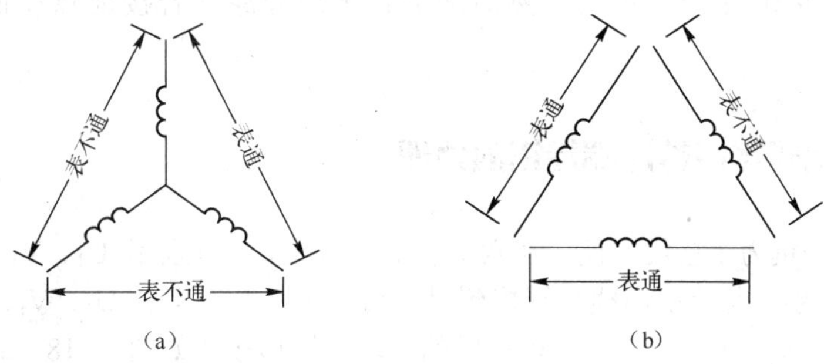

图 7-16　用万用表检查绕组断路情况

修理方法：找出断路处后，将其连接重新焊牢，包扎绝缘，再浸渍绝缘漆。

对于功率较大的电动机，其绕组大多采用多根导线并绕或多路并联，有时只有一根导线或一条支路断路，这时应采用三相电流平衡法或双臂电桥法。

对于星形接法的电动机，可将三相绕组并联后通入低压交流电，如果三相电流相差5%以上，则电流小的一相即为断路相，如图 7-17（a）所示。对于角状接法的电动机，先将绕组的一个接点拆开，再逐相通入低压交流电并测量其电流，其中电流小的一相即为断路相，如图 7-17（b）所示。然后，将断路相的并联支路拆开，逐路检查，找出断路支路。

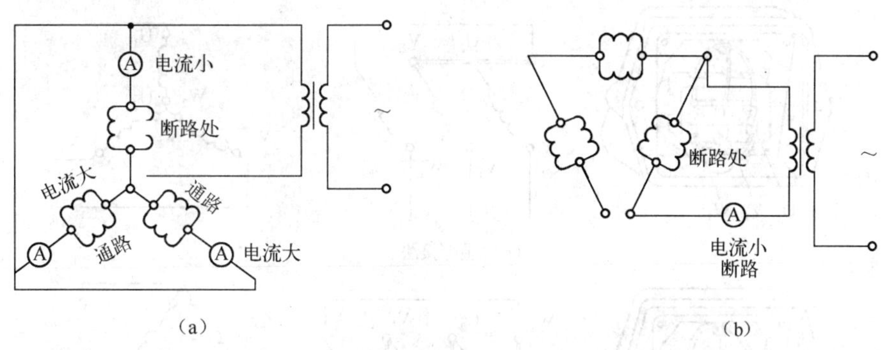

图 7-17　电桥平衡法检查绕组断路

（3）绕组通地故障的检修。兆欧表检查法：把兆欧表的“L”端（线路端）接在电动机接线盒的接线端上，把“E”接在电动机的机壳上，测量电动机绕组对地（即机壳）绝缘电阻。若绝缘电阻低于 0.5MΩ，说明电动机受潮或绝缘很差；若绝缘电阻为零，则说明三相绕组接地。此时可拆开电动机绕组的接线端，逐相测量，找出三相绕组的接地相。若用万用表检查电动机绕组搭壳通地故障：应将万用表先调至 R×1kΩ或 R×10kΩ挡，欧姆调零后，再将一支表笔与绕组的一端紧紧靠牢，另一支表笔搭紧电动机的外壳（去掉油漆的部分）。若万用表所测电阻值为“零”，呈导通状态，就可以判断此绕组有搭壳通地故障。

修理方法：对于绕组受潮的电动机，可进行烘干处理。待绝缘电阻达到要求后，再重新浸渍绝缘漆。若接地点在定子绕组端部，或只是个别地方绝缘没垫好，一般只需局部修补。先将定子绕组加热，待绝缘软化后，用工具将定子绕组撬开，垫入适当的绝缘材料或将接地处局部包扎，然后涂上自干绝缘漆。若接地点在槽内，一般应更换绕组。

7.4.3 电动机绕组首尾端接错的处理

三相异步电动机为了接线方便，在六个引出线端子上，分别用 U_1、V_1、W_1、U_2、V_2、W_2 编成代号来识别。每个引出线分别接到引线端子板上去，其中 U_1、V_1、W_1 表示电动机接线的首端，U_2、V_2、W_2 表示电动机接线的尾端。星形接法如图 7-18（a）所示，三角形接法如图 7-18（b）所示。

当电动机绕组首尾端接错时，可以通过灯泡和万用表判别。

1. 灯泡判别法

操作步骤

（1）用万用表的电阻挡，分别找出三相绕组各相的两个线头。

（2）先给三相绕组的线头作假设编号 U_1、U_2，V_1、V_2 和 W_1、W_2，并把 V_1、U_2 连接起来，构成两相绕组串联。

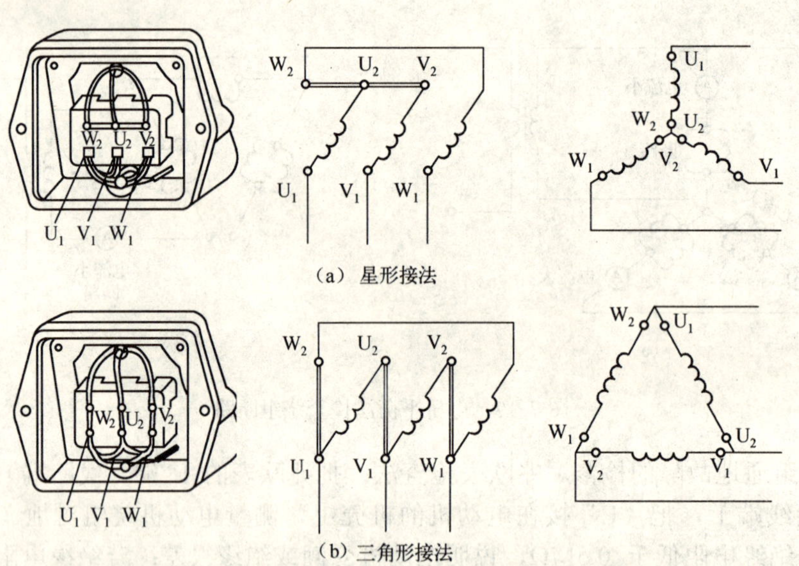

图 7-18　三相异步电动机绕组引出线端的连接位置

（3）U_1、V_2 线头上接一盏灯泡。

（4）W_1、W_2 线头上接通 36V 交流电源，若灯泡亮发亮，说明 U_1、U_2 和 V_1、V_2 编号正确。若灯泡不亮，则把 U_1、U_2 或 V_1、V_2 任意两个线头的编号对调一下，如图 7-19 所示。

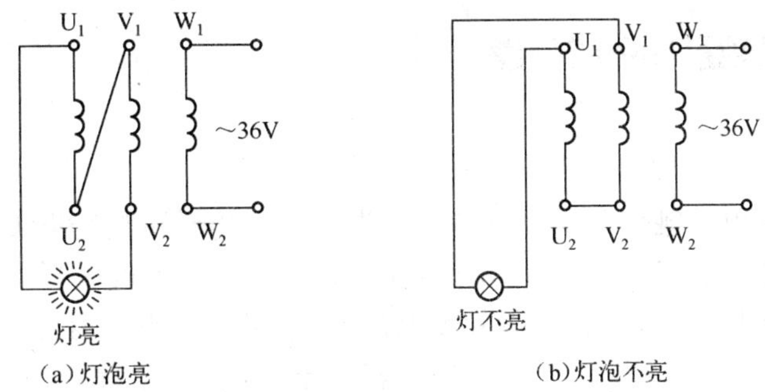

图 7-19　绕组串联法

（5）再按上述方法对 W_1、W_2 线头进行判断，便可确定三相绕组接线的首端和尾端。

2. 万用表判别法

（1）万用表（mA 挡）判别法一。

操作步骤

① 先用万用表分清三相绕组各相的两个线头，并进行假设编号，如图 7-19 所示。

② 在合上开关瞬间，若万用表指针向大于零的一边偏转，则干电池正极所接的线头与万用表负极所接的线头同为首端或尾端，如图 7-20 所示；若指针向小于零的一边偏转，则干电池正极所接的线头与万用表所接的线同为首端或尾端。

③ 再将干电池和开关接另一相的两个线头，进行测试，就可正确判别出各相的首、尾端。

（2）万用表判别法二。

操作步骤

① 先用万用表分清三相绕组各相的两个线头。

② 给各相绕组进行假设编号为 U_1、U_2，V_1、V_2，W_1、W_2。

③ 用手转动电动机转子，若万用表指针不动，则证明假设的编号（首、尾端）是正确的，如图 7-21（a）所示接线；若指针有偏转，说明其中有一相首、尾假设编号不对，如图 7-21（b）所示接线，应逐步对调重试，直至正确为止。

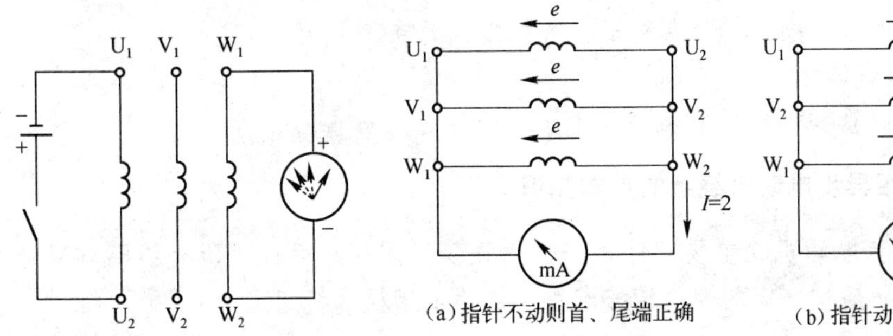

图 7-20　万用表判别法一

图 7-21　万用表判别法二

7.4.4 电动机轴承损坏的处理

1. 检查方法

在电动机运行时用手触摸前轴承外盖，其温度应与电动机机壳温度大致相同，无明显的温差（前轴承是电动机的载荷端，最容易损坏）。另外，也可以听电动机的声音有无异常。将螺丝刀或听诊棒的一头顶在轴承外盖上，另一头贴到耳边，仔细听轴承滚珠沿轴承道滚动的声音，正常时声音是单一的、均匀的。若有异常应将轴承拆卸，作进一步检查，将轴承拆下来清洗干净后，用手转动轴承，观察其转动是否灵活，并检查轴承内外之间轴向窜动和径向晃动是否正常，转动是否灵活、有无锈迹、伤痕等。

2. 修理方法

对于有锈迹的轴承，将其放在煤油中浸泡便可除去铁锈。若轴承有明显伤痕，则必须加以更换。同时，还应根据电动机的负载情况和工作环境选择合适的润滑脂，以改善轴承的润滑性能并延长其使用寿命。

【实训项目 15】 三相异步电动机首、尾端的判断

1. 实训要求

学会利用灯泡和万用表判断三相异步电动机定子绕组的首、尾端的方法。

2. 实训器材

万用表、灯泡、36V 交流电源、毫安表（量程在 500mA 以下）、1.5V 电池和开关等。

3. 实训步骤（各校可结合实际，选做其中 2～3 项）

➢ 想一想：错接后果

请你想一想，如果三相异步电动机定子绕组的六根引出线接错会产生什么样的后果。

➢ 说一说：判断方法

请你说一说用万用表（或毫安表）判断三相异步电动机定子绕组首、尾端有几种方法。

➢ 做一做：首尾判别

（1）利用灯泡判别三相绕组接线的首、尾端。

（2）利用“万用表判别法一”判别三相绕组接线的首、尾端。

（3）利用“万用表判别法二”判别三相绕组接线的首、尾端。

➢ 写一写：收获体会

请把你的实训收获和体会写下来。

【阅读材料 1】 三相异步电动机绕组的基本知识

绕组是三相异步电动机的重要部件之一，由许多线圈连接而成，所有线圈均嵌放在定子铁心的槽内，然后按一定的规律连接起来，成为电动机的绕组。

1. 绕组的基本规律

三相异步电动机绕组的基本规律是“绕组分布总是对称的”。

（1）每相绕组线圈的形式、尺寸、个数以及嵌放和连接方法必须完全相同。

（2）三相绕组排列顺序相同，相与相之间要间隔 120° 电气角。

由于三相异步电动机绕组具有以上规律，因此我们在对三相异步电动机绕组重绕时，只要了解一相绕组的情况，就可以知道其他两相绕组的情况。

2. 绕组结构的几个基本概念

（1）线圈。线圈是以绝缘导线（漆包线）按一定形式绕制而成，它可以由一匝或多匝导线组成，如图 7-22 所示。其中，线圈的有效部分，嵌放在铁心槽内，起电磁能量转换作用；线圈端部，伸出铁心槽外部，不参与能量转换，连接线圈的两个有效边。

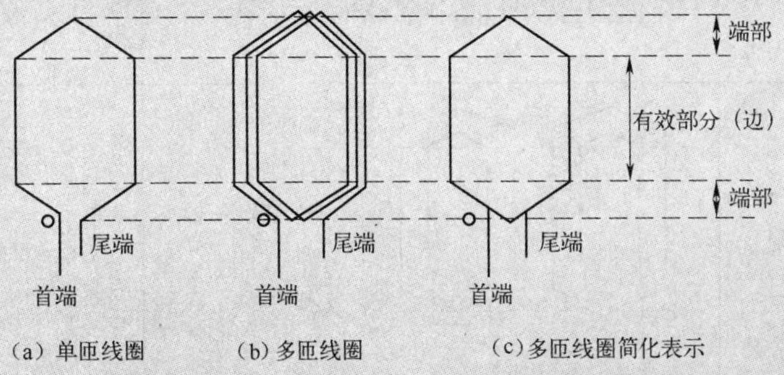

图 7-22　线圈的简化表示方法

（2）极距与节距。极距（τ）是指沿铁心圆周每个磁极所占的范围，它的大小可以用圆周长度或槽数表示。节距（Y）是指一个线圈两个有效边的距离，它的大小可以用线圈两个有效边所跨的槽数表示。线圈的极距与节距如图 7-23 所示。

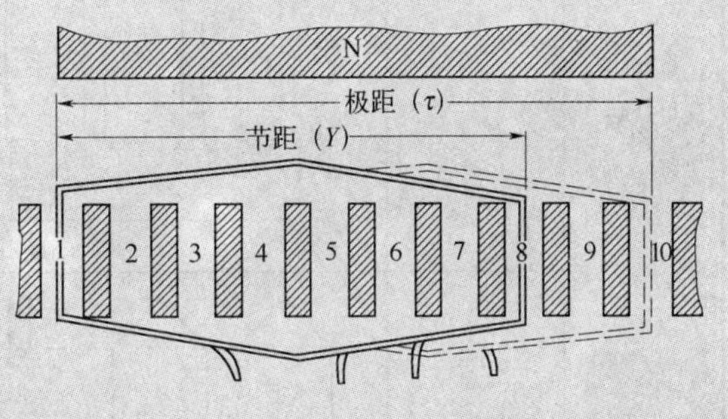

图 7-23　线圈的极距与节距

（3）每极每相槽数。每极每相槽数（q）是指每相绕组在一个磁极下所占的槽数。三相异步电动机每个绕组都由 U、V、W 三相绕组平均分为 3 部分，所以 24 槽 4 极三相异步电动机的每极每相槽数为 2。

3. 绕组的基本种类

三相异步电动机绕组按槽内层数、绕组形状和绕组节距以及绕组相数等多种方式进行分类。几种常见形式的绕组见表 7-17。

表 7-17　常见形式的绕组

绕组的分类		示意图	说明
分类方式	分类名称		
按槽内层数分	单层绕组	槽楔条	单层绕组是在一个定子槽内只嵌放一个线圈的有效边，线圈嵌放比较方便省时，但电气性能较差

续表

绕组的分类		示意图	说明
分类方式	分类名称		
	双层绕组	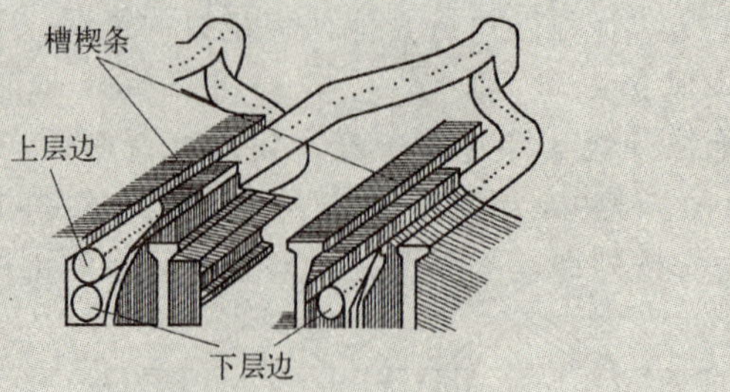 槽楔条 上层边 下层边	双层绕组是在一个定子槽内嵌放二个线圈的有效边，提高了电动机的电气性能，但在嵌放时，需加线圈层间绝缘
按绕组形状分	同心绕组	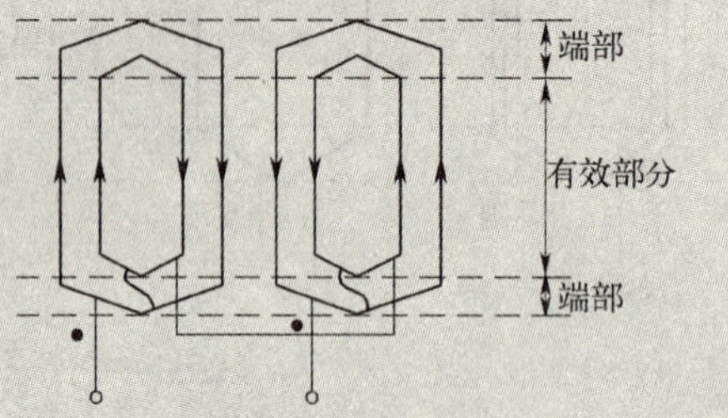 端部 有效部分 端部	同心绕组是由几个大小不同的线圈一只套一只同心连接而成的绕组 三相单层同心绕组多用于每极每相槽数比较多的小型二极异步电动机中
	链式绕组	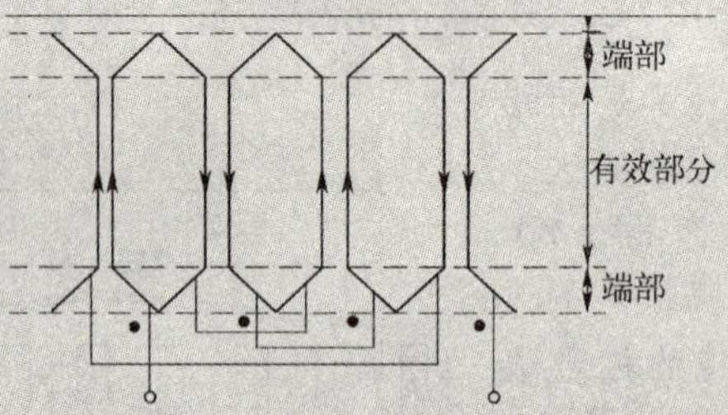 端部 有效部分 端部	链式绕组是由几个大小不同的线圈串联而成的绕组 三相异步电动机的单层链式绕组的线圈端部是彼此重叠的
	交叉式绕组	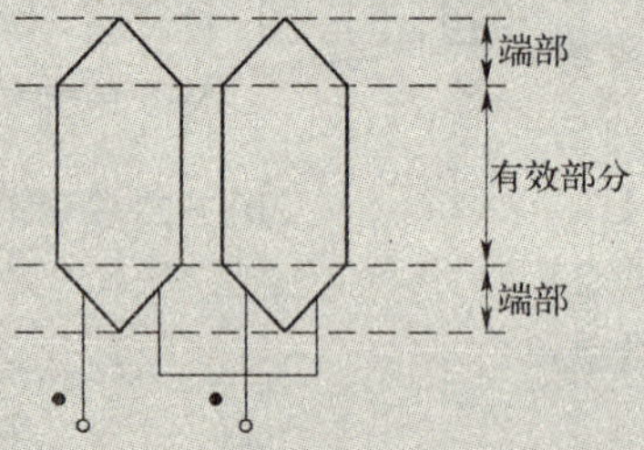 端部 有效部分 端部	交叉式绕组是在一个节距范围里，几个线圈端部交叉，相邻的极性相反而成的绕组 三相单层交叉式绕组多用于7 kW以下的小型异步电动机
按绕组形状分	叠绕式绕组	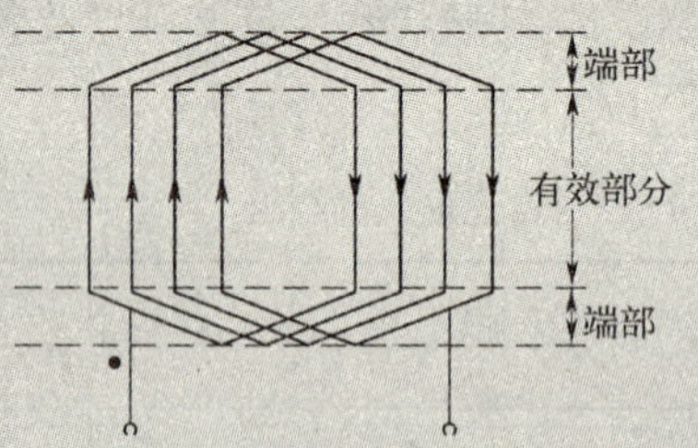 端部 有效部分 端部	叠绕式绕组是采用线圈双层叠绕方式组成的绕组 叠绕式绕组大多用于大型三相异步电动机

4. 绕组的基本要求

无论三相异步电动机采用何种形式的绕组，除了满足电动机技术要求外，对它们的基本要求是:

（1）应具有足够的机械强度和绝缘强度。

（2）应使铜耗最小，并有较好的冷却性。

（3）应便于绕制。

（4）应易于改接，以适用不同的运行情况。

（5）绕组嵌放排列应尽可能整齐美观。

【阅读材料 2】　三相异步电动机绕组的重绕

三相异步电动机绕组的重绕，主要包括拆除旧线圈、记录原始数据、清洗定子槽、制作绕线模、绕制线圈、嵌放线圈、连接线圈、绕组试验以及浸漆和烘干等。

1. 拆除旧线圈、清洗定子槽

拆除旧线圈前，常用通电加热法，把电动机接成开口三角形，间断通入 220V 单相交流电，或用调压器接入约 50%的额定电压，使绝缘软化，打开槽楔、拆除旧线圈。同时清除槽内的绝缘残物，修整槽形等。

2. 记录原始数据、制作（选择）线模

在拆除旧线圈时，必须记录铭牌数据、槽数、节距、连接形式、导线圈数与线径等。在拆除旧线圈过程中可保留一只完整线圈，按它的形状、尺寸制作线模，或选择线模。

电动机的线模分固定式和活动式两种，见表 7-18。

表 7-18　两种常见的电动机线模

线模形式		示意图	说明
固定式	菱形	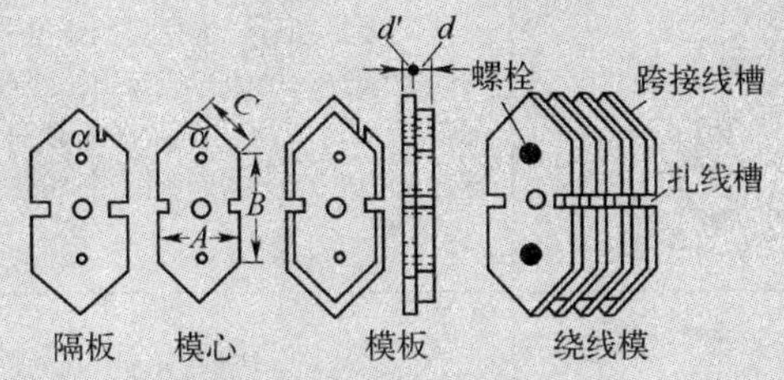 隔板　模心　模板　绕线模（图中标注：d'、d、螺栓、跨接线槽、扎线槽、α、C、A、B）	模心厚度 d 根据电动机功率大小而定，一般常用 8～15 mm。模心顶角α 的大小与绕组节距和电动机机组机座、定子铁心长度两者之差有关，一般取 110°。模心直线部分长度 B 为铁心长度加余量，隔板厚度 d' 可选用 8 mm
	腰圆形	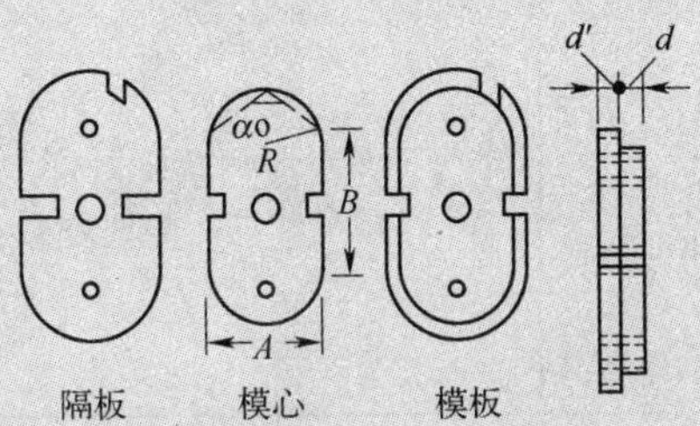 隔板　模心　模板（图中标注：d'、d、αo、R、A、B）	制作方法与菱形线模基本相同。模心厚度一般常用 8～15 mm。模心两端的圆周角 α 取 120°。模心直线部分长度 B 为铁心长度加余量，隔板厚度 d' 可选用 8 mm
活动式	菱形和腰圆形	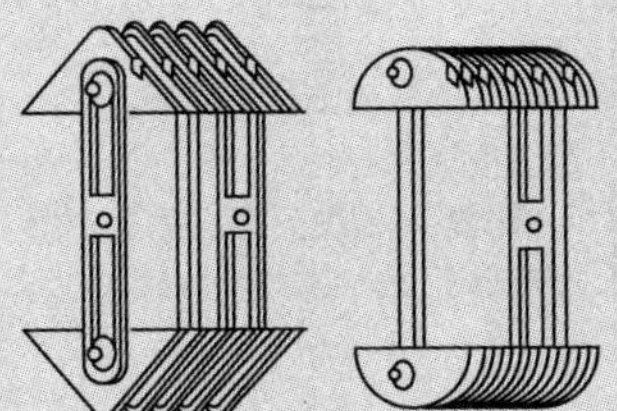	可用木板或塑料板制作，线模的中间部分用连杆支持，连杆的长度一般取 27 mm，宽度取 35 mm。连杆两边开有孔槽，以调节线圈的边长，由螺钉紧固定位。调节连杆的长度以改变线圈的大小

3. 绕组的重绕与试验、烘干浸漆

绕组在重绕前，应认真检查导线质量是否合格，线径是否有错，以免日后返工，造成不必要的浪费。决定了线模的尺寸后，就可以进行线圈的绕制工作。在绕制时，为了防止擦伤导线绝缘，应将导线通过浸有石蜡的毛毡线夹。绕线拉力一般为 14.7～19.6N/mm^{2}左右，绕线速度控制在 150～200r/min 左右。

绕线应排列整齐、不交叉，线圈平整。绕够匝数后，用线扎牢；绕完一个极相组后，要留有一定长度的导线做极相组间连接线。

如果绕制过程中有接头（长度不够）或断头时，接头应放在端部斜边的位置上，并用焊锡焊好，套上套管或包上绝缘纸，以防短路。

绕组线圈的嵌放是一项细致的工作，稍不注意就有可能损坏导线绝缘和电动机的槽绝缘，造成绕组线圈匝间短路或接地。绕组线圈的嵌放操作步骤见表 7-19。

表 7-19　绕组线圈的嵌放操作

序　号	名　称	示 意 图	说　明
1	线圈的处理		先理直线圈的引出线并套上套管，然后将绕好的线圈捏紧，压成扁平状，使上层边外侧导线在上面，下层边内侧导线在下面
2	线圈的嵌放		垫上槽绝缘后，将捏扁的绕组放到定子槽内。对少数未进入槽的导线可用画线板划入槽内。待导线全部进入槽内后，顺着槽来回轻轻拉动线圈，使其平整服贴，再用同样方法嵌放其他线圈
3	加层间绝缘	槽绝缘 层间绝缘	用压线板压实导线（不能用力过猛）后，将绝缘纸折好放入层间绝缘即可嵌放上层线圈
4	封槽口	槽楔条 槽绝缘 层间绝缘	当线圈嵌放工作完成后，应将导线压实，然后用线板划折起绝缘包住导线，从定子槽的一端打入槽楔条。槽楔条的长度应比槽绝缘短 3mm，厚度不小于 2.5mm，进槽后松紧要适当

续表

序　号	名　称	示 意 图	说　明
5	端部的整形	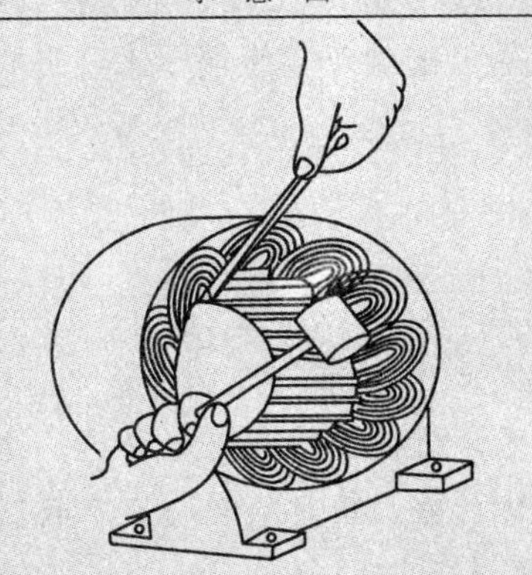	嵌好线圈后，检查线圈外形、端部排列和相间是否符合要求，然后用橡胶榔头将端部打成喇叭口。喇叭口的大小要适当，否则会影响电动机散热和对地绝缘，而且也不利于装置转子
6	线圈捆扎与线圈间的连接	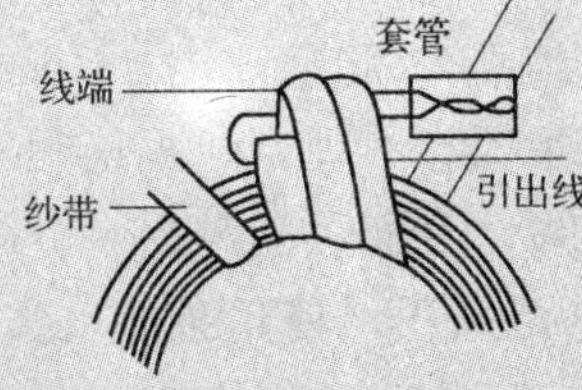 套管 线端 纱带 引出线	端部整形后，把端部绝缘修剪整齐，使绝缘纸高出导线 5～8mm，并进行线圈间的连接。 绕组引出线的选择见表 7-23
7	绕组的检验	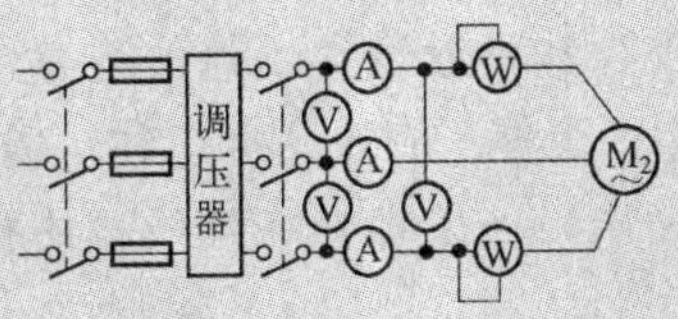 调压器	重绕定子绕组后，还要对绕组进行检查和试验，例如，检查绕组的线圈间有无接错、绕组有无短路、断路或绝缘损坏，测定绕组的直流电阻和绝缘电阻，进行耐压和空载试验等 如左图所示是电动机空载试验线路的示意图，其中瓦特表可测功率，电动机的功率为两表读数的代数和 对于额定电压在 500V 以下的电动机，其绝缘电阻不得低于 0.5MΩ
8	烘干浸漆	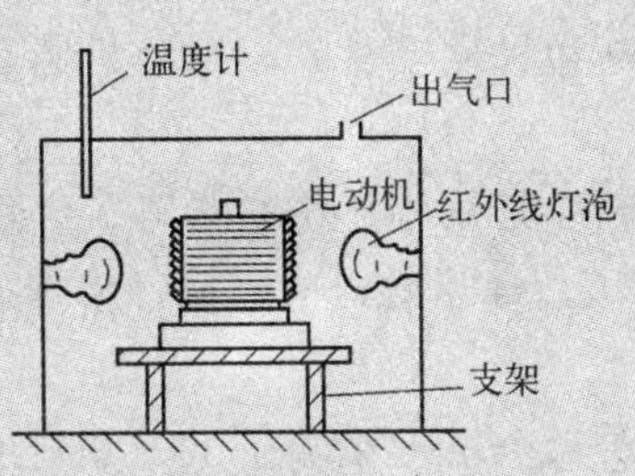 温度计 出气口 电动机 红外线灯泡 支架	烘干浸漆的目的是提高绕组的防潮性能，增加绝缘强度和机械强度，从而提高电动机的使用寿命 典型的浸漆工艺为：预烘→第 1 次浸漆→第 1 次烘干→第 2 次浸漆→第 2 次烘干→第 3 次浸漆→第 3 次烘干 烘干温度一般控制在 110～130℃，时间为 2～4h；浸漆温度一般控制在 60～80 ℃，保持 15 min 以上，直止不冒泡为止 对电动机的烘干方法有许多，如左图所示的是红外线灯泡烘干法，它是利用红外线灯泡（功率可按 4 k～5 kW 选用）直接照射电动机绕组进行烘干的一种方法

表 7-20　绕组引出线的选择

电流（A）	引出线截面积（mm^2）	电流（A）	引出线截面积（mm^2）
0.6 以下	1	31～46	6
6～10	1.5	45～60	10
11～12	2.5	61～90	16
12～30	4	91～720	25

4. 绕组接线端子的连接

将线圈连接好后留下的6个绕组出线头用引出线引出，接到电动机的接线盒 U_1、V_1、W_1（首端）和 U_2、V_2、W_2（末端）的相应接线端子上，这样就完成了对电动机绕组的重绕工作。

【本章小结7】

三相异步电动机是一种将电能转变为机械能的交流电动机。由于三相异步电动机结构简单，制造、使用和维修方便，运行可靠，重量较轻、成本较低，能适应各种不同使用条件的需要，在工农业生产中被广泛应用。

三相异步电动机由定子和转子两个基本部分组成。

每台电动机的机壳上都有一块铭牌，上面标有型号、规格和有关技术数据。

三相异步电动机的工作方式有连续、短时和断续三种。

在选用三相异步电动机时，应根据电源电压、使用条件、拖动对象、安装位置、安装环境等，并结合工矿企业的具体情况。

电动机的安装正确与否，不仅影响电动机能否正确工作，而且关系到安全运行问题。因此应安装在干燥、通风、灰尘较少和不致遭受水淹的地方；其安装场地的周围应留有一定的空间，以便于电动机的运行、维护、检修、拆卸和运输。

三相异步电动机的定子绕组引出线端，一般都接在接线盒的接线端子上，其连接方法有星形（Y）和三角形（△）两种。

对于新安装的或停用3个月以上的电动机，在使用前，应对电动机作绝缘性能的检查、机械传动装置的检查、电源电压与电动机的接线方法是否相符等的检查。

三相异步电动机的一般故障有电动机不能启动、电动机运转时声音不正常、电动机温升超过允许值、电动机轴承发烫、电动机发生噪声、电动机震动过大和电动机在运行中发生冒烟等。

三相异步电动机绕组的常见故障有绕组短路、绕组断路、绕组接地和轴承损坏等。检修时，应“由外到里、先机械后电气”，通过看、听、闻、摸等途径去检查，进行有针对性的处理。

三相异步电动机为了接线方便，在六个引出线端子上，分别用 U_1、V_1、W_1、U_2、V_2、W_2 编成代号来识别。

三相异步电动机绕组是三相异步电动机的重要部件之一，由许多线圈连接而成，所有线圈均嵌放在定子铁心的槽内，然后按一定的规律连接起来，成为电动机的绕组。

三相异步电动机绕组的重绕，主要包括拆除旧线圈、记录原始数据、清洗定子槽、制作绕线模、绕制线圈、嵌放线圈、连接线圈、绕组试验以及浸漆和烘干等。

【思考与练习 7】

1. 填空题

（1）三相异步电动机具有________________________________的特点。

（2）三相异步电动机与同步电动机及直流电动机的区别之一是______________。

（3）三相异步电动机主要由________和________两个基本部分组成。

（4）转差率 S 是异步电动机的一个重要参数，它是指______________________。

（5）电动机的三种运转状态是__________、__________、__________。

（6）三相异步电动机的选用应根据__________、__________、__________、__________、__________等具体情况。

（7）异步电动机的额定功率（P_N）是指____________________________，其单位是________。

（8）三相异步电动机的定子绕组连接方法有__________和________两种。

（9）三相异步电动机绕组的常见故障有_______、_______、_______和_______等。

2. 判断题（对打“√”，错打“×”）

（1）异步电动机转差率的变化范围为 0～1。（　）

（2）对皮带传动的电动机，必须使两皮带轮的轴互相平行，并且使两皮带轮宽度的中心线在一直线上。（　）

（3）电动机的接地电阻应大于 4Ω。（　）

（4）电动机在使用前，应作绝缘性能的检查，其值不得小于 0.5MΩ。（　）

（5）三相异步电动机的旋转方向与规定的方向不一致时，应立即停机，将三根电源线中的任意两根线对调一下。（　）

（6）对于绕组受潮的电动机，应及时进行烘干处理。（　）

（7）绝缘电阻低于 0.5MΩ，说明电动机受潮或绝缘性能很差。（　）

（8）电动机六个引出线端，分别用 U_1、V_1、W_1、U_2、V_2、W_2 编号表示。（　）

3. 问答题

（1）简述三相异步电动机的主要结构及其作用。

（2）三相异步电动机为什么又叫感应电动机？解释“异步”的含义。

（3）在应用中，如何改变三相异步电动机的旋转方向？你能操作一下吗？

（4）电动机引出线端上的编号有什么用处？

（5）电动机没有引出线端子板，或引出线上没有编号时，怎样连接？

（6）三相异步电动机定子绕组六根引出线接错会产生什么后果？

（7）电动机在运行中应做哪些监视和检查？

（8）异步电动机在运行中常有哪些不正常的现象？

（9）异步电动机在运行中发生噪声是什么原因，怎样处理？

（10）异步电动机震动过大是什么原因，怎样处理？

（11）电动机在运行中发生冒烟怎么办？

（12）电动机的轴承为什么有时发热？

（13）如何利用万用表判断电动机绕组的断路？

（14）如何利用万用表判断电动机绕组的短路？

（15）如何利用万用表判断电动机绕组碰壳通地？

第 8 章　基本电气控制线路的装接

【学习目标】

- 熟悉基本控制线路类型及其装接步骤。
- 学会三相异步电动机基本控制线路的装接技能。

8.1　基本控制线路类型及其装接步骤

三相异步电动机具有效率高、价格低、控制维护方便等优点，在工矿企业生产中应用十分广泛。我们常把用电动机带动生产机械工作的电力拖动系统称作电力拖动，其主要任务是对电动机实现各种控制和保护。

8.1.1　基本控制线路的类型

三相异步电动机的基本控制线路类型如下：

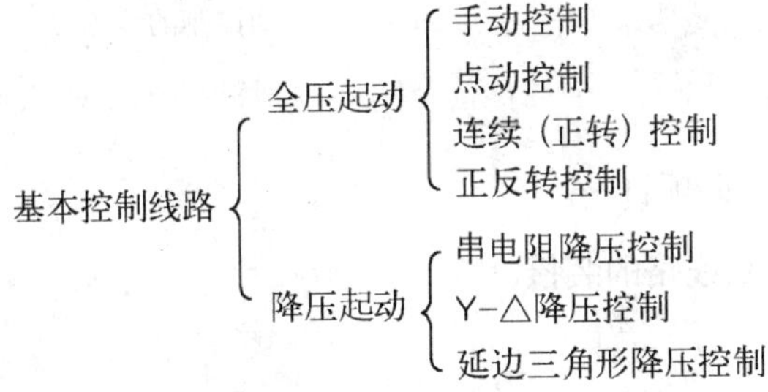

8.1.2　基本控制线路的装接步骤

三相异步电动机的基本控制线路的装接，一般应按照以下步骤进行。

（1）识读电路图。明确电路所用电器元件名称及其作用，熟悉电路的工作原理，在电气原理图上编号。

（2）配齐电器元件。根据电路图或元件明细表配齐电器元件，并进行检验。

（3）电器元件选配与安装。根据接线图将电器元件安装在控制板上，根据电动机容量选配符合规格的导线，并在导线两端套上标有与电路图相一致编号的号码管。

（4）安装电动机。

（5）连接保护接地线、电源线及控制板外部的导线。连接电动机和所有电器元件金属外壳的保护接地线，连接电源、电动机及控制板外部的导线。

（6）学生自检和互检。

（7）通电试运行。

8.2 三相异步电动机基本控制线路

8.2.1 三相异步电动机手动控制线路

1. 手动控制线路

工厂中使用的砂轮机、小型台钻、机床冷却泵等设备，常采用手动控制电路，如图 8-1 所示。

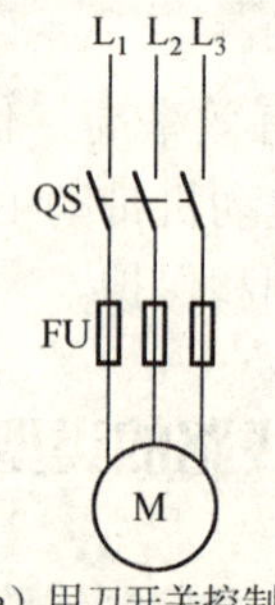

（a）用刀开关控制

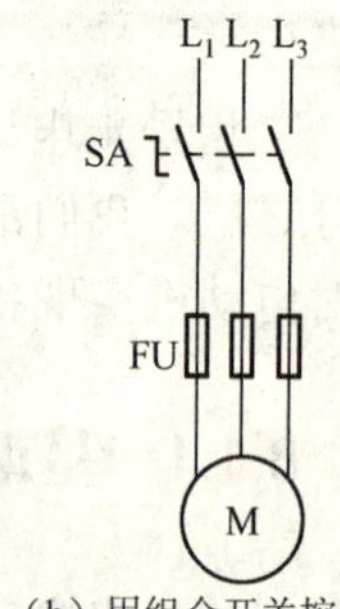

（b）用组合开关控制

图 8-1 手动控制的线路

2. 手动控制线路工作过程

（1）启动。

合上刀开关 QS（或转动组合开关旋钮 SA）→电动机 M 工作。

（2）停止。

分离刀开关 QS（或复位组合开关旋钮 SA）→电动机 M 停止工作。

3. 三相异步电动机手动控制线路的装接

三相异步电动机手动控制线路的装接见实训项目 16。

【实训项目 16】 三相异步电动机手动控制线路的装接

1. 实训要求

学会手动控制线路的正确装接，能检修一般故障。

2. 实训器材

（1）工具和仪表：验电笔、旋具、尖嘴钳、剥线钳、电工刀、兆欧表、钳形电流表、万用表等。

（2）器材：控制板（500mm × 400mm × 20mm）一块，电器元件见表 8-1，导线（动力电路采用 BVR1.5mm^2 黑色塑料铜芯线，接地线采用 BVR 不小于 1.5mm^2 黄绿双色铜芯线）长度按敷设方式确定。

表 8-1 元器件明细表

名　称	代　号	型　号	规　格	数　量
三相异步电动机	M	Y112M-4	4 kW、380 V、△接法、6.8 A、1420 r/min	1
刀开关	QS	HK1-30/3	三极、380 V、30 A、熔体直连	1
组合开关	QS	HZ10-25/3	三极、380 V、25 A	1
瓷插式熔断器	FU	RC1A-30/20	380 V、30 A、配 20 A 熔体	3

3. 实训步骤

➢ 说一说：工作原理

请你说一说三相异步电动机手动控制线路的工作原理。

➢ 想一想：注意事项

请你想一想为什么要注意下列事项。

（1）控制板（开关）应处于能观察电动机运行的位置上。

（2）电动机使用的电源电压和绕组的接法必须与铭牌上的规定相一致。

（3）接线时，必须先接负载端，后接电源端；先接接地线，后接三相电源相线。

（4）通电试车时，若发现异常情况应立即断电检查。

➢ 做一做：线路装接

（1）按表 8-1 配齐所有电器元件，并进行质量检查。

（2）在控制板安装电器元件，电器元件安装牢固，并符合工艺要求。

（3）根据电动机位置确定线路走向，做好敷设。

（4）安装电动机，连接保护接地线。

（5）连接控制板至电动机的导线。

（6）检查安装质量。

（7）接上三相电源。

（8）经老师检查合格后进行通电试运行。

➢ 写一写：收获体会

请把你的收获和体会写下来。

4. 实训评价

分值及标准 / 项目	配分	评分标准		扣分
电器元件检查	20	（1）电动机漏检 （2）低压电器漏检	扣 5 分 每件扣 5 分	
安装工艺	20	（1）低压电器安装不整齐、不合理 （2）低压电器安装不牢固 （3）低压电器安装过程中损坏	每件扣 2 分 每件扣 2 分 每件扣 5 分	
接线工艺	30	（1）接点不符合要求 （2）损坏导线绝缘或芯线 （3）漏接接地线	每个接点扣 1 分 每根扣 2 分 扣 10 分	
通电试运行	20	（1）第 1 次试运行不成功 （2）第 2 次试运行不成功 （3）第 3 次试运行不成功	扣 5 分 扣 10 分 扣 20 分	
安全文明操作	10	违反安全文明操作规程（视实际情况进行扣分）		
额定时间	每超过 5min 扣 5 分			

开始时间		结束时间		实际时间		成绩	

8.2.2 三相异步电动机点动、自锁控制线路

1. 接触器点动正转控制线路

“点动控制”指需要电动机作短时断续工作时，只要按下按钮，电动机就转动；松开按钮，电动机就停止动作。它是用按钮、接触器来控制电动机运转的最简单的正转控制线路，例如，工厂中使用的电动葫芦和机床快速移动装置等，其电路如图 8-2 所示。

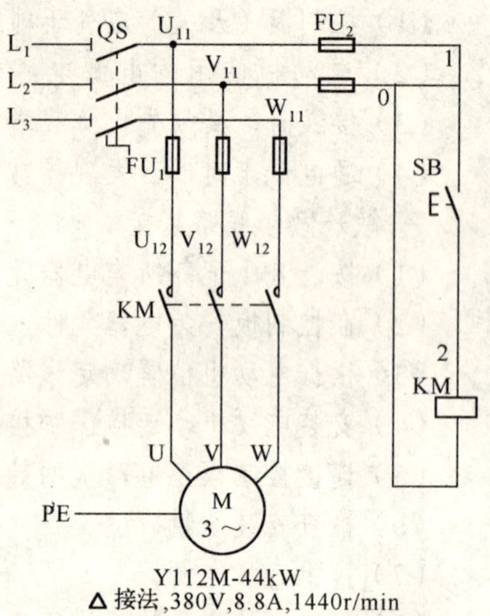

图 8-2 接触器点动正转控制线路

先合上电源开关 QS，点动正转控制线路的工作过程如下：

（1）启动。

按下按钮 SB→接触器线圈 KM 得电→接触器主触点 KM 闭合→电动机 M 启动运行。

（2）停止。

松开按钮 SB→接触器线圈 KM 失电→接触器主触点 KM 分断→电动机 M 失电停转。

电动机 M 停止后，断开电源开关 QS。

接触器点动控制线路的安装技能，参考实训项目 17 中的任务 1。

2. 无过载保护的接触器自锁控制线路

“自锁”是指当电动机启动后，再松开启动按钮 SB_1，控制电路仍保持接通，电动机仍继续运转工作。无过载保护的接触器自锁控制线路图如图 8-3 所示。

先合上电源开关 QS，无过载保护的接触器自锁控制线路的工作过程如下：

（1）启动。

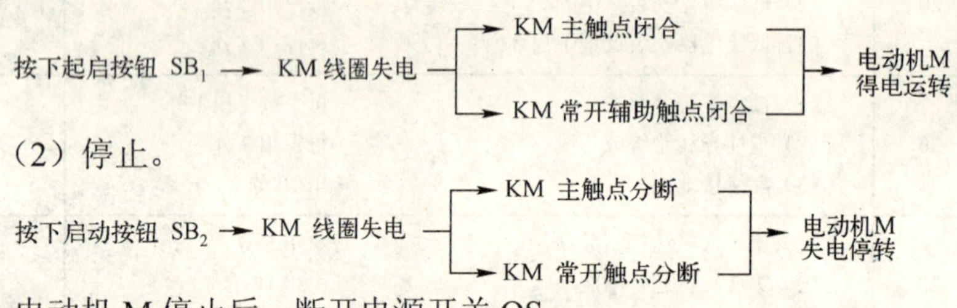

（2）停止。

电动机 M 停止后，断开电源开关 QS。

无过载保护的接触器自锁控制线路的安装技能，参考实训项目 17 中的任务 2。

3. 有过载保护的接触器自锁控制线路

过载保护是指当电动机长期负载过大，或启动操作频繁，或者缺相运行等原因时，能自动切断电动机电源，使电动机停止转动的一种保护。在工厂的动力设备上常采用这类方式。具有过载保护的接触器自锁控制线路如图 8-4 所示。

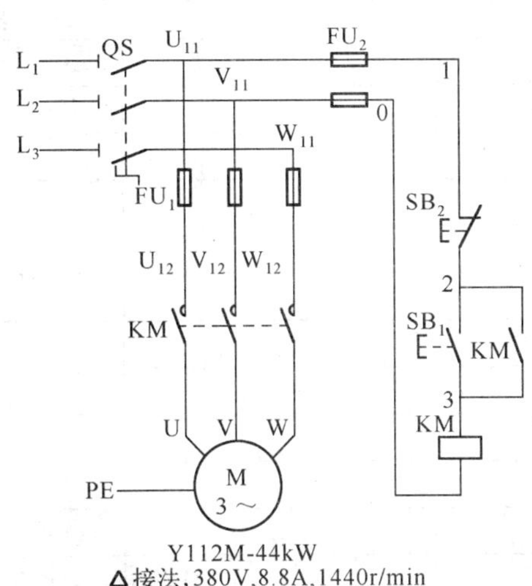

图 8-3　无过载保护的接触器自锁控制线路

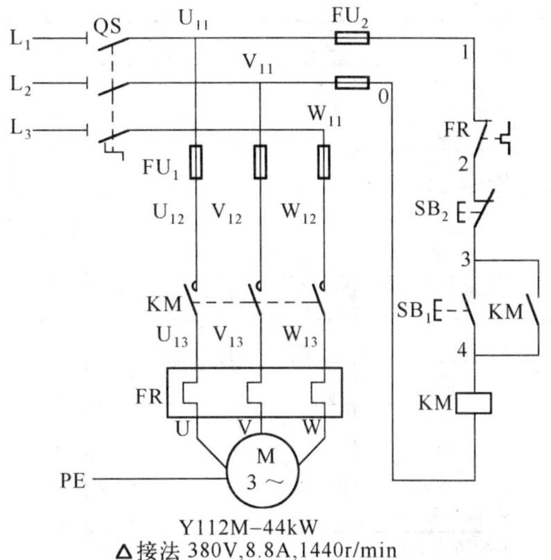

图 8-4　具有过载保护的接触器自锁控制线路

电路的工作过程与无过载保护的接触器自锁控制线路的过程基本相同，可以自行分析。有过载保护的接触器自锁控制线路的安装技能，参考实训项目 19 中的任务 3。

【实训项目 17】　三相异步电动机正转控制线路的装接

1. 实训要求

学会三相异步电动机点动控制线路、自锁控制线路的正确装接技能。（教师可根据学生的实际情况和教学要求选取其中一个任务或全部任务进行训练。）

2. 实训器材

（1）工具和仪表：验电笔、旋具、尖嘴钳、剥线钳、电工刀、兆欧表、钳形电流表、万用表等。

（2）器材：控制板（500mm × 400mm × 20mm）一块、三相异步电动机、组合开关、螺旋式熔断器、交流接触器、热过载保护器、按钮、端子板、导线及螺钉。

3. 实训步骤

任务 1　接触器点动控制线路安装技能的训练

➢ 说一说：器件与导线

根据如图 8-2 所示的电气原理图，请你说一说三相异步电动机接触器点动控制线路所需要器材的代号、型号、规格和数量，并填写在表中。

➢ 想一想：注意事项

请你想一想三相异步电动机接触器点动控制线路的工作原理及在实训中为什么要注意下列事项。

（1）控制板（开关）应处于便于观察电动机运行的位置上。

（2）电动机使用的电源电压和绕组的接法必须与铭牌上规定的一致。

（3）接线时，必须先接负载端，后接电源端；先接接地线，后接三相电源相线。

（4）通电试车时，若发现异常情况应立即断电检查。

元器件及导线明细表				
名　称	代　号	型　号	规　格	数　量
三相异步电动机	M	Y112M-4	4 kW、380 V、△接法、6.8 A、1 440 r/min	
组合开关				
按钮				
主电路熔断器				
控制电路熔断器				
交流接触器				
端子板				
主电路导线				
控制电路导线				
按钮导线				
接地导线				

➢ 做一做：线路装接

（1）对所用元件进行质量检查。

（2）元件布置如图 8-5（a）所示，将元件固定在控制板上。要求元件安装牢固，并符合工艺要求。

（3）进行线路连接，如图 8-5（b）所示。

（4）安装电动机，连接保护接地线。

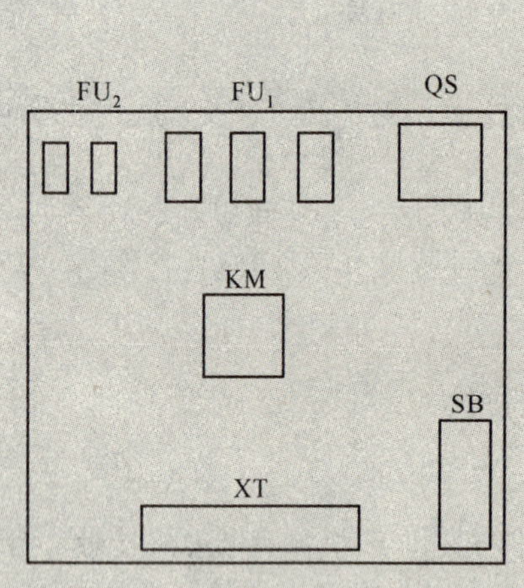

（a）元件布置参考图

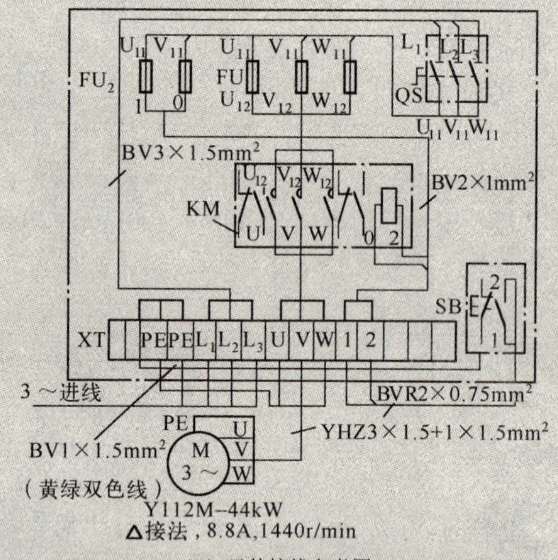

（b）元件接线参考图

图 8-5　点动控制线路元件布置和接线

（5）连接控制板至电动机的导线。

（6）检查安装质量。

（7）通电试运行。

➢ 评一评：实训评价

项目 \ 分值及标准	配　分	评 分 标 准		扣　分
装前检查	5	电器元件漏检或错误	每处扣 1 分	
安装元件	15	（1）不按布置图安装 （2）元件安装不牢固 （3）元件安装不整齐、不匀称、不合理 （4）损坏元件	扣 15 分 每处扣 4 分 每只扣 3 分 扣 15 分	
布线	40	（1）不按电路图接线 （2）布线不符合要求 主电路 控制电路 （3）接点不符合要求 （4）损坏导线绝缘或线芯 （5）漏接接地线	扣 25 分 扣 4 分 扣 2 分 每个接点扣 1 分 每根扣 5 分 扣 10 分	
通电试运行	40	（1）第 1 次试运行不成功 （2）第 2 次试运行不成功 （3）第 3 次试运行不成功	扣 20 分 扣 30 分 扣 40 分	
安全文明操作	违反安全文明操作规程（视实际情况进行扣分）			
额定时间	每超过 5min 扣 5 分			
开始时间		结束时间		实际时间		成绩	

任务 2　无过载保护的接触器自锁控制线路安装技能的训练

➢ 说一说：器件与导线

请根据如图 8-3 所示的电气原理图，请你说一说无过载保护的三相异步电动机接触器自锁控制线路所需要器材的代号、型号、规格和数量，并填写在表中。

元器件及导线明细表

名　称	代　号	型　号	规　格	数　量
三相异步电动机	M	Y112M-4	4 kW、380 V、△接法、6.8 A、1 440 r/min	
组合开关				
按钮				
主电路熔断器				
控制电路熔断器				
交流接触器				
端子板				
主电路导线				
控制电路导线				
按钮导线				
接地导线				

➢ 想一想：工作原理

请你想一想无过载保护的三相异步电动机接触器自锁控制线路工作原理。

➢ 做一做：线路装接

（1）对所用元件进行质量检查。

（2）元件布置如图 8-6（a）所示，将元件固定在控制板上。要求元件安装牢固，并符合工艺要求。

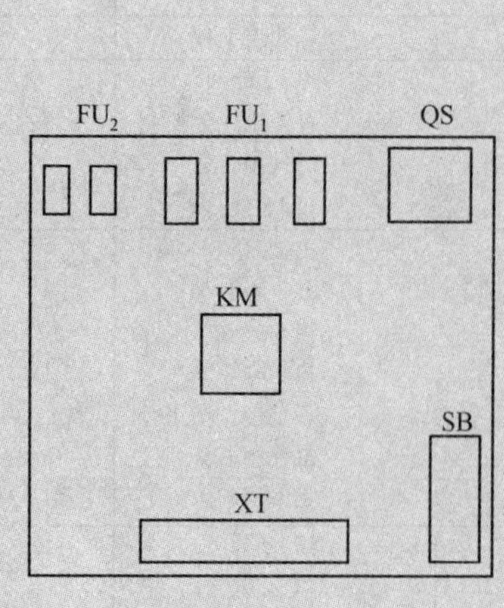

（a）元件布置

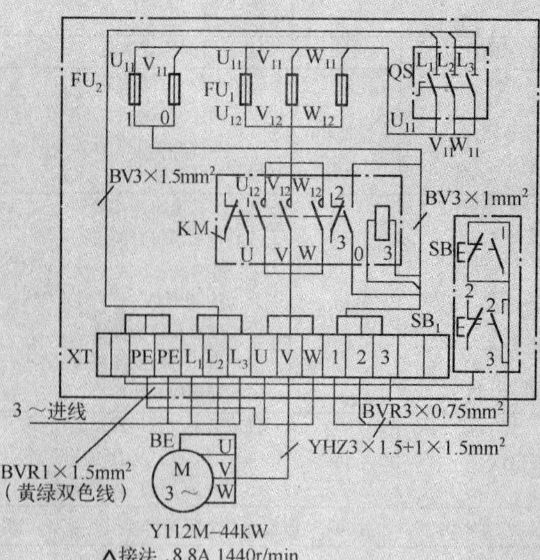

（b）元件接线

图 8-6 无过载保护自锁控制线路元件布置和接线

（3）进行线路连接，如图 8-6（b）所示。

（4）安装电动机，连接保护接地线。

（5）连接控制板至电动机的导线。

（6）检查安装质量。

（7）经老师检查合格后进行通电试运行。

➢ 评一评：实训评价

分值及标准 / 项目	配分	评分标准		扣分
装前检查	5	电器元件漏检或错误	每处扣1分	
安装元件	15	（1）不按布置图安装 （2）元件安装不牢固 （3）元件安装不整齐、不匀称、不合理 （4）损坏元件	扣15分 每处扣4分 每只扣3分 扣15分	
布线	40	（1）不按电路图接线 （2）布线不符合要求 主电路 控制电路 （3）接点不符合要求 （4）损坏导线绝缘或线芯 （5）漏接接地线	扣25分 扣4分 扣2分 每个接点扣1分 每根扣5分 扣10分	
通电试运行	40	（1）第1次试运行不成功 （2）第2次试运行不成功 （3）第3次试运行不成功	扣20分 扣30分 扣40分	
安全文明操作	违反安全文明操作规程（视实际情况进行扣分）			
额定时间	每超过5min扣5分			

开始时间		结束时间		实际时间		成绩	

任务 3　有过载保护的接触器自锁控制线路安装技能的训练

➢ 说一说：器件与导线

根据如图 8-4 所示的电气原理图，请你说一说有过载保护的三相异步电动机接触器自锁控制线路所需要器材的代号、型号、规格和数量，并填写在表中。

➢ 想一想：工作原理

请你想一想有过载保护的三相异步电动机接触器自锁控制线路工作原理。

元器件及导线明细表				
名　称	代　号	型　号	规　格	数　量
三相异步电动机	M	Y112M-4	4 kW、380 V、△接法、6.8 A、1 440 r/min	
组合开关				
按钮				
主电路熔断器				
控制电路熔断器				
交流接触器				
热过载保护器				
端子板				
主电路导线				
控制电路导线				
按钮导线				
接地导线				

➢ 做一做：线路装接

（1）对所用元件进行质量检查。

（2）元件布置如图 8-7（a）所示，将元件固定在控制板上。要求元件安装牢固，并符合工艺要求。

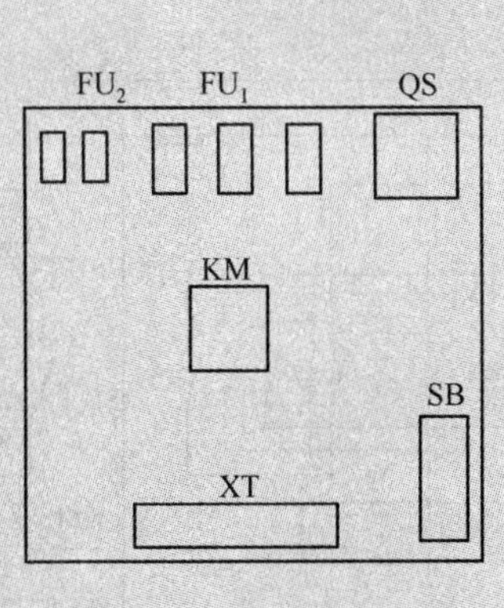

（a）元件布置

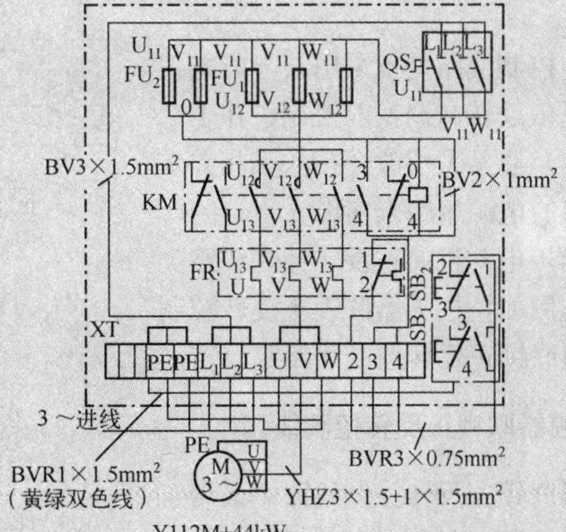

（b）元件接线

图 8-7　有过载保护的接触器自锁控制线路元件布置和接线

（3）进行线路连接，图 8-7（b）所示。

（4）安装电动机，连接保护接地线。

（5）连接控制板至电动机的导线。

（6）检查安装质量。

（7）经老师检查合格后进行通电试运行。

➢ 评一评：实训评价

分值及标准 / 项目	配　分	评 分 标 准		扣　分			
装前检查	5	电器元件漏检或错误	每处扣 1 分				
安装元件	15	（1）不按布置图安装 （2）元件安装不牢固 （3）元件安装不整齐、不匀称、不合理 （4）损坏元件	扣 15 分 每处扣 4 分 每只扣 3 分 扣 15 分				
布线	40	（1）不按电路图接线 （2）布线不符合要求 主电路 控制电路 （3）接点不符合要求 （4）损坏导线绝缘或线芯 （5）漏接接地线	扣 25 分 扣 4 分 扣 2 分 每个接点扣 1 分 每根扣 5 分 扣 10 分				
通电试运行	40	（1）第 1 次试运行不成功 （2）第 2 次试运行不成功 （3）第 3 次试运行不成功	扣 20 分 扣 30 分 扣 40 分				
安全文明操作	违反安全文明操作规程（视实际情况进行扣分）						
额定时间	每超过 5min 扣 5 分						
开始时间		结束时间		实际时间		成绩	

➢ 写一写：收获体会

请你写出对本次实训的收获和体会。

8.2.3　三相异步电动机正反转控制线路

正反转控制线路是指采用某一方式使电动机实现正反转向调换的控制。在工厂动力设备上，通常采用改变接入三相异步电动机绕组的电源相序来实现。

三相异步电动机的正反转控制线路类型有许多，例如，接触器联锁正反转控制线路、按钮联锁正反转控制线路等。

1. 接触器联锁正反转控制线路

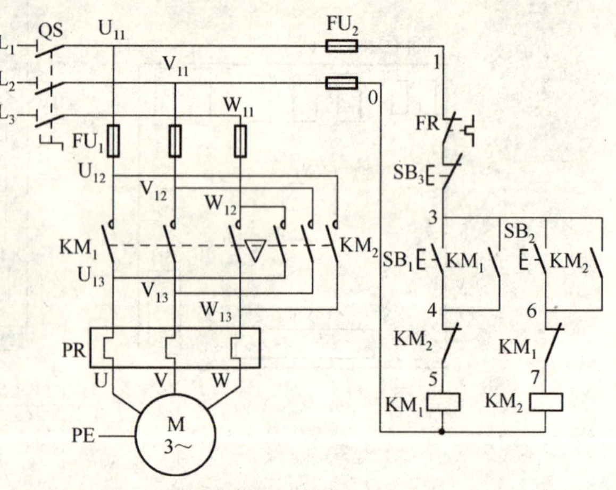

图 8-8　接触器联锁正反转控制线路

接触器联锁正反转控制线路中采用了 2 只接触器，即正转用的接触器 KM_1 和反转用的接触器 KM_2，它们分别由正转按钮 SB_1 和反转按钮 SB_2 控制，如图 8-8

所示。为了避免 2 只接触器 KM_1 和 KM_2 同时得电动作，在正反转控制线路中分别串接了对方接触器的一个常闭辅助触点。这样，当一个接触器得电动作时，通过其常闭辅助触点使另一个接触器不能得电动作，接触器间这种相互制约的作用叫接触器联锁（或互锁）。实现联锁作用的常闭辅助触点叫做联锁触点（或互锁触点），符号用“▽”表示。

接触器联锁正反转控制线路工作过程：

先合上电源开关 QS。

① 正转。

按下正转按钮 SB_1 → KM_1 线圈得电 →
- → KM_1 常闭触点断开，闭锁 KM_2
- → KM_1 常闭触点闭合自锁
- → KM_1 主触点闭合 → 电动机M正转

② 反转。

按下正转按钮 SB_2 → KM_2 线圈得电 →
- → KM_2 常闭触点断开，闭锁 KM_1
- → KM_2 常闭触点闭合自锁
- → KM_2 主触点闭合 → 电动机M反转

③ 停止。

按下正转按钮 SB_3 → 按制电路失电 → KM_1（或 KM_2）主触点分断 → 电动机 M 停止运转

电动机 M 停止后，断开电源开关 QS。

接触器联锁正反转控制线路的安装技能，参考实训项目 18 中的任务 1。

2. 按钮联锁正反转控制线路

按钮联锁正反转控制线路是把正转按钮 SB_1 和反转按钮 SB_2 换成两个复合按钮，并使两个复合按钮的常闭触点代替接触器的联锁触点，从而克服了接触器联锁正反转控制线路操作不便的缺点，如图 8-9 所示。

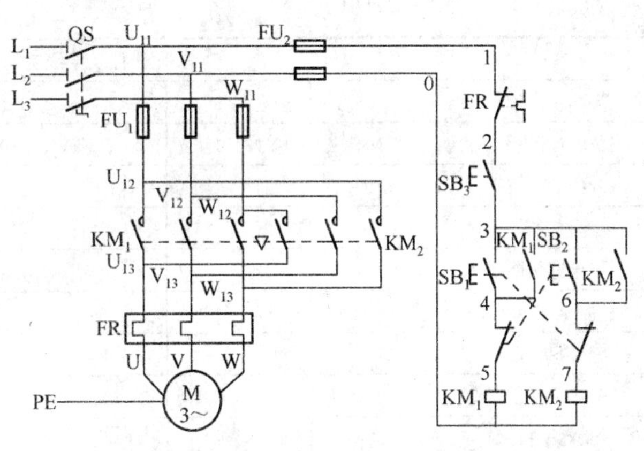

图 8-9 按钮联锁正反转控制线路

按钮联锁正反转控制线路工作过程：

合上电源开关 QS。

① 正转。

按下正转接钮 SB_1 →
- → SB_1 常闭触点断开，闭锁 KM_2
- → KM_1 线圈得电 → KM_1 主触点闭合 → 电动机M正转

② 反转。

按下正转接钮 KB_2 →
- → KB_2 常闭触点断开，闭锁 KM_1
- → KM_2 线圈得电 → KM_2 主触点闭合 → 电动机M正转

③ 停止。

按下正转按钮 SB_3 → 按制电路失电 → 所有控制电器线圈失电 → 电动机M停止运转

电动机 M 停止后，断开电源开关 QS。

按钮联锁正反转控制线路的安装技能，参考实训项目 18 中的任务 2。

【实训项目18】 三相异步电动机正反转控制线路的装接

1. 实训要求

学会三相异步电动机正反转控制线路的正确装接技能（教师可根据学生的实际情况和教学要求选取其中一个任务或全部任务进行训练）。

2. 实训器材

（1）工具和仪表：验电笔、螺丝刀、尖嘴钳、剥线钳、电工刀、兆欧表、钳形电流表、万用表等。

（2）器材：控制板（500 mm × 400 mm × 20 mm）一块、三相异步电动机、组合开关、螺旋式熔断器、交流接触器、热过载保护器、按钮、复合按钮、端子板、导线及螺钉。

3. 实训步骤

任务1 接触器联锁正反转控制线路安装技能的训练

➢ 想一想：工作原理

请你想一想三相异步电动机接触器联锁正反转控制线路的工作原理。

➢ 说一说：器件与导线

根据如图8-8所示的电气原理图，说一说三相异步电动机接触器联锁正反转控制线路所需要器材的代号、型号、规格和数量，并填写在表中。

元器件及导线明细表				
名　　称	代　　号	型　　号	规　　格	数　　量
三相异步电动机	M	Y112M-4	4 kW、380 V、△接法、6.8 A、1440 r/min	
组合开关				
按钮				
主电路熔断器				
控制电路熔断器				
交流接触器				
热过载保护器				
端子板				
主电路导线				
控制电路导线				
按钮导线				
接地导线				

➢ 做一做：线路装接

（1）对所用元件进行质量检查。

（2）元件布置如图8-10（a）所示，将元件固定在控制板上。要求元件安装牢固，并符合工艺要求。

（3）进行线路连接，如图8-10（b）所示。

（4）安装电动机，连接保护接地线。

（5）连接控制板至电动机的导线。

（6）检查安装质量。

（7）经老师检查合格后进行通电试运行。

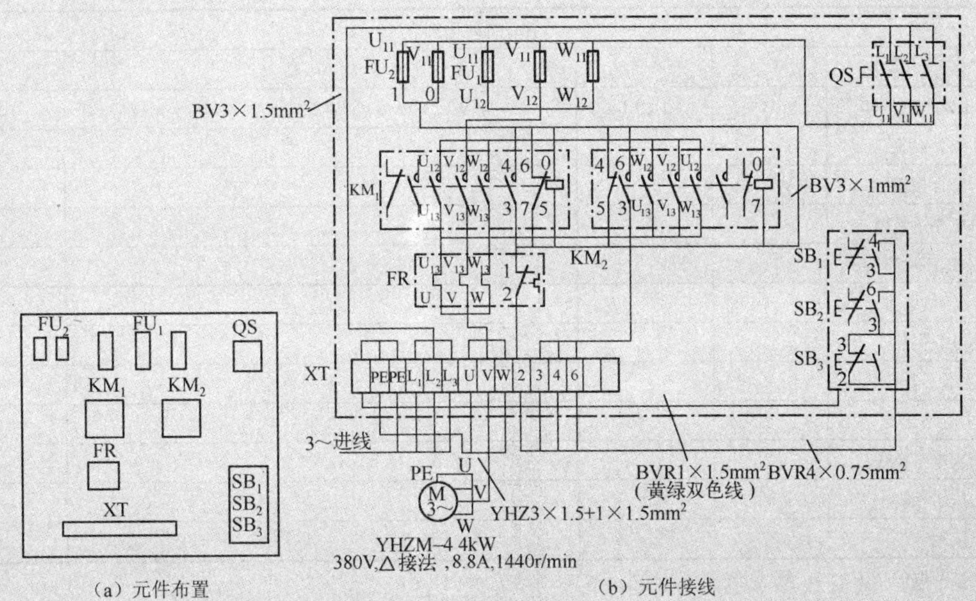

（a）元件布置　　（b）元件接线

图 8-10　接触器联锁正反转控制线路的元件布置和接线

➢ 评一评：实训评价

<table>
<tr><th>项目内容</th><th>配分</th><th colspan="5">评分标准</th><th>扣分</th></tr>
<tr><td>装前检查</td><td>5</td><td colspan="4">电器元件漏检或错误</td><td>每处扣 1 分</td><td></td></tr>
<tr><td>安装元件</td><td>15</td><td colspan="4">（1）不按布置图安装
（2）元件安装不牢固
（3）元件安装不整齐、不匀称、不合理
（4）损坏元件</td><td>扣 15 分
每处扣 4 分
每只扣 3 分
扣 15 分</td><td></td></tr>
<tr><td>布线</td><td>40</td><td colspan="4">（1）不按电路图接线
（2）布线不符合要求
主电路
控制电路
（3）接点不符合要求
（4）损坏导线绝缘或线芯
（5）漏接接地线</td><td>扣 25 分

扣 4 分
扣 2 分
每个接点扣 1 分
每根扣 5 分
扣 10 分</td><td></td></tr>
<tr><td>通电试运行</td><td>40</td><td colspan="4">（1）第 1 次试运行不成功
（2）第 2 次试运行不成功
（3）第 3 次试运行不成功</td><td>扣 20 分
扣 30 分
扣 40 分</td><td></td></tr>
<tr><td colspan="2">安全文明操作</td><td colspan="5">违反安全文明操作规程（视实际情况进行扣分）</td><td></td></tr>
<tr><td colspan="2">额定时间</td><td colspan="6">每超过 5min 扣 5 分</td></tr>
<tr><td>开始时间</td><td></td><td>结束时间</td><td></td><td>实际时间</td><td></td><td>成绩</td><td></td></tr>
</table>

任务 2　按钮联锁正反转控制线路安装技能的训练

➢ 想一想：工作原理

请你想一想三相异步电动机按钮联锁正反转控制线路的工作原理。

➢ 说一说　器件与导线

根据如图 8-9 所示的电气原理图，请你说一说三相异步电动机按钮联锁正反转控制线路所需要器材的代号、型号、规格和数量，并填写在表8-11中。

元器件及导线明细表				
名称	代号	型号	规格	数量
三相异步电动机	M	Y112M-4	4kW、380V、△接法、6.8A、1440r/min	
组合开关				
复合按钮				
主电路熔断器				
控制电路熔断器				
交流接触器				
热过载保护器				
端子板				
主电路导线				
控制电路导线				
按钮导线				
接地导线				

➢ 做一做：线路装接

（1）对所用元件进行质量检查。

（2）参考元件布置图，如图8-10（a）所示，将元件固定在控制板上。

（3）进行线路连接。

（4）安装电动机，连接保护接地线。

（5）连接控制板至电动机的导线。

（6）检查安装质量，经老师检查合格后进行通电试运行。

➢ 评一评：实训评价

项目内容	配分	评分标准		扣分
装前检查	5	电器元件漏检或错误	每处扣1分	
安装元件	15	（1）不按布置图安装 （2）元件安装不牢固 （3）元件安装不整齐、不匀称、不合理 （4）损坏元件	扣15分 每处扣4分 每只扣3分 扣15分	
布线	40	（1）不按电路图接线 （2）布线不符合要求 主电路 控制电路 （3）接点不符合要求 （4）损坏导线绝缘或线芯 （5）漏接接地线	扣25分 扣4分 扣2分 每个接点扣1分 每根扣5分 扣10分	
通电试运行	40	（1）第1次试运行不成功 （2）第2次试运行不成功 （3）第3次试运行不成功	扣20分 扣30分 扣40分	
安全文明操作		违反安全文明操作规程（视实际情况进行扣分）		
额定时间		每超过5min扣5分		
开始时间		结束时间	实际时间	成绩

➢ 写一写：收获体会

请你写出对本次实训的收获和体会。

8.2.4　三相异步电动机降压控制线路

在工厂中，凡功率较大的动力控制线路常采用各种降压启动三相异步电动机。常见的降压启动控制线路有串电阻降压启动、Y-△降压启动和延边三角形降压启动等。

1. 串电阻降压启动控制线路

串电阻降压启动控制线路是指在电动机启动时，把电阻串接在电动机定子绕组与电源之间，通过电阻的分压作用来降低定子绕组上的启动电压。待电动机启动结束后，再将电阻短接，使电动机在额定电压下正常运行的控制线路。

如图 8-11 所示的是一种按钮与接触器控制的串电阻降压启动线路图。由于按钮与接触器控制是手动控制的串电阻降压启动线路，电动机从降压启动到全压运行都要由人员操作来实现，工作既不方便也不可靠。

在实际应用中，常采用时间继电器来自动完成短接电阻的要求，以实现自动控制，如图 8-12 所示。

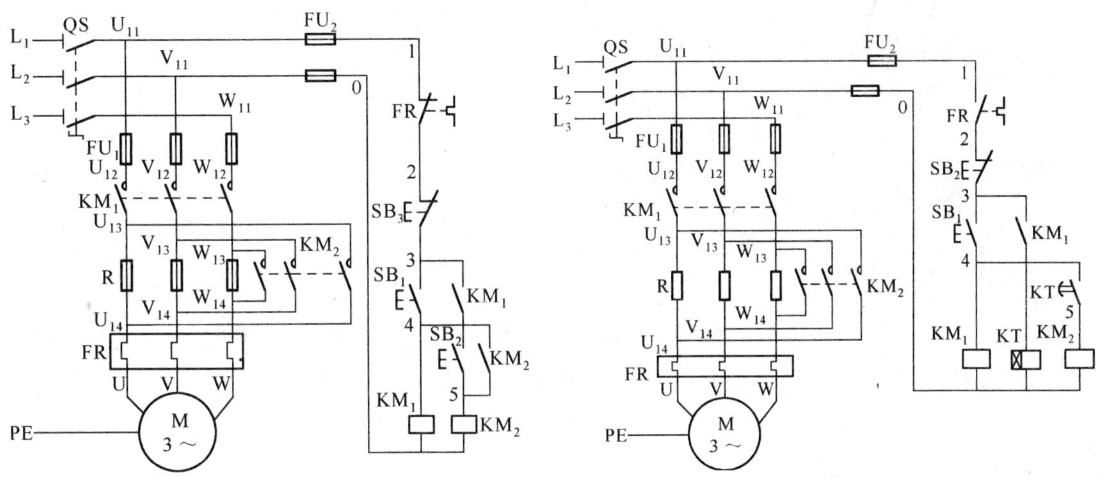

图 8-11　按钮与接触器控制的串电阻降压启动线路　　图 8-12　时间继电器控制的串电阻降压启动线路

时间继电器控制的串电阻降压启动线路的工作过程：

合上电源开关 QS。

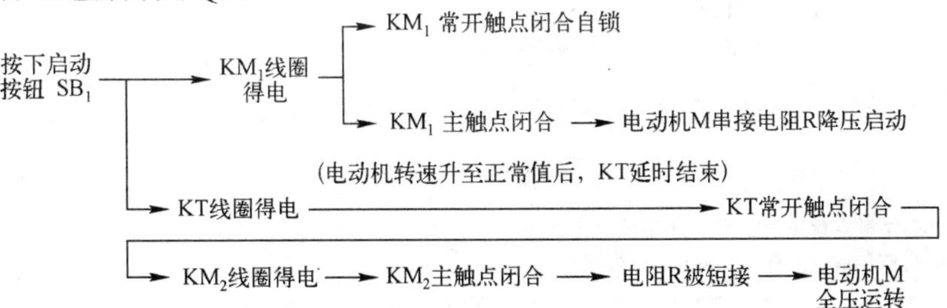

按下按钮 SB_2 即可实现停止。电动机 M 停止后，断开电源开关 QS。

时间继电器控制的串电阻降压启动线路的安装技能，参考实训项目 19 中的任务 1。

2. Y-△降压启动控制线路

Y-△降压启动控制线路是指把定子绕组接成星形，以降低启动电压，限制启动电流。

待电动机启动后，再把定子绕组接成三角形，使电动机在额定电压下正常运行的控制线路。凡是在正常运行时定子绕组作三角形连接的异步电动机，均可采用这种降压启动方法。

如图 8-13 所示的是一种按钮、接触器控制Y-△降压启动线路图。该线路由 3 个接触器、1 个热继电器和 3 个按钮组成。接触器 KM 作为引入电源用，接触器 KM_Y 和 $KM_\triangle$ 分别作星形连接启动用和三角形连接运行用，SB_1 是启动按钮，SB_2 是Y-△换接按钮，SB_3 是停止按钮，FU_1 作主电路的短路保护，FU_2 作控制电路的短路保护，FR 作过载保护。

在实际应用中，常采用时间继电器自动完成Y-△切换，以实现自动降压启动控制，如图 8-14 所示。该线路由 3 个接触器、1 个热继电器、1 个时间继电器和 2 个按钮组成。时间继电器 KT 用作控制星形连接降压启动时间并完成Y-△自动切换。

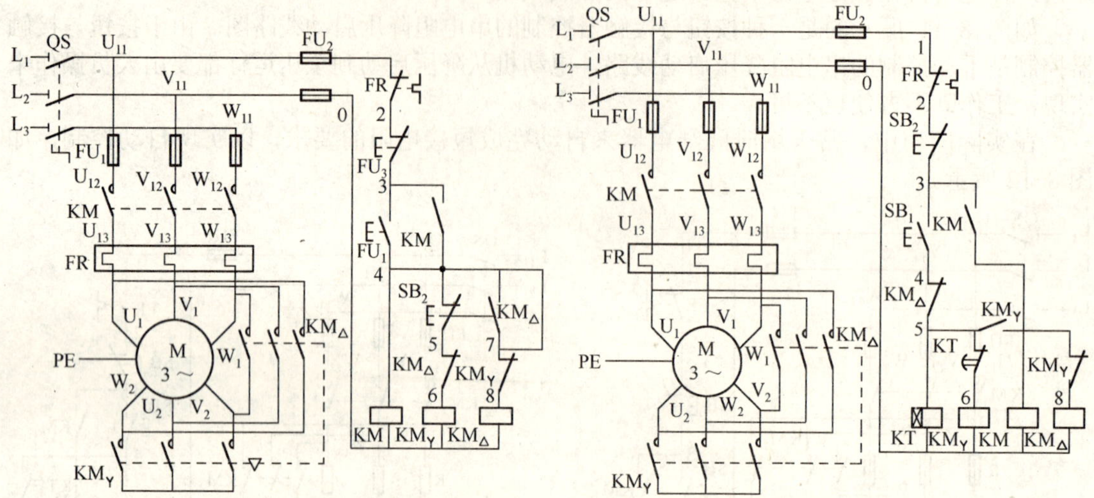

图 8-13 按钮、接触器控制Y-△降压启动线路

图 8-14 时间继电器自动控制Y-△降压启动线路

时间继电器自动控制Y-△降压启动线路的工作过程：

合上电源开关 QS。

① 启动。

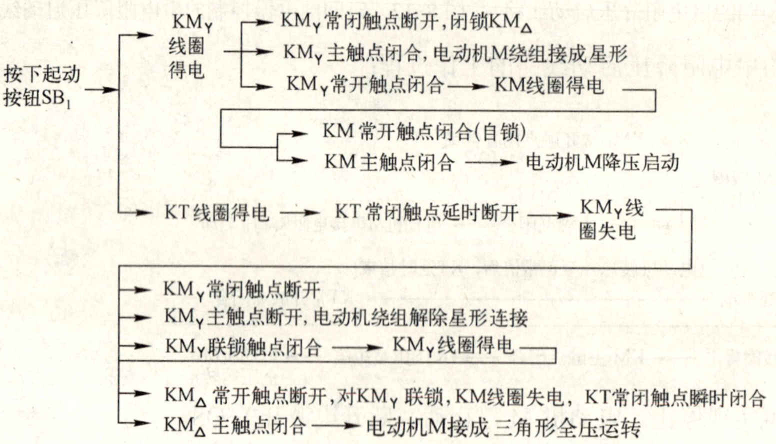

② 停止。

按下停止按钮 SB_2

电动机 M 停止后，断开电源开关 QS。

时间继电器自动控制Y-△降压启动线路的安装技能，参考实训项目 19 中的任务 2。

3. 延边三角形连接降压启动控制线路

延边三角形连接降压启动控制线路是指电动机启动时，把定子绕组的一部分接成三角形，另一部分接成星形，使整个绕组接成延边三角形连接，待电动机启动后，再把定子绕组改接成三角形全压运行的控制线路，如图 8-15 所示。

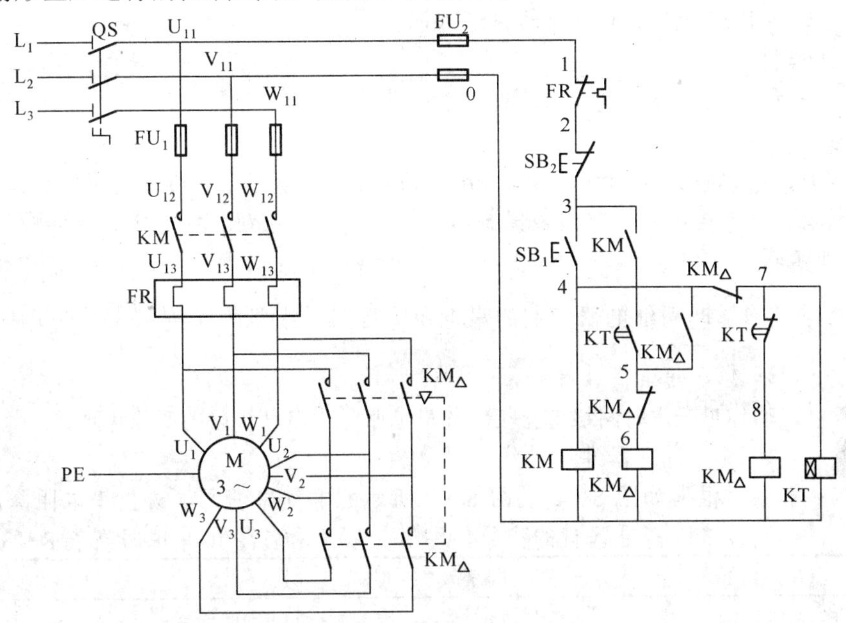

图 8-15　延边三角形连接降压启动控制线路

延边三角形连接降压启动控制线路的工作过程：

合上电源开关 QS。

① 启动。

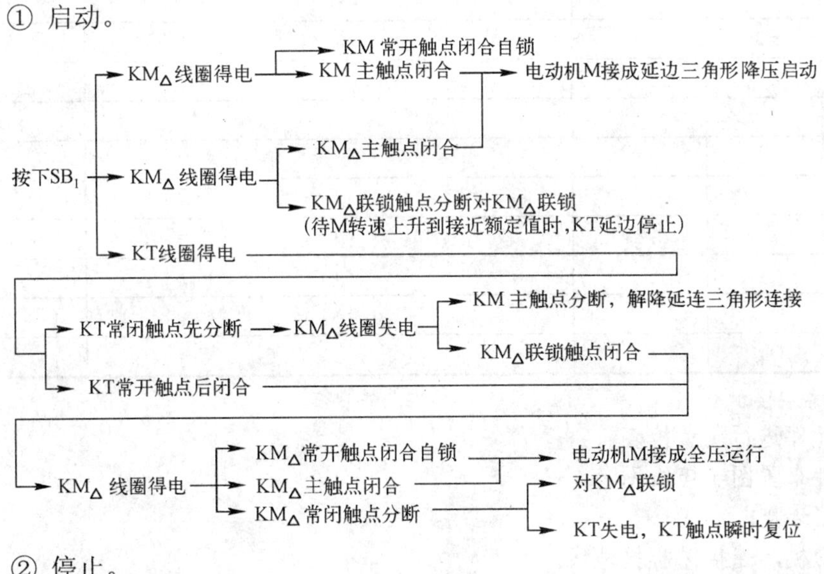

② 停止。

按下停止按钮 SB_2

电动机M停止后，断开电源开关QS。

延边三角形连接降压启动控制线路的安装技能，参考实训项目19中的任务3。

【实训项目19】 三相异步电动机降压控制线路的装接

1. 实训要求

学会三相异步电动机降压控制线路的正确装接技能。（教师可根据学生的实际情况和教学要求选取其中一个任务或全部任务进行训练）。

2. 实训器材

（1）工具和仪表：验电笔、旋具、尖嘴钳、剥线钳、电工刀、兆欧表、钳形电流表、万用表等。

（2）器材：控制板（500 mm × 400 mm × 20 mm）一块、三相异步电动机、组合开关、螺旋式熔断器、交流接触器、热过载保护器、按钮、复合按钮、端子板、导线及螺钉。

3. 实训步骤

任务1 时间继电器控制的串电阻降压启动线路的安装

➢ 想一想：工作原理

请你想一想时间继电器控制的串电阻降压启动线路的工作原理。

➢ 说一说：器件与导线

根据如图8-11或图8-12所示的电气原理图，说出串电阻降压启动控制线路所需要器材的代号、型号、规格和数量，并填写在表8-13中。

元器件及导线明细表

名　称	代　号	型　号	规　格	数　量
三相异步电动机	M	Y112M-4		
组合开关				
按钮				
主电路熔断器				
控制电路熔断器				
交流接触器				
电阻器				
热过载保护器				
端子板				
主电路导线				
控制电路导线				
按钮导线				
接地导线				

➢ 做一做：线路装接

（1）对所用元件进行质量检查。

（2）画出元件布置图（接线图）。

（3）进行线路连接。

（4）安装电动机，连接保护接地线。

（5）连接控制板至电动机的导线。

（6）检查安装质量。

（7）经老师检查合格后进行通电试运行。

➢ 评一评：实训评价

<table>
<tr><td>项目内容</td><td>配　分</td><td colspan="5">评分标准</td><td>扣　分</td></tr>
<tr><td>装前检查</td><td>5</td><td colspan="5">电器元件漏检或错误　　每处扣 1 分</td><td></td></tr>
<tr><td>安装元件</td><td>15</td><td colspan="5">（1）不按布置图安装　　扣 15 分
（2）元件安装不牢固　　每处扣 4 分
（3）元件安装不整齐、不匀称、不合理　　每只扣 3 分
（4）损坏元件　　扣 15 分</td><td></td></tr>
<tr><td>布线</td><td>40</td><td colspan="5">（1）不按电路图接线　　扣 25 分
（2）布线不符合要求
主电路　　扣 4 分
控制电路　　扣 2 分
（3）接点不符合要求　　每个接点扣 1 分
（4）损坏导线绝缘或线芯　　每根扣 5 分
（5）漏接接地线　　扣 10 分</td><td></td></tr>
<tr><td>通电试运行</td><td>40</td><td colspan="5">（1）第 1 次试运行不成功　　扣 20 分
（2）第 2 次试运行不成功　　扣 30 分
（3）第 3 次试运行不成功　　扣 40 分</td><td></td></tr>
<tr><td colspan="2">安全文明操作</td><td colspan="5">违反安全文明操作规程（视实际情况进行扣分）</td><td></td></tr>
<tr><td colspan="2">额定时间</td><td colspan="6">每超过 5min 扣 5 分</td></tr>
<tr><td>开始时间</td><td></td><td>结束时间</td><td></td><td>实际时间</td><td></td><td>成绩</td><td></td></tr>
</table>

任务 2　时间继电器自动控制Y-△降压启动线路的安装

➢ 想一想：工作原理

请你想一想时间继电器自动控制Y-△降压启动线路的工作原理。

➢ 说一说：器件与导线

根据如图 8-13 或图 8-14 所示的电气原理图，请你说一说Y-△降压启动控制线路所需要器材的代号、型号、规格和数量，并填写在表中。

元器件及导线明细单				
名　称	代　号	型　号	规　格	数　量
三相异步电动机	M	Y112M-4		
组合开关				
按钮				
主电路熔断器				
辅助电路熔断器				
交流接触器				
热过载保护器				
时间继电器				
端子板				
主电路导线				
辅助电路导线				
按钮导线				
接地导线				

➢ 做一做：线路装接

（1）对所用元件进行质量检查。

（2）画出元件布置图（接线图）。

（3）进行线路连接。

（4）安装电动机，连接保护接地线。

（5）连接控制板至电动机的导线。

（6）检查安装质量，经老师检查合格后进行通电试运行。

➢ 评一评：实训评价

项目内容	配分	评分标准		扣分
装前检查	5	电器元件漏检或错	每处扣1分	
安装元件	15	（1）不按布置图安装 （2）元件安装不牢固 （3）元件安装不整齐、不匀称、不合理 （4）损坏元件	扣15分 每处扣4分 每只扣3分 扣15分	
布线	40	（1）不按电路图接线 （2）布线不符合要求 主电路 控制电路 （3）接点不符合要求 （4）损坏导线绝缘或线芯 （5）漏接接地线	扣25分 扣4分 扣2分 每个接点扣1分 每根扣5分 扣10分	
通电试车	40	（1）第1次试运行不成功 （2）第2次试运行不成功 （3）第3次试运行不成功	扣20分 扣30分 扣40分	
安全文明操作		违反安全文明操作规程（视实际情况进行扣分）		
额定时间		每超过5min扣5分		
开始时间		结束时间		实际时间		成绩	

任务3　延边三角形连接降压启动控制线路的安装

➢ 想一想：工作原理

请你想一想延边三角形连接降压启动控制线路的工作原理。

➢ 说一说：器件与导线

根据如图8-15所示的电气原理图，请你说一说延边三角形连接降压启动控制线路所需要器材的代号、型号、规格和数量，并填写在表中。

元器件及导线明细表				
名　称	代　号	型　号	规　格	数　量
三相异步电动机	M	Y112M-4		
组合开关				
按钮				
主电路熔断器				
辅助电路熔断器				
交流接触器				
热过载保护器				
时间继电器				
端子板				
主电路导线				
辅助电路导线				
按钮导线				
接地导线				

➢ 做一做：线路装接

（1）对所用元件进行质量检查。

（2）画出元件布置图（接线图）。

（3）进行线路连接。

（4）安装电动机，连接保护接地线。

（5）连接控制板至电动机的导线。

（6）检查安装质量。

（7）经老师检查合格后进行通电试运行。

➢ 评一评：实训评价

项目内容	配　分	评分标准		扣　分
装前检查	5	电器元件漏检或错误	每处扣 1 分	
安装元件	15	（1）不按布置图安装 （2）元件安装不牢固 （3）元件安装不整齐、不匀称、不合理 （4）损坏元件	扣 15 分 每处扣 4 分 每只扣 3 分 扣 15 分	
布线	40	（1）不按电路图接线 （2）布线不符合要求 主电路 控制电路 （3）接点不符合要求 （4）损坏导线绝缘或线芯 （5）漏接接地线	扣 25 分 扣 4 分 扣 2 分 每个接点扣 1 分 每根扣 5 分 扣 10 分	
通电试运行	40	（1）第 1 次试运行不成功 （2）第 2 次试运行不成功 （3）第 3 次试运行不成功	扣 20 分 扣 30 分 扣 40 分	
安全文明操作		违反安全文明操作规程（视实际情况进行扣分）		
额定时间		每超过 5min 扣 5 分		
开始时间		结束时间	实际时间	成绩

➢ 写一写：收获体会

请你写出对本次实训的收获和体会。

8.2.5 三相异步电动机制动控制线路

制动是指在电动机脱离电源后立即停转的过程。三相异步电动机的制动方式有机械制动和电气制动两种。

1. 机械制动

机械制动是利用机械装置使电动机在切断电源后迅速停转。如图 8-16 所示的是电磁抱闸制动控制线路。

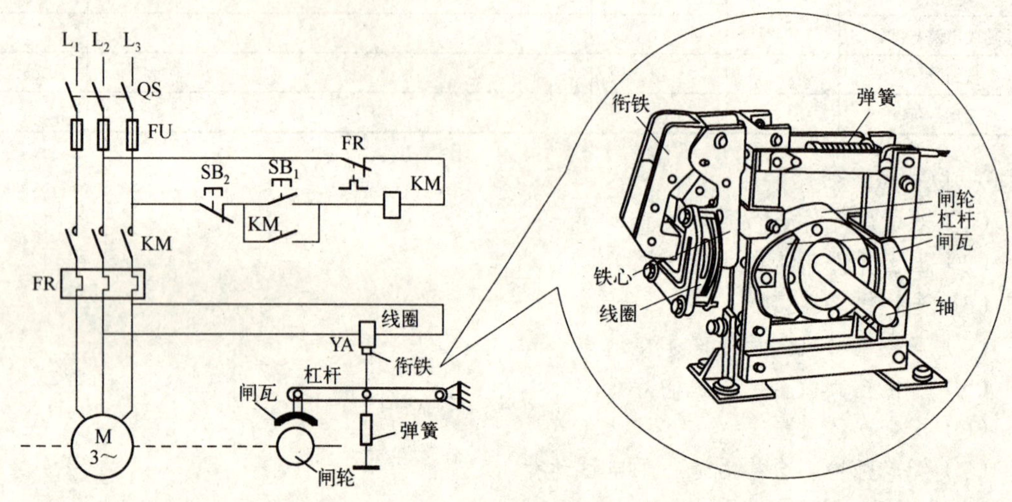

图 8-16 电磁抱闸制动控制线路

电磁抱闸制动控制线路的工作过程：

合上电源开关 QS。

① 启动。按下停止按钮 SB_1，接触器线圈 KM 得电，常开触点闭合自锁，主触点闭合，电动机 M 启动。同时，电磁抱闸线圈得电，吸引衔铁，使它与铁心闭合，衔铁克服弹簧拉力，迫使制动杠杆向上移动，从而使闸瓦与闸轮分开，电动机 M 正常运转。

② 制动。按下停止按钮 SB_2，接触器线圈 KM 失电，主触点断开，电动机电源被切断。与此同时，电磁抱闸线圈也断电，衔铁与铁心分开，在弹簧拉力作用下，闸瓦与闸轮紧紧抱着，使电动机 M 迅速停转。

2. 电气制动

电气制动是在电动机内部产生一个与电动机实际旋转方向相反的电磁转矩，从而使电动机迅速停止转动。电气制动常有反接制动和能耗制动等方式。

由于半波整流能耗制动控制线路的附加设备较少，线路简单，成本低，常用于 10 kW 以下小容量电动机，且对制动要求不高的场合；而有变压器单相全波整流能耗制动控制线路，具有制动准确、平稳，不易损坏传动零件，制动能量消耗也较小，被广泛用于磨床、立式铣床等控制线路中。

（1）无变压器单相半波整流能耗制动控制线路如图 8-17 所示。

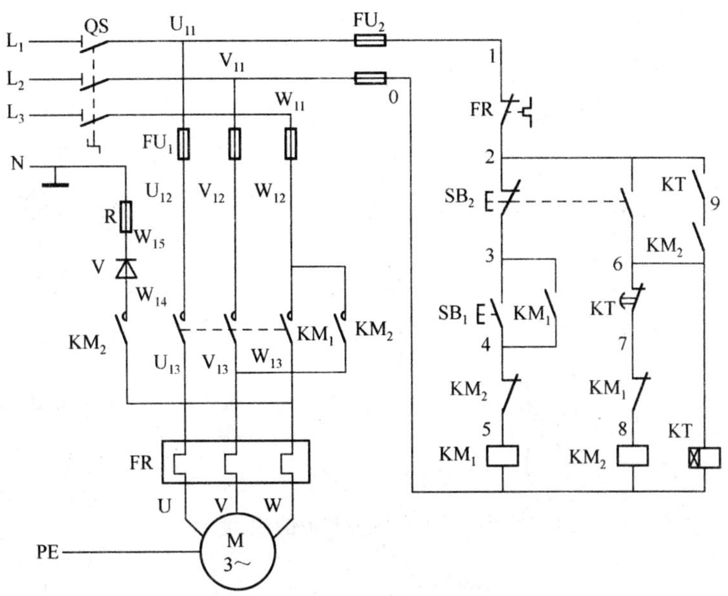

图 8-17　无变压器单相半波整流能耗制动控制线路

合上电源开关 QS。

① 启动。

按下 SB_1 → KM_1 线圈得电 → KM_1 自锁触头闭合自锁 / KM_1 主触头闭合 → 电动机M启动运转；KM_1 联锁触头分断对 KM_2 联锁

② 能耗制动。

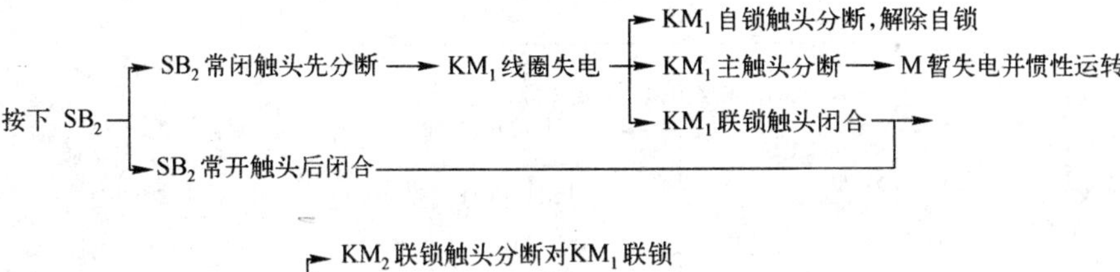

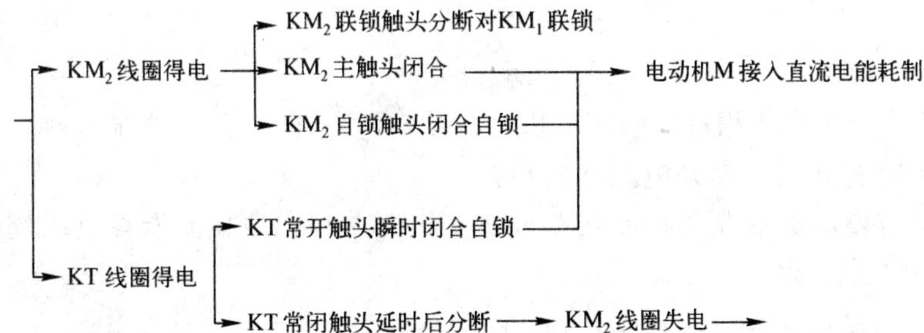

KM_2 自锁触头分断 → KT 线圈失电 → KT 触头瞬时复位

KM_2 主触头分断 → 电动机M 切断直流电源并停转，能耗制动结束

KM_2 联锁触头恢复闭合

（2）有变压器单相全波（桥式）整流能耗制动控制线路如图 8-18 所示。

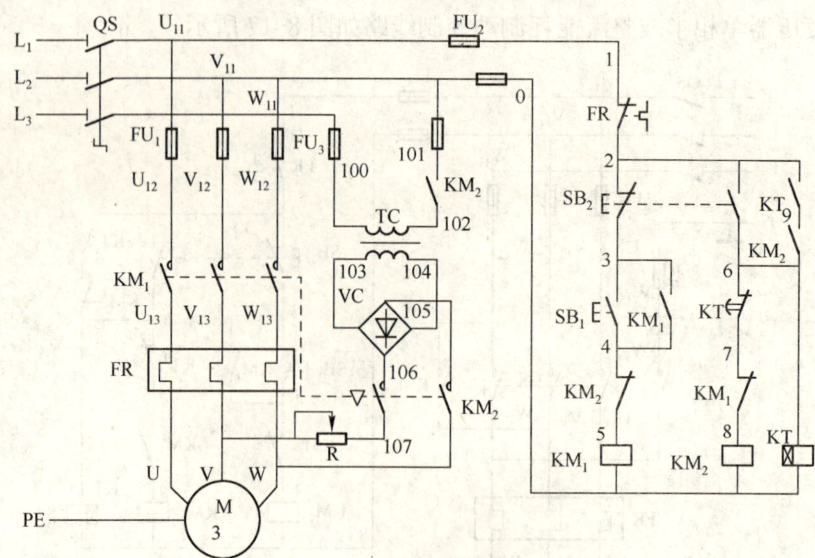

图 8-18　有变压器单相全波整流能耗制动控制线路

合上电源开关 QS。

① 启动。

② 能耗制动。

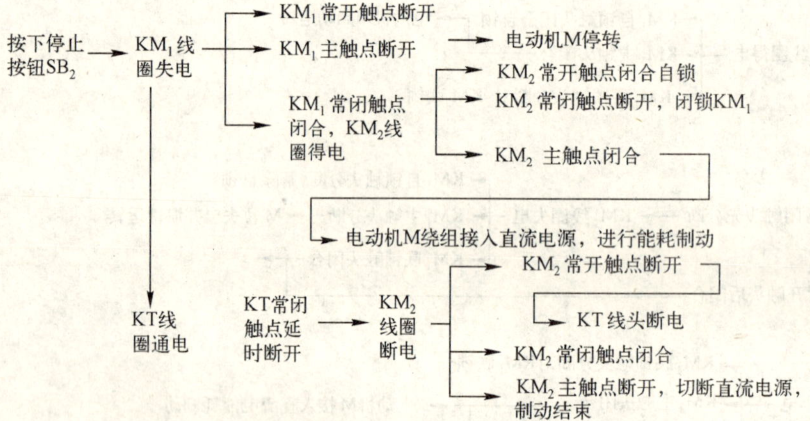

控制电路中的直流电源由单相桥式整流器供给，制动电阻 R 可调节电流大小，从而调节制动强度。电动机 M 停止后，断开电源开关 QS。

无变压器单相半波整流能耗制动控制线路或有变压器单相全波整流能耗制动控制线路的安装技能，参考实训项目 20。

【实训项目 20】 三相异步电动机制动控制线路的装接

1. 实训要求

学会无变压器单相半波整流能耗制动控制线路或有变压器单相全波整流能耗制动控制线路的安装技能（教师可根据学生的实际情况和教学要求选取其中一个任务或全部任

务进行训练）。

2. 实训器材

（1）工具和仪表：验电笔、旋具、尖嘴钳、剥线钳、电工刀、兆欧表、钳形电流表、万用表等。

（2）器材。控制板（500 mm × 400 mm × 20 mm）一块、三相异步电动机、组合开关、螺旋式熔断器、交流接触器、热过载保护器、时间继电器、整流二极管、制动电阻、按钮、复合按钮、端子板、导线及螺钉。

3. 实训步骤

任务 1　无变压器单相半波整流能耗制动控制线路的安装

➢ 想一想：工作原理

请你想一想无变压器单相半波整流能耗制动控制线路的工作原理。

➢ 说一说：器件与导线

根据如图 8-17 所示的电气原理图，请你说一说无变压器单相半波整流能耗制动控制线路所需要器材的代号、型号、规格和数量，并填写在表中。

元器件及导线明细表				
名　称	代　号	型　号	规　格	数　量
三相异步电动机	M	Y112M-4	4 kW、380 V、△接法、6.8 A、1420 r/min	
组合开关				
复合按钮				
主电路熔断器				
控制电路熔断器				
交流接触器				
热过载保护器				
时间继电器				
整流二极管				
制动电阻				
端子板				
主电路导线				
控制电路导线				
按钮导线				
接地导线				

➢ 做一做：线路装接

（1）对所用元件进行质量检查。

（2）画出元件布置图（接线图）。

（3）进行线路连接。

（4）安装电动机，连接保护接地线。

（5）连接控制板至电动机的导线。

（6）检查安装质量。

（7）经老师检查合格后进行通电试车。

➢ 评一评：实训评价

项目内容	配分	评分标准		扣分
装前检查	5	电器元件漏检或错误	每处扣1分	
安装元件	15	（1）不按布置图安装 （2）元件安装不牢固 （3）元件安装不整齐、不匀称、不合理 （4）损坏元件	扣15分 每处扣4分 每只扣3分 扣15分	
布线	40	（1）不按电路图接线 （2）布线不符合要求 主电路 控制电路 （3）接点不符合要求 （4）损坏导线绝缘或线芯 （5）漏接接地线	扣25分 扣4分 扣2分 每个接点扣1分 每根扣5分 扣10分	
通电试运行	40	（1）第1次试运行不成功 （2）第2次试运行不成功 （3）第3次试运行不成功	扣20分 扣30分 扣40分	
安全文明操作		违反安全文明操作规程（视实际情况进行扣分）		
额定时间		每超过5min扣5分		
开始时间		结束时间	实际时间	成绩

任务2 有变压器单相全波整流能耗制动控制线路的安装

➢ 想一想：工作原理

请你想一想有变压器单相全波整流能耗制动控制线路的工作原理。

➢ 说一说：器件与导线

根据如图8-18所示的电气原理图，说出有变压器单相全波整流能耗制动控制线路所需要器材的代号、型号、规格和数量，并填写在表中。

元器件及导线明细表

名称	代号	型号	规格	数量
三相异步电动机	M	Y112M-4	4 kW、380 V、△接法、6.8 A、1 440 r/min	
组合开关				
复合按钮				
主电路熔断器				
辅助电路熔断器				
交流接触器				
热过载保护器				
时间继电器				
整流二极管				
制动电阻				
端子板				
主电路导线				
辅助电路导线				
按钮导线				
接地导线				

➢ 做一做：线路装接

（1）对所用元件进行质量检查。

（2）画出元件布置图（接线图）。
（3）进行线路连接。
（4）安装电动机，连接保护接地线。
（5）连接控制板至电动机的导线。
（6）检查安装质量。
（7）经老师检查合格后进行通电试运行。

➢ 评一评：实训评价

项目内容	配分	评分标准		扣分
装前检查	5	电器元件漏检或错误	每处扣 1 分	
安装元件	15	（1）不按布置图安装 （2）元件安装不牢固 （3）元件安装不整齐、不匀称、不合理 （4）损坏元件	扣 15 分 每处扣 4 分 每只扣 3 分 扣 15 分	
布线	40	（1）不按电路图接线 （2）布线不符合要求 主电路 控制电路 （3）接点不符合要求 （4）损坏导线绝缘或线芯 （5）漏接接地线	扣 25 分 扣 4 分 扣 2 分 每个接点扣 1 分 每根扣 5 分 扣 10 分	
通电试运行	40	（1）第 1 次试运行不成功 （2）第 2 次试运行不成功 （3）第 3 次试运行不成功	扣 20 分 扣 30 分 扣 40 分	
安全文明操作		违反安全文明操作规程（视实际情况进行扣分）		
额定时间		每超过 5 min 扣 5 分		
开始时间		结束时间	实际时间	成绩

➢ 写一写：收获体会

请你写出对本次实训的收获和体会。

8.2.6 三相异步电动机调速控制线路

1. 调速控制线路

调速是指采用某种措施改变电动机转动速度的方法。目前，机床设备电动机的调速以改变电动机定子绕组磁极对数为主。

（1）接触器控制双速电动机的调速控制线路如图 8-19 所示。

接触器控制双速电动机的调速控制线路的工作过程：

合上电源开关 QS。

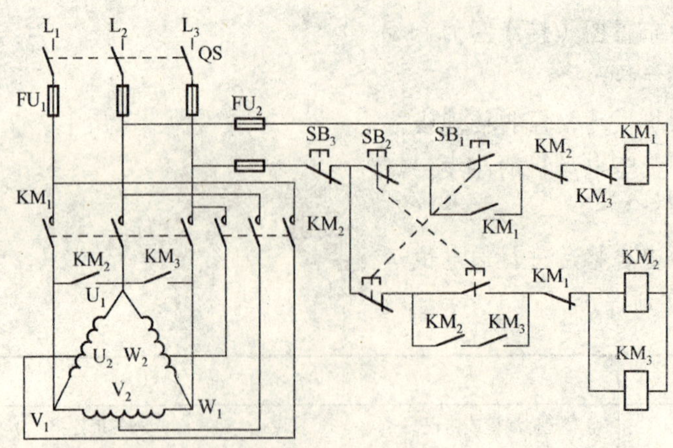

图 8-19 接触器控制双速电动机的调速控制线路

① 低速运转。

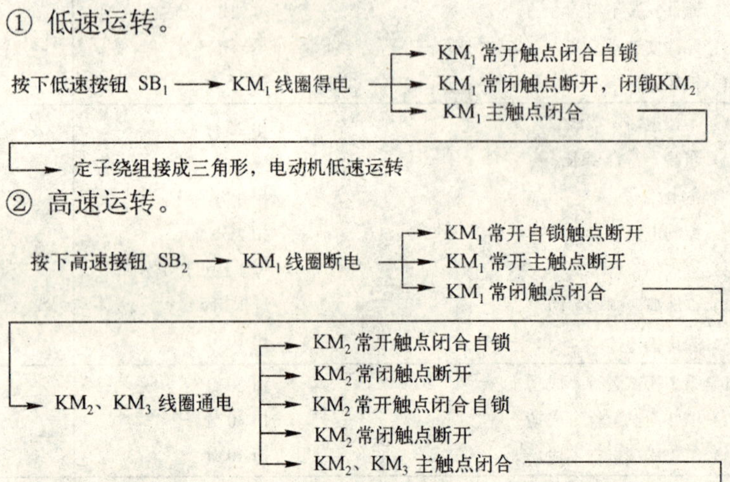

② 高速运转。

③ 停止。

按下停止按钮 SB_3→控制电路断电→所有控制电器线圈断电→电动机 M 停转

（2）时间继电器控制双速电动机的调速控制线路如图 8-20 所示。

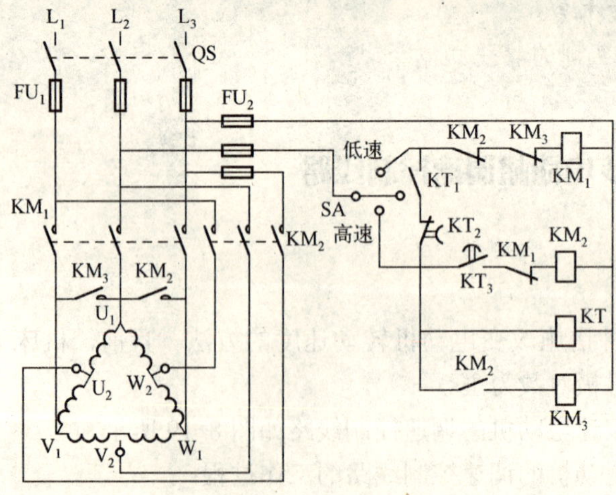

图 8-20 时间继电器控制双速电动机的调速控制线路

时间继电器控制双速电动机的调速控制线路的工作过程：

合上电源开关 QS。

① 低速运转。

② 低速运转自动转入高速运转。

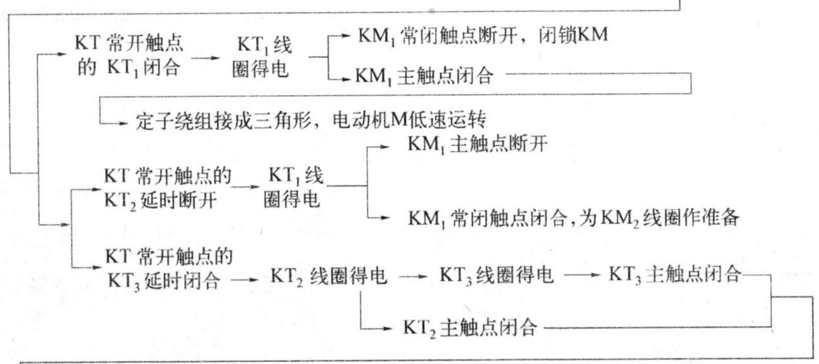

③ 停止。

将开关 SA 扳到中间位置→控制电路失电→所有控制电器线圈失电→电动机 M 停转。

【实训项目 21】 三相异步电动机调速控制线路的装接

1. 实训要求

学会三相异步电动机调速控制线路的正确装接。（教师可根据学生的实际情况和教学要求选取其中一个任务或全部任务进行训练）。

2. 实训器材

（1）工具和仪表：验电笔、螺丝刀、尖嘴钳、剥线钳、电工刀、兆欧表、钳形电流表、万用表等。

（2）器材：控制板（500 mm × 400 mm × 20 mm）一块、三相异步电动机、组合开关、螺旋式熔断器、交流接触器、热过载保护器、按钮、复合按钮、端子板、导线及螺钉。

3. 实训步骤

任务 1　接触器控制双速电动机的调速控制线路的安装

➢ 想一想：工作原理

请你想一想接触器控制双速电动机的调速控制线路的工作原理。

➢ 说一说：器件与导线

请根据如图 8-19 所示的电气原理图，说出接触器控制双速电动机的调速控制线路所需要器材的代号、型号、规格和数量，并填写在表中。

元器件及导线明细表				
名　称	代　号	型　号	规　格	数　量
三相异步电动机	M	Y112M-4	4 kW、380 V、△接法、6.8 A、1420 r/min	
组合开关				
复合按钮				
主电路熔断器				
控制电路熔断器				
交流接触器				
热过载保护器				
端子板				
主电路导线				
控制电路导线				
按钮导线				
接地导线				

➢ 做一做：线路装接

（1）对所用元件进行质量检查。

（2）画出元件布置图（接线图）。

（3）进行线路连接。

（4）安装电动机，连接保护接地线。

（5）连接控制板至电动机的导线。

（6）检查安装质量，经老师检查合格后进行通电试运行。

➢ 评一评：实训评价

项目内容	配　分	评分标准		扣　分
装前检查	5	电器元件漏检或错误	每处扣1分	
安装元件	15	（1）不按布置图安装 （2）元件安装不牢固 （3）元件安装不整齐、不匀称、不合理 （4）损坏元件	扣15分 每处扣4分 每只扣3分 扣15分	
布线	40	（1）不按电路图接线 （2）布线不符合要求 主电路 控制电路 （3）接点不符合要求 （4）损坏导线绝缘或线芯 （5）漏接接地线	扣25分 扣4分 扣2分 每个接点扣1分 每根扣5分 扣10分	
通电试运行	40	（1）第1次试运行不成功 （2）第2次试运行不成功 （3）第3次试运行不成功	扣20分 扣30分 扣40分	
安全文明操作		违反安全文明操作规程（视实际情况进行扣分）		
额定时间		每超过5min扣5分		
开始时间		结束时间	实际时间	成绩

任务 2　时间继电器控制双速电动机的调速控制线路的安装

➢ 想一想：工作原理

请你想一想时间继电器控制双速电动机的调速控制线路的工作原理。

➢ 说一说：器件与导线

根据如图 8-20 所示的电气原理图，请你说一说时间继电器控制双速电动机的调速控制线路所需要器材的代号、型号、规格和数量，并填写在表中。

元器件及导线明细表

名　称	代　号	型　号	规　格	数　量
三相异步电动机	M	Y112M-4	4 kW、380 V、△接法、6.8 A、1 440 r/min	
组合开关				
复合按钮				
主电路熔断器				
控制电路熔断器				
交流接触器				
热过载保护器				
端子板				
主电路导线				
控制电路导线				
按钮导线				
接地导线				

➢ 做一做：线路装接

（1）对所用元件进行质量检查。

（2）画出元件布置图（接线图）。

（3）进行线路连接。

（4）安装电动机，连接保护接地线。

（5）连接控制板至电动机的导线。

（6）检查安装质量。

（7）经老师检查合格后进行通电试运行。

➢ 评一评：实训评价

项目内容	配　分	评分标准		扣　分
装前检查	5	电器元件漏检或错误	每处扣 1 分	
安装元件	15	（1）不按布置图安装 （2）元件安装不牢固 （3）元件安装不整齐、不匀称、不合理 （4）损坏元件	扣 15 分 每处扣 4 分 每只扣 3 分 扣 15 分	
布线	40	（1）不按电路图接线 （2）布线不符合要求 主电路	扣 25 分 扣 4 分	

<table>
<tr><td></td><td></td><td>控制电路
（3）接点不符合要求
（4）损坏导线绝缘或线芯
（5）漏接接地线</td><td>扣2分
每个接点扣1分
每根扣5分
扣10分</td><td></td></tr>
<tr><td>通电试运行</td><td>40</td><td>（1）第1次试运行不成功
（2）第2次试运行不成功
（3）第3次试运行不成功</td><td>扣20分
扣30分
扣40分</td><td></td></tr>
<tr><td colspan="2">安全文明操作</td><td colspan="2">违反安全文明操作规程（视实际情况进行扣分）</td><td></td></tr>
<tr><td colspan="2">额定时间</td><td colspan="3">每超过5min扣5分</td></tr>
<tr><td colspan="5">开始时间 | | 结束时间 | | 实际时间 | | 成绩 | </td></tr>
</table>

➢ 写一写：收获体会

请你写出对本次实训的收获和体会。

【阅读材料1】 控制线路的装接步骤

三相异步电动机的基本控制线路的装接，一般应按照以下步骤进行。

（1）识读电路图。明确电路所用电器元件名称及其作用，熟悉电路的工作原理，在电气原理图上编号。

（2）配齐电器元件。根据电路图或元件明细表配齐电器元件，并进行检验。

（3）电器元件选配与安装。根据接线图将电器元件安装在控制板上，根据电动机容量选配符合规格的导线，并在导线两端套上标有与电路图相一致编号的号码管。

（4）安装电动机。

（5）连接保护接地线、电源线及控制板外部的导线。连接电动机和所有电器元件金属外壳的保护接地线，连接电源、电动机及控制板外部的导线。

（6）学生自检和互检。

（7）通电试运行。

【本章小结8】

三相异步电动机具有效率高、价格低、控制维护方便等优点，在工矿企业生产中应用十分广泛。我们常把用电动机带动生产机械工作的电力拖动系统称作电力拖动，其主要任务是对电动机实现各种控制和保护。

电力拖动的基本控制线路按启动类型分为全压启动和降压启动两大类。每一大类又分若干类型，例如，全压启动分手动控制、点动控制等；降压启动分串电阻降压控制、Y－Δ降压控制、自耦变压器降压控制、延边角状连接降压控制等。

点动控制指需要电动机作短时断续工作时，只要按下按钮电动机就转动，松开按钮电动机就停止动作的控制。

自锁是指当电动机启动后，再松开启动按钮 SB_1，控制电路仍保持接通，电动机仍继续运转工作。

正反转控制线路是指采用某一方式使电动机实现正反转向调换的控制。在工厂动力设备上，通常采用改变接入三相异步电动机绕组的电源相序来实现。

三相异步电动机的正反转控制线路类型有许多，例如，接触器联锁正反转控制线路、按钮联锁正反转控制线路等。

降压启动是指先将电源电压适当降低，加到三相异步电动机绕组上，待电动机启动后再使其电压恢复到额定值的启动。常见的降压启动控制线路分手动控制和自动控制两种。其中手动控制又有手动控制串电阻降压启动和按钮与接触器控制串电阻降压启动等；自动控制又有时间继电器自动控制Y-△降压启动、延边角状连接降压启动等。

调速是指采用某种措施改变电动机转动速度的方法。目前，机床设备电动机的调速以改变电动机定子绕组磁极对数为主。

制动是指在电动机脱离电源后立即停转的过程。电气制动常有反接制动和能耗制动等。

【思考与练习 8】

1. 填空题

（1）点动控制指需要电动机作短时断续工作时，只要_______电动机就转动，_______电动机就停止动作的控制。

（2）自锁是指当电动机启动后，________________________，控制电路仍保持接通，电动机仍继续运转工作。

（3）联锁控制是当一个接触器得电动作时，通过____。

（4）正反转控制线路是指采用某一方式使电动机__________________的控制。在工厂动力设备上，通常采用________________________________来实现。

（5）降压启动是指__________________，加到三相异步电动机绕组上，待电动机启动后再使__________的启动。常见的降压启动控制线路有____________、__________和____________等。

（6）调速是指采用____________________________________的方法。目前，机床设备电动机的调速以_______________________________为主。

（7）制动是指在______________________的过程。电气制动常有______________和_________等。

2. 判断题（对打“√”，错打“×”）

（1）工厂中使用的电动葫芦和机床快速移动装置常采用自锁控制线路。（　）

（2）自锁触点常并联在常闭按钮两端。（　）

（3）为实现接触器联锁，在正反转控制线路中分别串接了对方接触器的一个常闭辅助触点。（　）

（4）在正反转控制线路中，有了接触器联锁，就不必有按钮联锁。（　）

（5）Y-△降压启动控制线路适用于任何电动机。（　）

（6）双速电动机定子绕组接成角状连接时低速运行，定子绕组接成双星状连接时高速运行。（　）

3. 问答题

（1）三相异步电动机的基本控制线路的装接，一般按哪几步进行？

（2）什么是过载保护？为什么对电动机要采用过载保护？

（3）如图8-21所示的自锁正转控制线路中，试分析并指出有关错误及出现的现象。

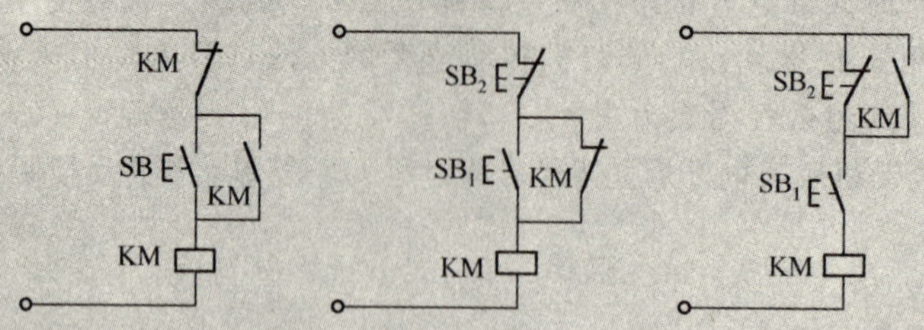

图8-21　自锁正转控制线路

（4）教师在具有过载保护的接触器自锁控制线路（如图8-4所示）中，设置两个电气故障，请学生排除。

（5）教师在按钮联锁正反转控制线路（如图8-9所示）中，设置两个电气故障，请学生排除。

（6）教师在时间继电器控制的串电阻降压启动线路（如图8-12所示）中，设置三个电气故障，请学生排除。

（7）教师在时间继电器控制双速电动机的调速控制线路（如图8-20所示）中，设置三个电气故障，请学生排除。

第 9 章　常见动力设备电气故障的分析与排除

【学习目标】

- 学会故障检查和判断的方法
- 熟悉常见动力设备电气故障的分析
- 会对常见动力设备的电气故障进行排除

9.1　故障检查和判断的方法

动力设备的控制线路常用的检查和判断方法有电阻测量法、交流电压检测法和逐步短接法等几种。

9.1.1　电阻测量法

现以 C620 型车床“按下启动按钮 SB_1 接触器 KM 不能吸合”为例，来说明故障检查和判断方法。

操作步骤

（1）用万用表电阻挡逐一测量“1”、“2”、“3”三个点的电阻，如图 9-1 所示，若阻值为零，表示线路正常，若阻值很大，表示对应点间的连线与元器件可能接触不良或元器件本身接触不良。

（2）按下启动按钮 SB_1，测量“4”的电阻。若万用表的指针指示在零位置上，说明线路正常；若阻值很大，表示连线与元器件接触不良或线路开路。

（3）按下启动按钮 SB_1，测量“5”的电阻，若阻值超过线圈的直流电阻很多，表示连线与 SB_1 接触不良。

提示

用电阻测量法检查和判断故障时，应注意以下事项：

（1）检测前要切断电源，不能带电操作，否则会损坏万用表。

（2）测量电路不能与其他电路或负载并联，否则测量结果不准确。

（3）测量时要正确选择万用表的挡位。

9.1.2 交流电压测量法

交流电压测量法又有分阶测量法和分段测量法两种，它们既有联系又有区别。仍以“按下启动按钮 SB_1 接触器 KM 不能吸合”为例，来说明故障检查和判断方法。

1. 分阶测量法

分阶测量法是用万用表交流 500V 挡像上台阶一样逐阶对电路进行检查，测量故障范围或故障点。如图 9-1 所示，检测时，先按下启动按钮 SB_1 不放，分别检测Ⅰ—Ⅱ、Ⅰ—Ⅲ、Ⅰ—Ⅳ、Ⅰ—Ⅴ或Ⅵ—Ⅶ、Ⅶ—Ⅷ间的电压。若万用表指示为 380V，表示该线路正常；若万用表指示为零，则表示线路有故障。此时，再用万用表电压挡测量Ⅰ—Ⅱ间的电压，若万用表无指示，说明Ⅱ以上线路断路。依此类推至Ⅷ点，直至找出故障线路。又如，按下启动按钮 SB_1，接触器 KM 线圈通电，而松开 SB_1 后接触器线圈又断电，表示接触器自锁回路有故障。这时可按下 SB_1，用万用表电压挡分别测量Ⅰ—Ⅲ和Ⅰ—Ⅳ间的电压，若有电压，表示自锁回路正常，否则表示自锁回路断路。同理，测量Ⅰ—Ⅱ间的电压，若万用表无指示，表示常开触点开路。

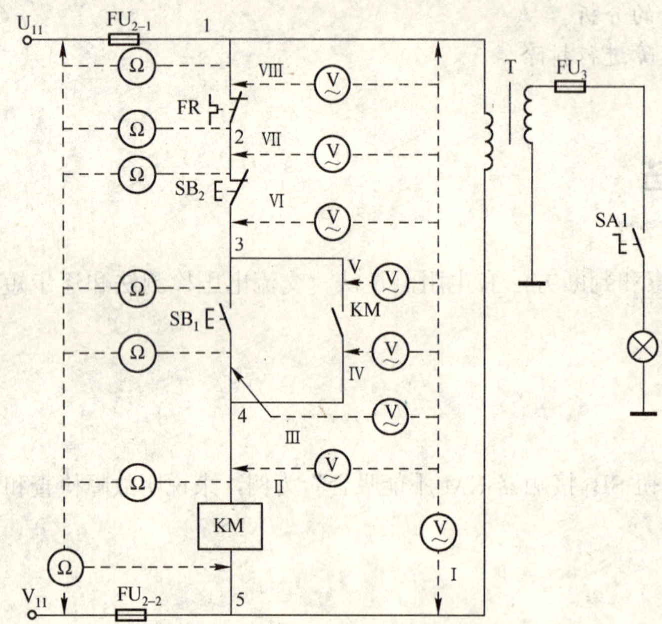

图 9-1 电阻测量法和交流电压测量法测试点

2. 分段测量法

分段测量法是用万用表交流 500V 挡分段测量线路相应点间的电压。如图 9-1 所示，检测Ⅱ—Ⅲ、Ⅲ—Ⅴ、Ⅴ—Ⅵ、Ⅵ—Ⅶ、Ⅶ—Ⅷ间的电压，若有电压，则表示两测量点间的连线或触点接触不良或断路。

9.1.3 逐步短接法

逐步短接法又分局部短接法和长短线短接法两种。还以“按下启动按钮 SB_1 接触器 KM 不能吸合”为例，来说明故障检查和判断方法。

1．局部短接法

在控制电源（U_{11}、V_{11}）正常情况下，用一根绝缘良好的导线分别短接如图 9-2 所示的标号相同的两点（1-1，2-2，3-3，4-4，5-5）和标号相邻的两点（1-2，2-3，3-4，4-5），如果按下启动按钮 SB_1，接触器 KM 通电吸合，表示导线短接的两点之间断路。

如果线路中同时有两个或两个以上故障点，用局部短接法难以检查，可采用长短线短接法检查。

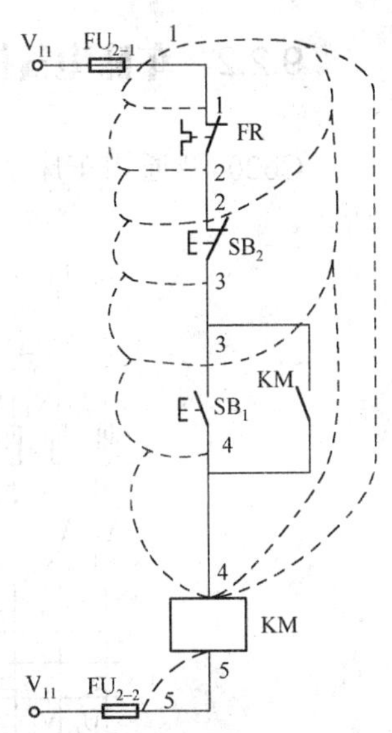

图 9-2　逐步短接法连接点

2．长短线短接法

长短线短接法也是在控制电源正常情况下，用一根绝缘良好的导线分别短接如图 9-2 所示的测试（连接）点。

先短接 FU_{2-1} 的“1”与 KM 的“4”，若 KM 通电吸合则表示“1”与“4”间线路断路。再缩小范围，短接 FU_{2-1} 的“1”与 SB_1 的“3”，并按下 SB_1，若 KM 通电吸合则表示故障在“1”与“3”之间。如果 KM 仍不能通电吸合，就表示故障在 SB_1 的“3”与 KM 的“4”之间。大致判断出故障范围后，可采用局部短接法进一步缩小故障范围。先分别短接“1”至“4”各点，如果仍不能使 KM 通电吸合，再短接 FU_{2-2} 的“5”与 KM 的“5”，若按下 SB_1 时能通电吸合，则表示故障在这段线路中，否则便是 KM 线圈断路或触点接触不良。

采用逐步短接法检查和判断故障时，应注意安全，避免触电。此外，逐步短接法只能用于检查导线与元器件接触不良的故障，对于负载本身断路或接触不良等不适用。

9.2　车床控制线路常见故障的分析与排除

9.2.1　车床主要结构

车床是一种应用较广，对工件进行车削加工的设备。C620 型通用车床的外形结构如图 9-3 所示。

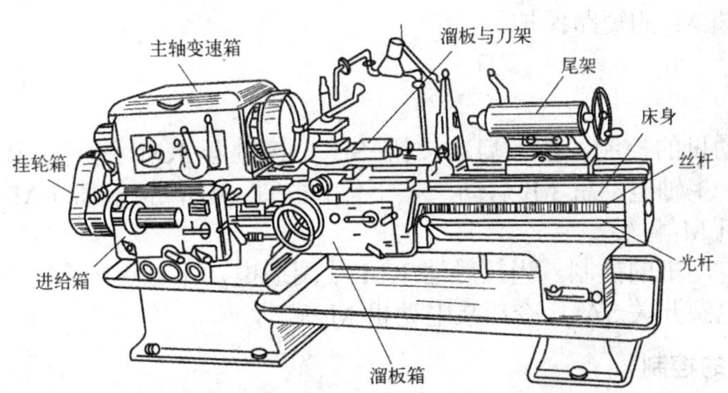

图 9-3　C620 型通用车床的外形结构

9.2.2　车床电气控制线路分析

C620 型通用车床的电气控制线路分主电路、控制电路和照明电路三部分，如图 9-4 所示。

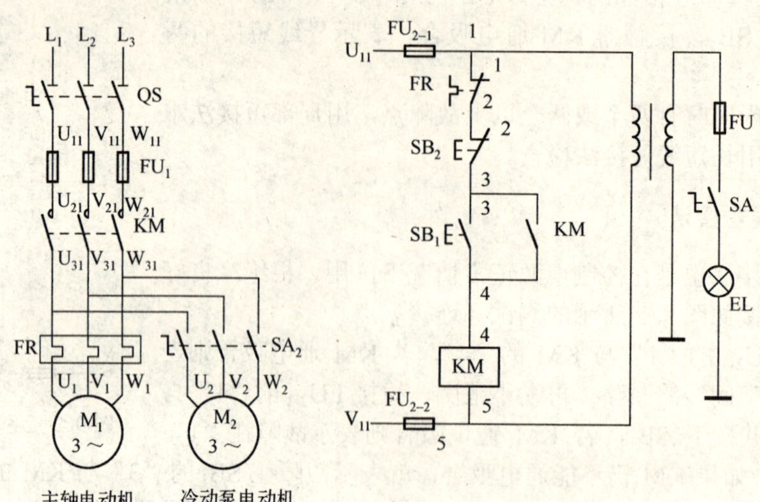

图 9-4　C620 型通用车床的电气控制电线路

C620 型通用车床的主要电气设备见表 9-1。

表 9-1　C620 型通用车床的主要电气设备

名　称	符　号	名　称	符　号	名　称	符　号
主轴电动机	M_1	电源开关	QS	热继电器	FR
交流接触器	KM	启动按钮	SB_1	停止按钮	SB_2
熔断器	FU_1	熔断器	FU_2	熔断器	FU_3
照明变压器	T	照明灯开关	SA	照明灯	EL
冷却泵电动机	M_2	冷却泵电源开关	SA_2		

1．主电路

（1）M_1 为主轴电动机，带动主轴旋转和刀架作进给运动，三相交流电源通过电源开关 QS 引入，主轴电动机 M_1 由接触器 KM 控制启动，热继电器 FR 作主轴电动机 M_1 的过载保护。

（2）M_2 为冷却泵电动机，由冷却泵电源开关 SA_2 控制启动，熔断器 FU_1 作主轴电动机 M_1、冷却泵电动机 M_2 的短路保护。

2．控制电路

（1）主轴电动机的控制。按下启动按钮 SB_1，接触器 KM 线圈通电，常开触点闭合自锁，主触点闭合，主轴电动机 M_1 启动。按下停止按钮 SB_2，接触器 KM 线圈断电，主触点断开，主轴电动机 M_1 停转。

（2）冷却泵电动机的控制。当接触器 KM 线圈通电，主触点闭合，主轴电动机 M_1 启动后，合上冷却泵电源开关 SA_2，冷却泵电动机 M_2 启动。

3．照明电路的控制

照明变压器 T 的次级输出安全电压，作为车床低压照明灯电源。EL 为车床的低压照明灯，由开关 SA_1 控制。FU_3 为熔断器，作照明灯电路的短路保护。

9.2.3　车床电路常见故障的排除

车床电路的常见故障有：主轴电动机不能启动；按下启动按钮电动机虽能启动，但放开启动按钮电动机就自行停下来；电动机工作时，按下停止按钮主轴电动机不能停止；冷却泵电动机不能启动工作和照明灯不亮等。

现以 C620 型车床的电气线路为例来说明车床电路常见故障的排除方法。

1．主轴电动机不能启动

（1）电源部分故障。先检查熔断器 FU_1 熔体是否熔断，接线头有无松脱等。若均无异常现象，再用万用表检查电源开关 QS。

（2）电源开关接通后，按下启动按钮 SB_1，接触器 KM 不能吸合，说明故障在控制电路，可能是以下几种情况。

① 热继电器已动作，其常闭触点尚未复位。热继电器动作的原因可能是长期过载、热继电器的规格选配不当、热继电器的整定电流过小等。检查并消除上述故障因素，电动机便可以正常启动。

② 控制电路熔断器熔体熔断，应更换熔体。

③ 启动按钮或停止按钮触点接触不良，应修复或更换控制按钮。

④ 电动机损坏，应修复或更换电动机。

2．松开启动按钮电动机就自行停止

按下启动按钮电动机虽能启动，但松开启动按钮电动机就自行停止。故障原因是接触器 KM 常开触点接触不良或接线头松脱，不能闭合自锁，应检修接触器。

3．按下停止按钮主轴电动机不能停止

（1）接触器 KM 主触点熔焊、被杂物卡住不能断开或线圈有剩磁而造成触点不能复位，应修复或更换接触器。

（2）停止按钮常闭触点被杂物卡住，不能断开，应更换停止按钮。

4．冷却泵电动机不能启动工作

（1）主轴电动机未启动，应先启动主轴电动机。

（2）熔断器 FU_1 熔体熔断，应更换熔体。

（3）开关 SA_2 损坏，应更换开关。

（4）冷却泵电动机损坏，应修复或更换冷却泵电动机。

5．照明灯不亮

（1）照明灯 EL 损坏，应更换照明灯。

（2）照明灯开关 SA_1 损坏，应更换开关。

（3）熔断器 FU_3 熔体熔断，应更换熔体。

（4）照明变压器 T 主绕组或副绕组烧毁，应更换照明变压器。

9.3 磨床控制线路常见故障的分析与排除

9.3.1 平面磨床主要结构

平面磨床是利用砂轮对工件表面进行磨削加工的设备， M7120 型平面磨床的外形结构如图 9-5 所示。

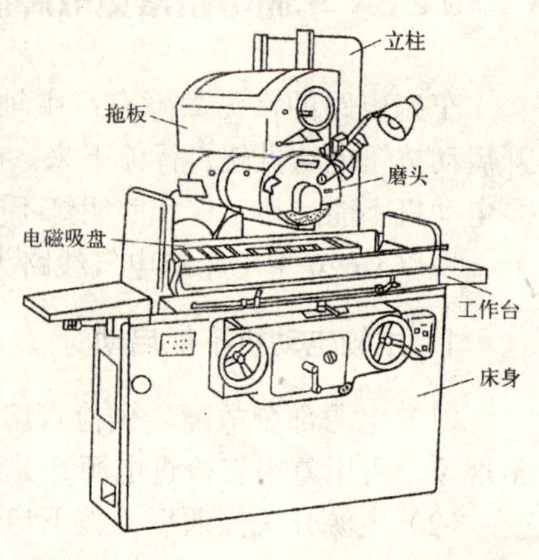

图 9-5 M7120 型平面磨床的外形结构

9.3.2 平面磨床电气控制线路分析

M7120 型平面磨床的电气控制线路分主电路、控制电路、电磁吸盘工作台电路和照明指示灯电路，如图 9-6 所示。

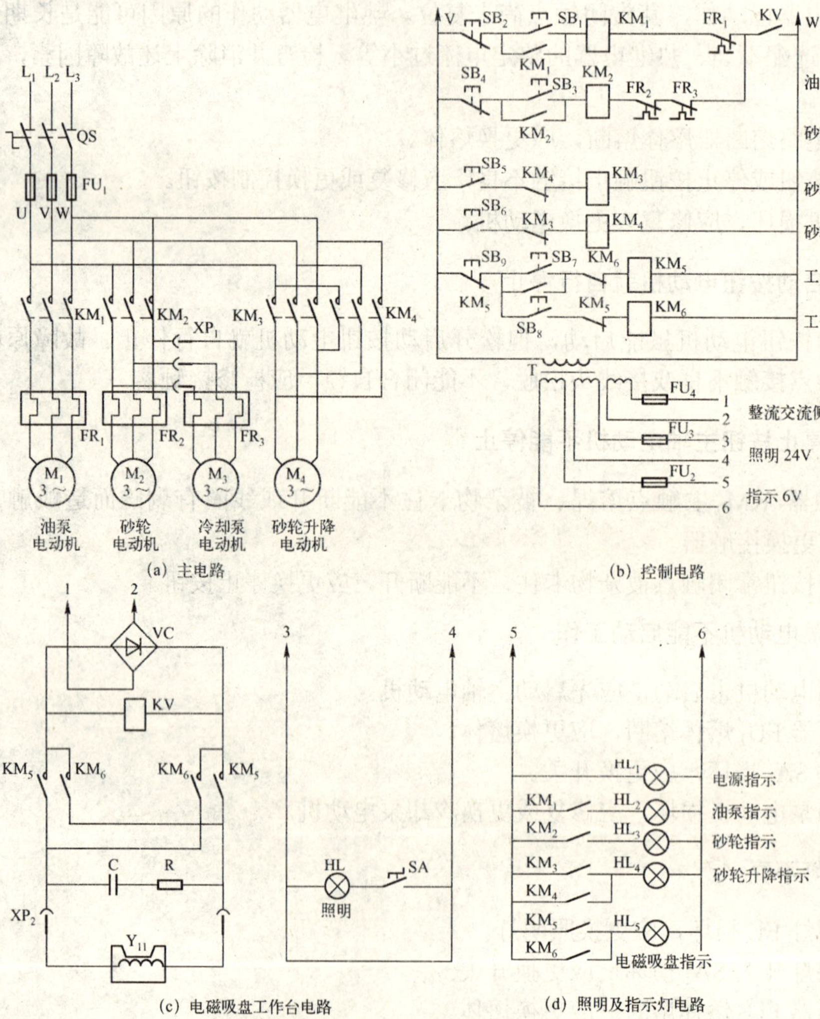

(a) 主电路

(b) 控制电路

(c) 电磁吸盘工作台电路

(d) 照明及指示灯电路

图 9-6 M7120 型平面磨床的电气原理图

M7120 型平面磨床的主要电气设备见表 9-2。

表 9-2　M7120 型平面磨床的主要电气设备

名　称	符　号	名　称	符　号
油泵电动机	M_1	接触器	KM_1
砂轮电动机	M_2	接触器	KM_2
冷却泵电动机	M_3	接触器	KM_3
砂轮升降电动机	M_4	接触器	KM_4
启动按钮	SB_1	接触器	KM_5
停止按钮	SB_2	接触器	KM_6
启动按钮	SB_3	热继电器	FR_1
停止按钮	SB_4	热继电器	FR_2
按钮	SB_5	热继电器	FR_3
按钮	SB_6	整流变压器	T
按钮	SB_7	整流器	VC
按钮	SB_8	欠电压继电器	KV
按钮	SB_9	电阻器	R
电磁吸盘	YH	电容器	C
熔断器	FU_1	熔断器	FU_2
熔断器	FU_3	熔断器	FU_4
电源开关	QS	照明灯开关	SA
接插件	XP_1	接插件	XP_2

1. 主电路

M_1 是油泵电动机，M_2 是砂轮电动机，M_3 是冷却泵电动机，只要求单向旋转，它们分别由接触器 KM_1、KM_2 控制。M_4 是砂轮升降电动机，要求作正反向旋转，由接触器 KM_3、KM_4 控制。

M_1、M_2 和 M_3 是连续工作的，都装有热继电器作过载保护。M_4 是断续工作的，一般不装过载保护。4 台电动机共用一组熔断器 FU_1 作短路保护。

2. 控制电路

控制电路分别控制 4 台电动机。

（1）油泵电动机的控制。合上电源开关 QS，整流变压器 T 供给 135V 交流电压，经整流器 VC 全波整流输出直流电压，欠电压继电器 KV 吸合，常开触点闭合，为 KM_1 和 KM_2 线圈通电作好准备。此时按下启动按钮 SB_1，接触器 KM_1 线圈得电，常开触点闭合自锁，主触点闭合，油泵电动机 M_1 启动，为磨削加工作好准备。热继电器 FR_1 的常闭触点串接在电路中，为 M_1 作过载保护。若要停止油泵电动机 M_1，可按下停止按钮 SB_2，则 KM_1 线圈失电，主触点断开，电动机停转。

（2）砂轮电动机和冷却泵电动机的控制。当油泵电动机 M_1 启动后，按下砂轮电动机

M_2 的启动按钮 SB_3，接触器 KM_2 线圈得电，常开触点闭合自锁，主触点闭合，砂轮电动机 M_2 和冷却泵电动机 M_3 同时启动。若不需要冷却，可将接插件 XP_1 拉出（也可以采用旋转开关）。停车时，按下停止按钮 SB_4，KM_2 线圈失电，主触点断电，砂轮电动机和冷却泵电动机停转。热继电器 FR_2 和 FR_3 的常闭触点都串联在 KM_2 的电路中，只要其中一台电动机过载，就会使 KM_2 线圈失电。

（3）砂轮升降电动机的控制。砂轮升降电动机为点动控制。按下 SB_5 按钮，接触器 KM_3 线圈通电，主触点闭合，电动机 M_4 正转，使砂轮上移。待移到所需位置时，放开 SB_5，KM_3 线圈失电，主触点断电，电动机停转。同理，按下按钮 SB_6 时，砂轮下降，降到合适位置时放开 SB_6，电动机便停转。接触器 KM_3 和 KM_4 的常闭触点相互联锁。因为砂轮升降电动机只在调整加工位置时使用，工作时间较短，所以不用过载保护。

3．电磁吸盘工作台电路

电磁吸盘工作台是用来固定加工零件，以便进行平面磨削，其电路由整流装置、控制装置和保护装置组成。

整流装置由变压器变压后，经全波整流输出 110V 直流电压，供给电磁吸盘 YH。

控制装置由接触器 KM_5、KM_6 和按钮 SB_7、SB_8、SB_9 组成。当需要固定加工件时，按下按钮 SB_7，接触器 KM_5 线圈得电，常开触点闭合自锁，常闭触点闭锁 KM_6，主触点闭合，电磁吸盘线圈得电，产生磁场吸住工件。要取下工件时，先按下 SB_9，KM_5 线圈失电，主触点断电，电磁吸盘线圈失电，再按下 SB_8，接触器 KM_6 线圈得电，主触点闭合，电磁吸盘线圈反向通电进行去磁，然后便可取下工件。去磁控制是点动控制，但目前已有专门的电子去磁控制，其效果更好。

保护装置由放电电阻 R、电容 C 以及欠电压继电器 KV 组成。当电磁吸盘线圈失电时，电阻 R 和电容 C 组成放电回路及时将线圈两端产生的高自感电动势吸收掉，避免损坏线圈及其他元器件。欠电压继电器作欠压保护，当电源电压不足时，欠电压继电器 KV 动作。常开触点断开，油泵电动机和砂轮电动机的控制电路断电，使 KM_1 和 KM_2 线圈失电，主触点断开，油泵电动机和砂轮电动机停转。

4．照明及指示灯电路

HL 为照明灯，由开关 SA 控制，HL_1 为电源指示灯，HL_2 为油泵工作指示灯，HL_3 为砂轮工作指示灯，HL_4 为砂轮升降指示灯，HL_5 为电磁吸盘工作指示灯。

9.3.3 平面磨床电路常见故障的排除

M7120 型平面磨床电路的常见故障有：砂轮电动机不能启动、冷却泵电动机不能启动、油泵电动机不能启动、所有的电动机都不能启动；电磁吸盘没有吸力、电磁吸盘吸力不足；电磁吸盘去磁后工件取不下来等。

1．砂轮电动机不能启动

（1）砂轮电动机前轴瓦磨损，使电动机堵转，应更换轴瓦。

（2）砂轮磨削量太大，使电动机堵转，应减少磨削量。

（3）热继电器 FR_2 规格不对或未调整好，应根据砂轮电动机的额定电流选择并调整热继电器。

2．冷却泵电动机不能启动

（1）接插件 XP_1 损坏，修复或更换接插件。

（2）冷却泵电动机损坏，更换或修复电动机。

3．油泵电动机不能启动

（1）接触器 SB_1 或 SB_2 触点接触不良，修复或更换触点。

（2）接触器 KM_1 线圈烧毁，修复或更换接触器。

（3）油泵电动机烧坏，修复或更换油泵电动机。

4．所有的电动机都不能启动

（1）检查熔断器 FU_1 熔体是否熔断，接头是否松动或烧毁等。若有，则应排除故障点、拧（压）紧松动的接点，更换熔断的熔体。

（2）检查电源开关 QS 触点接触是否良好，接线是否松动脱落，触点上是否沾染油垢等。若有，应重新拧（压）紧松动线头，调节好电源开关触点，使触点间接触良好。

5．电磁吸盘没有吸力

（1）熔断器 FU_1 或 FU_4 熔体熔断，更换熔断的熔体。

（2）接插件 XP_2 损坏，修复或更换接插件。

（3）整流二极管击穿，更换新件。

6．电磁吸盘吸力不足

（1）电磁吸盘线圈局部短路，空载时整流电压较高而接电磁吸盘时电压下降很多（低于 110 V），应修复或更换电磁吸盘。

（2）整流元件损坏，更换新件。

7．电磁吸盘去磁后工件取不下来

（1）去磁电路开路，应检查 SB_8 触点接触是否良好。

（2）接触器 KM_6 线圈损坏，修复或更换接触器线圈。

（3）去磁时间太短，应掌握好去磁时间。

9.4　铣床控制线路常见故障的分析与排除

9.4.1　铣床主要结构

铣床是对工件进行平面、斜面和沟槽加工的设备，X62W 型万能铣床的外形结构如图 9-7 所示。

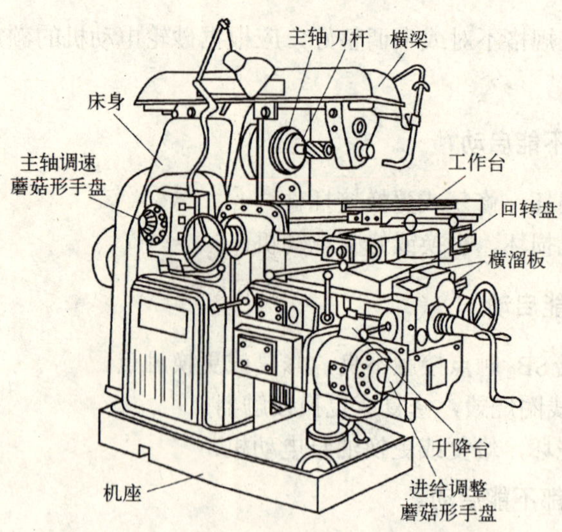

图 9-7 X62W 型万能铣床的外形结构

9.4.2 铣床电气控制线路分析

X62W 型万能铣床的电气控制线路分主电路、控制电路和照明指示灯电路，如图 9-8 所示。X62W 型万能铣床的主要电气设备，见表 9-3。

表 9-3 X62W 型万能铣床的主要电气设备

名　称	符　号	名　称	符　号
主轴电动机	M_1	接触器	KM_1
进给电动机	M_2	接触器	KM_2
冷却泵电动机	M_3	接触器	KM_3
熔断器	FU_1	接触器	KM_4
熔断器	FU_2	热继电器	FR_1
熔断器	FU_3	热继电器	FR_2
熔断器	FU_4	热继电器	FR_3
熔断器	FU_5	转换开头	SA_1
电磁离合器	YC_1	转换开头	SA_2
电磁离合器	YC_2	组合开关	SA_3
电磁离合器	YC_3	组合开关	SA_4
行程开关	SQ_1	停止按钮	SB_1
行程开关	SQ_2	启动按钮	SB_2
行程开关	SQ_3	启动按钮	SB_3
行程开关	SQ_4	启动按钮	SB_4
行程开关	SQ_5	按钮	SB_5
行程开关	SQ_6	按钮	SB_6
降压变压器	T_1	照明灯	EL
降压变压器	T_2	电源开关	QS
照明开关	SA		

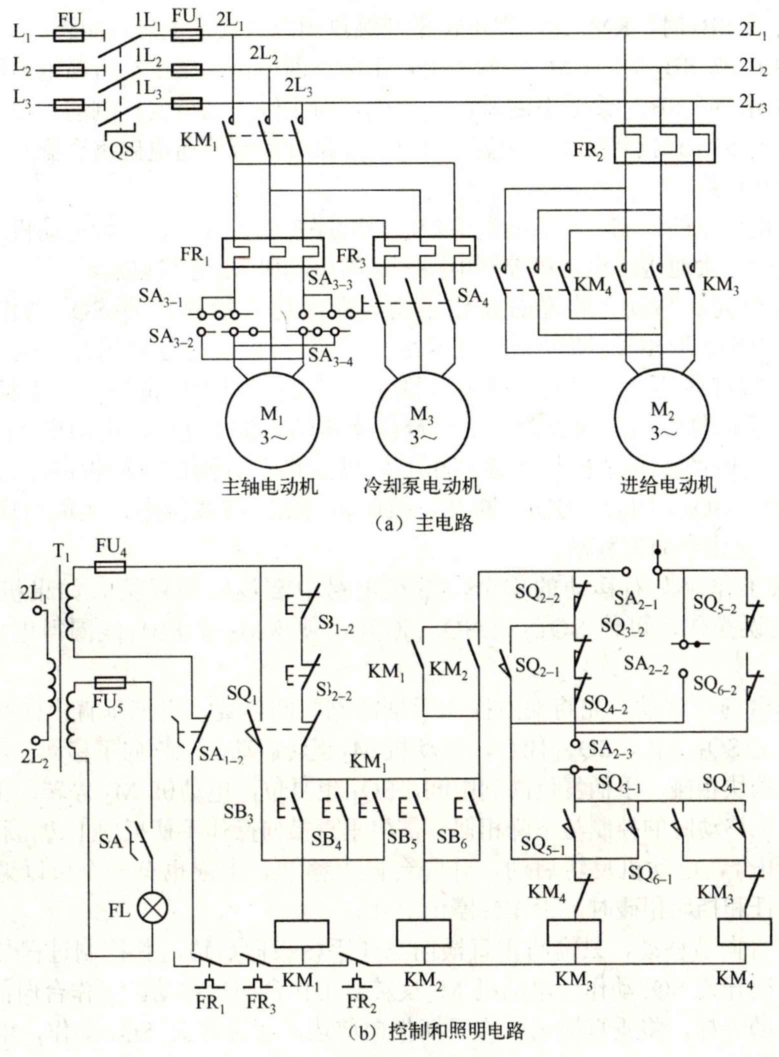

图 9-8　X62W 型万能铣床的电气原理图

1．主电路

M_1 为主轴电动机，带动铣刀进行铣削加工。由于主轴电动机要频繁地正反转，所以用组合开关 SA_3 控制倒相。热继电器 FR_1 为主轴电动机作过载保护，其常闭触点串联在控制电路中。

M_2 为进给电动机，拖动工作台在前后左右及上下移动。热继电器 FR_2 为进给电动机作过载保护，其常闭触点串联在控制电路中。

M_3 为冷却泵电动机。热继电器为冷却泵电动机作过载保护，其常闭触点串联在控制电路中。3 台电动机共用一组熔断器作短路保护。

2．控制电路

控制电路分别为主轴电动机的控制、进给电动机的控制和冷却泵电动机的控制。

（1）主轴电动机的控制。主轴电动机 M_1 有 2 组控制按钮，分别装在工作台和机床身上。启动按钮 SB_3 和 SB_4 并联，停止按钮 SB_1 和 SB_2 串联。接触器 KM_1 控制 M_1，YC_1 是主轴制动用的电磁离合器，SQ_1 是行程开关，用作主轴变轴的冲动开关。

按下 SB_3 或 SB_4 时，KM_1 线圈得电，常开触点闭合自锁，主触点闭合，主轴电动机 M_1 启动。按下 SB_1 或 SB_2 时，KM_1 线圈失电，主触点断电，主轴电动机断电，同时停止按钮的常开触点 SB_{1-2} 或 SB_{2-2} 接通电磁离合器 YC_1，对主轴电动机实行制动。在更换铣刀时，应先把转换开关 SA_1 拨向“换刀”位置，待 SA_{1-1} 常开触点接通电磁离合器并且将主轴电动机制动后再进行更换。

（2）进给电动机的控制。机床的进给控制是顺序控制，只有在主轴电动机启动后，KM_1 的常开触点闭合，接通进给电动机控制电路，进给电动机 M_2 才可以启动。

要使工作台向右移动，将左右操作手柄扳向右边，行程开关 SQ_5 动作，常开触点 SQ_{5-1} 闭合，常闭触点 SQ_{5-2} 断开，接触器 KM_3 线圈得电，主触点闭合，电动机 M_2 正转启动，工作台向右移动，铣刀对工件进行加工。当加工到预定位置时，手柄与工作台上的挡块相碰，手柄复位到中间位置，工作台停止移动，SQ_5 复位，电动机 M_2 停止转动。工作台向左移动时的控制过程与右移动相似，只需将左右操作手柄扳向左边，这时行程开关 SQ_6 动作，SQ_{6-1} 闭合，SQ_{6-2} 断开，接触器 KM_4 线圈得电，主触点闭合，电动机 M_2 反转启动，工作台向左移动。

为了确保工作台左右移动的安全，常在电路中装设联锁保护。如果机床向左或向右进给时发生误操作，可使 SQ_{3-2} 或 SQ_{4-2} 断开，使 KM_3 或 KM_4 线圈得电，电动机 M_2 即停转。

要使工作台向下移动，先将左右操作手柄放到中间位置，再把垂直横向操作手柄扳向下边，行程开关 SQ_3 动作，SQ_{3-1} 闭合，电动机 M_2 正转启动，工作向下移动。当工作台降到预定位置，与挡块相碰，手柄复位回到中间，SQ_3 也复位，电动机 M_2 停转，工作台停止下来。工作台向上移动时的控制与下降相似，需将垂直横向操作手柄扳向上边，行程开关 SQ_4 动作，SQ_{4-1} 闭合，电动机反转启动，升降台向上移动。上限也有一个可以调节位置的挡块，当手柄连杆和挡块相碰时，工作台停止上升。

要使工作台向后移动，只需将垂直横向操作手柄扳向后边，其控制过程与工作台向上移动一样，行程开关 SQ_4 动作，电动机 M_2 反转，工作台向后移动。工作台向前移动的控制过程与向后移动一样，将垂直横向操作手柄扳向前边，行程开关 SQ_3 动作，电动机 M_2 正转，工作台向前移动。

工作台的升降及前后移动控制与工作台左右移动控制之间有联锁保护。将左右操作手柄扳向任一边，行程开关 SQ_{5-2} 或 SQ_{6-2} 动作，接触器 KM_3 或 KM_4 线圈得电，电动机 M_2 即停转。

要使工作台快速移动，先把进给手柄扳向“快进”，按下按钮 SB_5 或 SB_6，接触器 KM_2 线圈得电，常开触点闭合，接通控制电路，使 KM_3 或 KM_4 线圈得电，同时另一个常开触点闭合，接通电磁离合器 YC_3，挂上快进齿轮，使工作台快速移动。当移动到预定位置时，松开按钮 SB_5 或 SB_6，接触器 KM_2 线圈失电，常开触点断开，进给电动机 M_2 停转。同时，YC_2 吸合，YC_3 断开，恢复到原来状态。

（3）冷却泵电动机的控制。冷却泵电动机 M_3 只有在主轴电动机启动后才能启动，它由组合开关 SA_4 控制。

3. 照明电路

照明电路的安全电压为 24V，由降压变压器 T_1 的二次侧输出。EL 为机床的低压照明灯，由开关 SA 控制。FU_5 为熔断器，作照明电路的短路保护。

9.4.3 铣床电路常见故障的排除

铣床电路的常见故障有：主轴电动机不能启动；主轴不能制动；工作台不进给；进给不能变速冲动；工作台向左、向右、向前和向下移动都正常，但不能向上和向后移动；工作台不能快速移动等。

1. 主轴电动机不能启动

（1）控制电路熔断器 FU_4 熔体熔断，更换熔体。

（2）转换开关 SA_1 在制动位置，重新调准位置。

（3）组合开关 SA_3 在停止位置，调节位置。

（4）按钮 SB_1、SB_2、SB_5 或 SB_6 触点接触不良，修复或更换。

（5）行程开关 SQ_1 常闭触点不通，检查修复。

（6）热继电器 FR_1 或 FR_3 动作，检查排除。

2. 主轴不能制动

（1）熔断器 FU_2 或 FU_3 熔体熔断，更换熔体。

（2）电磁离合器 YC_1 线圈断路，修复或更换。

3. 工作台不进给

（1）熔断器 FU_4 熔体熔断，更换熔体。

（2）接触器 KM_3、KM_4 线圈断开或主触点接触不良，修复或更换。

（3）$SQ_{2\text{-}3}$ 触点接触不良、接线松动或脱落。调节触点，使触点间接触良好，拧（压）紧松脱线头。

（4）热继电器 FR_2 常闭触点断开，修复或更换。

（5）操作手柄不在零位，重新调准位置。

4. 工作台向左、向右、向前和向下移动都正常，但不能向上和向后移动

故障原因通常是行程开关 SQ_4 常开触点断开，应检查行程开关 SQ_4，并修复断开故障。

5. 工作台不能快速移动

（1）快速移动按钮 SB_5 或 SB_6 常开触点接触不良或接线松动、脱落，修复使触点间接触良好，并拧（压）紧松脱线头。

（2）接触器 KM_2 线圈断路，修复或更换。

（3）电磁离合器 YC_3 断路，修复或更换。

9.5 镗床控制线路常见故障的分析与排除

9.5.1 镗床主要结构

镗床是对工件进行孔加工的设备，T68 型卧式镗床的外形结构如图 9-9 所示。

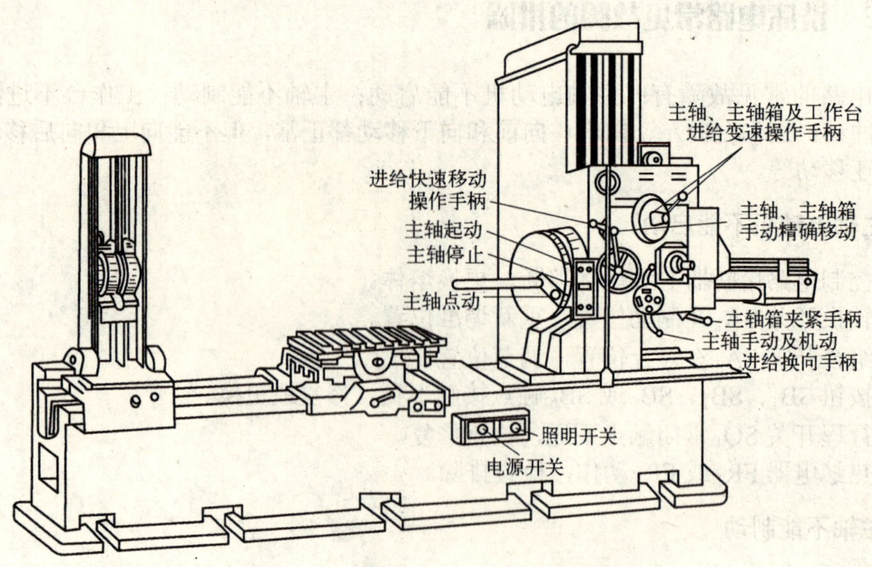

图 9-9　T68 型卧式镗床的外形结构

9.5.2　镗床电气控制线路分析

T68 型卧式镗床的电气控制电路分主电路、控制电路和照明电路，如图 9-10 所示。

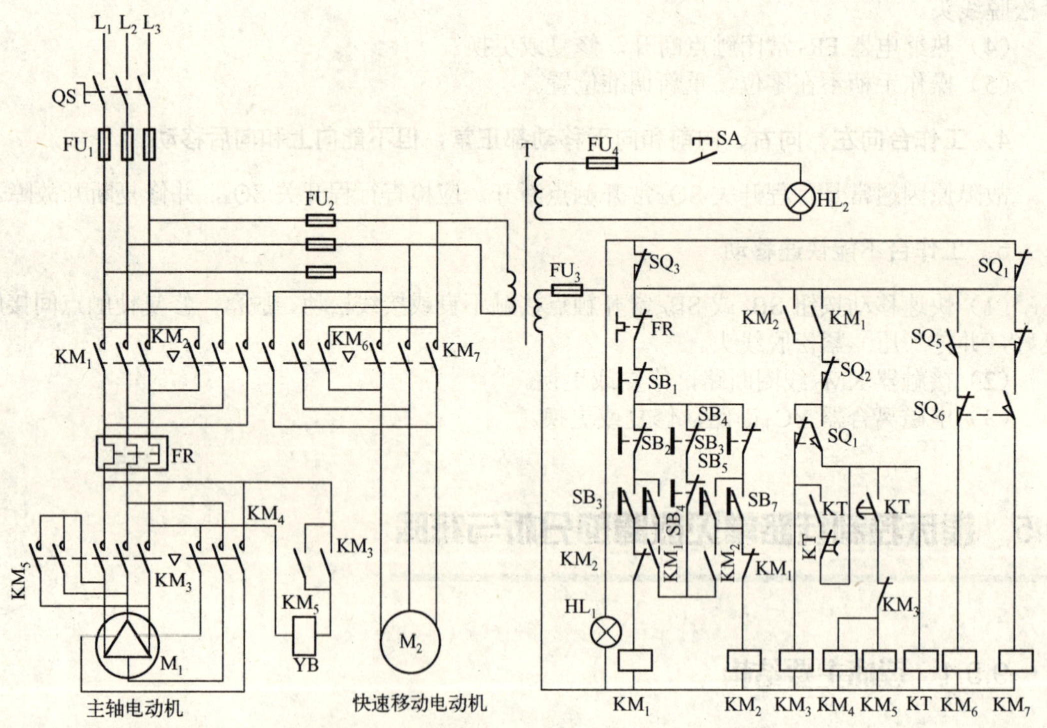

图 9-10　T68 型卧式镗床的电气原理图

T68 型卧式镗床的主要电气设备见表 9-4。

表 9-4　T68 型卧式镗床的主要电气设备

名　称	符　号	名　称	符　号
主轴电动机	M_1	行程开关	SQ_1
快速移动电动机	M_2	行程开关	SQ_2
接触器	KM_1	行程开关	SQ_3
接触器	KM_2	行程开关	SQ_4
接触器	KM_3	行程开关	SQ_5
接触器	KM_4	行程开关	SQ_6
接触器	KM_5	降压变压器	T
接触器	KM_6	热继电器	FR
接触器	KM_7	熔断器	FU_1
时间继电器	KT	熔断器	FU_2
制动电磁铁	YB	熔断器	FU_3
停止按钮	SB_1	熔断器	FU_4
反转启动按钮	SB_2	电源指示灯	HL_1
正转启动按钮	SB_3	照明灯	HL_2
按钮	SB_4	电源开关	QS_1
按钮	SB_5	照明灯开关	SA

1．主电路

M_1 为主轴电动机，通过不同的传动链带动镗轴和平旋盘转动，并带动平旋盘、镗轴、工作台作进给运动。三相交流电源通过电源开关 QS 引入，主轴电动机 M_1 的正反转由接触器 KM_1 和 KM_2 控制，FR 作 M_1 的过载保护。主轴电动机是双速电动机，接触器 KM_3、KM_4 和 KM_5 作△－Y/Y 变速切换。当 KM_3 主触点闭合时，定子绕组为角状接法，M_1 低速运转；当 KM_4、KM_5 主触点闭合时，定子绕组为双星状接法，M_1 高速运转。YB 为主轴制动电磁铁。快速移动电动机 M_2 的正反转由接触器 KM_6 和 KM_7 控制。由于 M_2 为短时工作，故不设过载保护。FU_1 和 FU_2 为熔断器，FU_1 作主电路的短路保护，FU_2 作快速移动电动机 M_2 和控制电路的短路保护。

2．控制电路

（1）主轴电动机的正反转及点动控制。按下正转启动按钮 SB_3，其常开触点闭合，常闭触点断开，接触器 KM_1 线圈得电，常开触点闭合自锁，主触点闭合，M_1 启动正转。按下反转启动按钮 SB_2，其常闭触点断开，常开触点闭合，KM_1 线圈失电，接触器 KM_2 线圈得电，常开触点闭合自锁，主触点闭合，M_1 启动反转。

主轴电动机的点动控制由按钮 SB_4 或 SB_5 控制。当按下 SB_4 或 SB_5 时，其常开触点闭合，线圈得电，同时常闭触点断开，切断的自锁回路，正转或反转。放开按钮后，线圈失电，即停转。

（2）主轴电动机的低速和高速控制。将主轴变速操作手柄扳向低速挡，按下正转启动按钮 SB_3，KM_1 线圈得电，其常开触点闭合自锁，主触点闭合，M_1 为启动作好准备。同时，KM_1 常开触点闭合，KM_3 线圈得电，KM_3 常开触点闭合，使 YB 线圈得电，松开制动轮，KM_3 主触点闭合，将绕组接成角状，电动机低速运转。此时，KM_3 的常闭触点断开，闭锁 KM_4 和 KM_5。

把主轴变速操作手柄扳向高速挡，将行程开关 SQ_1 压合，其常闭触点断开，常开触点闭合。按下正转按钮 SB_3，KM_1 线圈得电，常开触点闭合自锁，主触点闭合，为 M_1 启动作好准备。同时，KM_1 常开触点闭合，时间继电器 KT 线圈得电，其常开触点闭合，KM_3 线圈得电，M_1 绕组接成角状，电动机低速启动。经过一段时间，KT 的常闭触点延时断开，KM_3 线圈得电，主触点断开。此时，KM_3 常闭触点闭合，KT 的常开触点延时闭合，KM_4、KM_5 线圈得电，YB 线圈得电，松开制动轮。同时，KM_4、KM_5 主触点闭合，M_1 绕组接成星状，电动机高速运转。

主轴电动机反转时的低速和高速控制：将主轴变速操作手柄扳向低速挡，按下反转启动按钮 SB_2，其控制过程与正转相同。

（3）主轴电动机的停止和制动控制。按下停止按钮 SB_1，KM_1 或 KM_2 线圈失电，主触点断开，电动机断电。与此同时，制动电磁铁 YB 线圈也失电，在弹簧的作用下对电动机进行制动，使很快停转。

（4）主轴电动机的变速冲动控制。变速冲动是指在主轴电动机变速时，不用停止按钮 SB_1 就可以直接进行变速控制。主轴变速时，将主轴变速操作手柄拉出（与变速操作手柄有机械联系的行程开关 SQ_2 压合，常闭触点断开），或线圈失电，使主轴电动机断电。这时转动变速操作盘，选好速度，再将主轴变速操作手柄推回，SQ_2 复位，电动机重新启动工作。进给变速的操作控制与主轴变速相同，只须拉出进给变速操作手柄，选好进给速度，再将进给变速操作手柄推回即可。

（5）快速移动电动机的控制。镗床各部件的快速移动由快速移动操作手柄控制。扳动快速移动操作手柄（此时行程开关 SQ_5 或 SQ_6 压合），使接触器 KM_6 或 KM_7 线圈得电，快速移动电动机 M_2 正转或反转，带动各部件快速移动。

（6）安全保护联锁。电路中有两个行程开关 SQ_3 和 SQ_4。其中，SQ_3 与主轴及平旋盘进给操作手柄相连，当操作手柄扳到“进给”位置时，SQ_3 的常闭触点断开；SQ_4 与工作台和主轴箱进给操作手柄相连，当操作手柄扳到“进给”位置时，SQ_4 的常闭触点断开。因此，如果任一手柄处于“进给”位置，M_1 和 M_2 都可以启动，当工作台或主轴箱在进给时，再把主轴及平旋盘扳到“进给”位置，主轴电动机 M_1 将自动停止，快速移动电动机 M_2 也无法启动，从而达到联锁保护。

3. 照明电路

照明电路由降压变压器 T 供给 36V 安全电压。HL_1 为电源指示灯，HL_2 为照明灯，由开关 SA 控制。

9.5.3 镗床电路常见故障的排除

镗床电路的常见故障有：主轴电动机不能低速启动或仅能单方向低速运转；主轴能低

速启动但不能高速运转；进给部件不能快速移动等。

1．主轴电动机不能低速启动或仅能单方向低速运转

熔断器 FU_1、FU_2 或 FU_3 熔体熔断，热继电器 FR 动作后未复位，停止按钮触点接触不良等原因，均能造成主轴电动机不能启动。变速操作盘未置于低速位置，使 SQ_1 常闭触点未闭合，主轴变速操作手柄拉出未推回，使 SQ_2 常闭触点断开，主轴及平旋盘进给操作手柄误置于“进给”位置，使 SQ_3 常闭触点断开，或者各手柄位置正确。但压合的 SQ_1、SQ_2、SQ_3 中有个别触点接触不良，以及 KM_1、KM_2 常开触点闭合时接触不良等，都能使 KM_3 线圈不能得电，造成主轴电动机 M_1 不能低速启动。另外，主电路中有一相熔断，KM_3 主触点接通不良，制动电磁铁故障而不能松闸等，也会造成主轴电动机 M_1 不能低速启动。

主轴电动机仅能向一个方向低速运转，通常是由于控制正反转的 SB_2 或 SB_3 及 KM_1 或 KM_2 的主触点接触不良，或线圈断开、连接导线松脱等原因造成的。

上述故障，只要分别采用更换、调整即可修复。

2．主轴能低速启动但不能高速运转

主要原因是时间继电器 KT 和行程开关 SQ_1 的故障，造成主轴电动机 M_1 不能切换到高速运转。时间继电器线圈开路，推动装置偏移、推杆被卡阻或松裂损坏而不能推动开关，致使常闭触点不能延时断开，常开触点不能延时闭合，变速操作盘置于“高速”位置但 SQ_1 触点接触不良等，都会造成 KM_4、KM_5 接触器线圈不能得电，使主轴电动机不能从低速挡自动转换到高速挡运动。

对上述故障的排除方法是：修复故障的时间继电器 KT 或行程开关 SQ_1，更换损坏的部件且调整推动装置的位置。

3．进给部件不能快速移动

快速移动是由快速移动电动机 M_2、接触器 KM_6、KM_7 和行程开关 SQ_5、SQ_6 实现的。当进给部件不能快速移动时，应检查行程开关的触点接触是否良好，KM_6、KM_7 的主触点接触是否良好，另外还要检查机械机构是否正常。

如果行程开关 SQ_5、SQ_6 或 KM_6、KM_7 的主触点接触不良，则应加以修复触点或更换新件；如果是机械机构的问题，则应进行机械调整给予解决。

9.6　钻床控制线路常见故障的分析与排除

9.6.1　钻床主要结构

钻床是对工件进行钻孔加工的设备，Z35 型摇臂钻床的外形结构如图 9-11 所示。

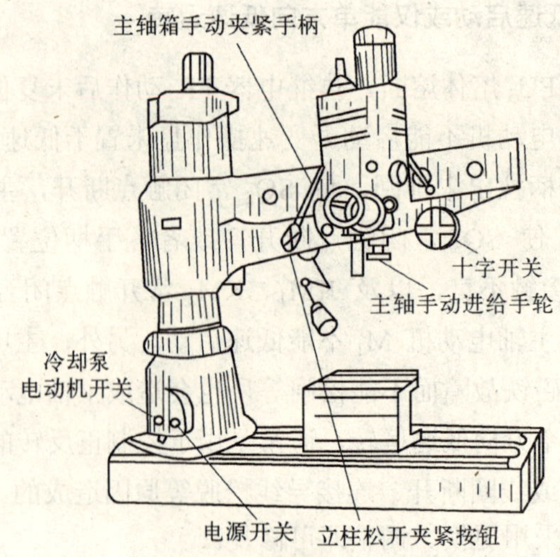

图 9-11　Z35 型摇臂钻床的外形结构

9.6.2　钻床电气控制线路分析

Z35 型摇臂钻床的电气控制电路分主电路、控制电路和照明电路，如图 9-12 所示。

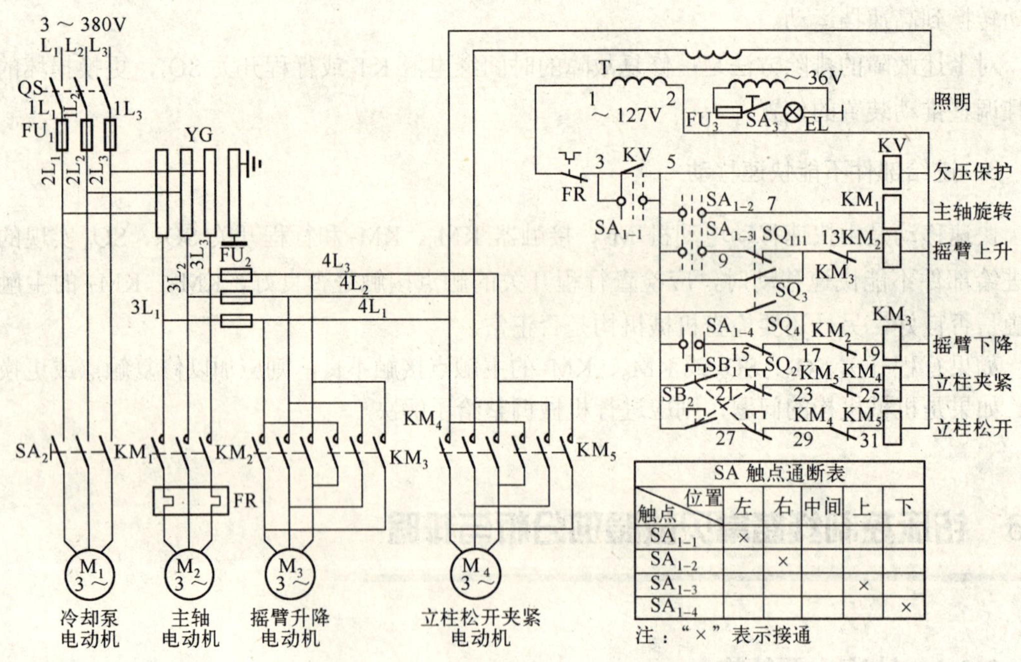

SA 触点通断表

触点＼位置	左	右	中间	上	下
SA_{1-1}	×				
SA_{1-2}		×			
SA_{1-3}				×	
SA_{1-4}					×

注："×"表示接通

图 9-12　Z35 型摇臂钻床的电气原理图

Z35 型摇臂钻床的主要电气设备见表 9-5。

表 9-5　Z35 型摇臂钻床的主要电气设备

名　称	符　号	名　称	符　号
冷却泵电动机	M_1	行程开关	SQ_1
主轴电动机	M_2	行程开关	SQ_2
摇臂升降电动机	M_3	行程开关	SQ_3
立柱松开夹紧电动机	M_4	行程开关	SQ_4
接触器	KM_1	欠电压继电器	KV
接触器	KM_2	热继电器	FR
接触器	KM_3	熔断器	FU_1
接触器	KM_4	熔断器	FU_2
接触器	KM_5	熔断器	FU_3
按钮	SB_1	控制变压器	T
按钮	SB_2	照明灯	EL
十字开关	SA_1	电源开关	QS_1
冷却泵电动机开关	SA_2	汇流环	YG
照明灯开关	SA_3		

1．主电路

M_1 为冷却泵电动机，M_2 为主轴电动机，M_3 为摇臂升降电动机，M_4 为立柱松开夹紧电动机。M_1 装在机床底座上，M_2、M_3、M_4 装在回转部分，并通过汇流环 YG 接入电源。QS_1 是电源开关，SA_2 为冷却泵电动机开关。

2．控制电路

控制电路的电源由 $4L_1$、$4L_2$ 两点引出，由控制变压器 T 把 380V 电压分别降至 127V 和 36V。127V 为控制电路电源，36V 为照明电源。控制电路用十字开关 SA_1 进行控制。

（1）欠压保护回路（1—3—5—2）。按下 QS_1，将 SA_1 置“左”位，SA_1（3—5）接通，欠电压继电器 KV 线圈得电，常开触点闭合自锁，控制电路通电。如果电源断电，KV 常开触点断开，控制电路断电，从而起到欠压保护的作用。

（2）主轴旋转控制回路（1—3—5—7—2）。将 SA_1 置“右”位，SA_{1-2}（5—7）接通，KM_1 线圈得电，主触点闭合，M_2 启动运转；将 SA_1 置“中”位，SA_{1-2} 断开，KM_1 线圈失电，主触点断开，M_2 停转。

（3）换臂升降控制回路（上升控制回路为 1—3—5—9—11—13—2，下降控制回路为 1—3—5—15—17—19—2）。将 SA_1 置“上”位，SA_{1-3} 接通，KM_2 线圈得电，主触点闭合，M_3 正向启动，通过传动机构把摇臂夹紧装置放松，然后带动摇臂上升。同时，机械装置使行程开关 SQ_4 常开触点闭合，为摇臂夹紧做好准备。当摇臂上升到所需高度时，把 SA_1 置“中”位，SA_{1-3} 断开，KM_2 线圈失电，常闭触点闭合，主触点断开，M_3 停转。此时，由于 SQ_4 已闭合，于是 KM_3 线圈得电，主触点闭合，M_3 反向启动，带动摇臂夹紧装置把摇臂夹紧。摇臂夹紧后，SQ_4 断开，KM_3 线圈失电，主触点断开，M_3 停转。若要使摇臂下降，可把 SA_1 置“下”位，其动作情况与上升时类似。控制电路中，SQ_1、SQ_2 作摇臂升降终点保护，以防止升降超过极限位置。

（4）立柱夹紧与松开控制回路（夹紧控制回路为 1—3—5—9—11—13—2，松开控制回路为 1—3—5—27—29—31—2）。立柱的夹紧与松开是靠正反转实现的，它由按钮 SB_1、SB_2 联锁控制。按下 SB_2，KM_5 线圈得电，主触点闭合，M_4 反向启动，通过液压机构把立柱松开；松开 SB_2，KM_5 线圈失电，主触点断开，M_4 停转。调整到所需位置后，按下 SB_1，KM_4 线圈通得电，主触点闭合，M_4 正向启动，通过液压机构把立柱夹紧；松开 SB_1，KM_4 线圈失电，主触点断开，M_4 停转。

3．照明电路

SA_3 为照明灯开关，控制照明灯 EL 的亮或灭。

9.6.3 钻床电路常见故障的排除

钻床电路的常见故障有：主轴电动机不能启动；摇臂升降以后不能完全夹紧；摇臂升降电动机正反向交替运转不停；立柱松开夹紧电动机不能启动；立柱松开夹紧电动机不能停止等。

1．主轴电动机不能启动

（1）熔断器 FU_1 熔体熔断，更换熔体。

（2）十字开关 SA_1 损坏或接触不良，修复或更换开关。

（3）欠电压继电器 KV 常开触点接触不良或接线松脱，应修复或更换继电器。

（4）接触器 KM_1 的主触点接触不良或接线松脱，应修复更换接触器。

2．摇臂升降以后不能完全夹紧

（1）行程开关动触点的位置偏移，致使摇臂升降完毕尚未完全夹紧时，SQ_3 或 SQ_4 过早断开。将行程开关 SQ_3 或 SQ_4 调到适当位置即可排除。

（2）行程开关的齿轮与拔叉上的扇形齿轮的啮合位置产生偏移，当摇臂尚未完全夹紧时，SQ_3 或 SQ_4 就过早断开。将行程开关的齿轮与拔叉上的扇形齿轮的啮合位置适当调整。

3．摇臂升降，电动机正反向交替运转不停

当上升（或下降）到所需位置时，将十字开关扳到“中”位，接触器 KM_2（或下降的接触器为 KM_3）线圈失电，而 SQ_4（下降为 SQ_3）已闭合，所以 KM_3（下降为 KM_2）线圈得电，M_3 反转（下降为正转）将摇臂夹紧，夹紧完毕 SQ_4（下降为 SQ_3）断开，KM_3（下降为 KM_2）线圈失电，M_3 停转。但如果行程开关 SQ_3 和 SQ_4 位置相距太近，由于转动惯性，电动机及传动部分还要运动一段距离，使 SQ_3（下降为 SQ_4）又被接通，接触器 KM_2（下降为 KM_3）线圈得电，M_3 又正转（下降为反转）。如此循环起来，使夹紧与放松重复不停，适当调整行程开关的距离，便可排除故障。

4．立柱松开夹紧，电动机不能启动

（1）熔断器 FU_2 熔体熔断，更换熔体。

（2）SB_1 或 SB_2 触点接触不良，修复或更换按钮。

（3）接触器 KM_4 或 KM_5 触点接触不良，修复或更换接触器。

5．立柱松开夹紧，电动机不能停止

故障原因一般是接触器 KM_4 或 KM_5 的主触点熔焊，出现这类情况应立即断开电源，修复或更换接触器。

【实训项目 22】　机床常见电气故障分析与排除

1．实训要求

结合工厂或学校实践车间的主要动力设备（机床），进行主电路或控制电路人为设置的两个电气自然故障点的分析排除，从而提高学生实际技能和解决问题的能力。

2．实训器材

电工检修工具、仪表及相应的机床或模拟设备（含图纸）。

3．实训步骤（由教师给出项目，学生抽签选定。对于没有机床的学校，可在模拟设备上进行）。

➢ 想一想：操作思路

请你想一想进行故障分析与排除的思路。

➢ 说一说：注意事项

请你说一说故障排除时应注意的事项。

➢ 做一做：故障排除

对机床电气线路故障进行具体排除。

➢ 评一评：实训评价

项目内容	配　分	评分标准					扣　分
故障分折	30	① 图纸中，标不出故障线段或错标在故障回路以外　每个故障点扣 15 分 ② 实际排故中，思路不清楚　每个故障点扣 5～10 分					
排除故障	70	① 不能排除故障　每个故障扣 35 分 ② 扩大故障范围或产生新故障，又不能自行修复　每处扣 35 分					
安全操作	违反安全操作，不给分						
额定检修时间							
开始时间		结束时间		实际时间		成　绩	
备　注	在故障检修中，每超 1min 扣 5 分。 除超时扣分外，各项内容的最高扣分不超过配分数。						

【阅读材料 1】　电器装置（产品）检修质量标准

电器装置（产品）在出厂前都要进行严格的质量检验，对其质量的检验与检修标准如下：

（1）外观整洁，无破损和碳化现象。

（2）所有触点均应完整、光洁，接触良好。

（3）压力弹簧和反作用力弹簧应具有足够的弹力

（4）操纵、复位机构都必须灵活可靠。

（5）各种衔铁运动灵活，无卡阻现象。

（6）整定数值大小应符合电路使用要求。

（7）灭弧罩完整、清洁-安装牢固。

（8）指示装置能正常发出信号。

【阅读材料2】 维修电工初级、中级、高级的工作要求

本标准对初级维修电工、中级维修电工、高级维修电工的技能要求依次递进，高级别包括低级别的要求。初级、中级、高级维修电工的工作要求，以及理论知识、技能操作权重，分别见表9-6、表9-7、表9-8、表9-9、表9-10。

表9-6 初级维修电工

职业功能	工作内容	技能要求	相关知识
工作前准备	（1）劳动保护与安全文明生产	① 能够正确准备个人劳动保护用品 ② 能够正确采用安全措施保护自己，保证工作安全	
	（2）工具、量具及仪器、仪表	能够根据工作内容合理选用工具、量具	常用工具、量具的用途和使用、维护方法
	（3）材料选用	能够根据工作内容正确选用材料	电工常用材料的种类、性能及用途
	（4）读圈与分析	能够读懂CA6140车床、Z35钻床、5t以下起重机等一般复杂程度机械设备的电气控制原理图及接线图	一般复杂程度机械设备的电气控制原理图、接线图的读图知识
装调与维修	（1）电气故障检修	① 能够检查、排除动力和照明线路及接地系统的电气故障 ② 能够检查、排除CA6140车床、Z35钻床等一般复杂程度机械设备的电气故障 ③ 能够拆卸、检查、修复、装配、测试30kW以下三相异步电动机和小型变压器 ④ 能够检查、修复、测试常用低压电器	① 动力、照明线路及接地系统的知识 ② 常见机械设备电气故障的检查、排除方法及维修工艺 ③ 三相异步电动机和小型变压器的拆装方法及应用知识 ④ 常用低压电器的检修及调试方法
	（2）配线与安装	① 能够进行19/0.82（19线段，直径0.82mm）以下多股铜导线的连接并恢复其绝缘 ② 能够进行直径19mm以下的电线铁管摵弯、穿线等明、暗线的安装 ③能够根据用电设备的性质和容量，选择常用电器元件及导线规格 ④ 能够按圈样要求进行一般复杂程度机械设备的主、控线路配电板的配线及整机的电气安装工作 ⑤ 能够检验、调整速度继电器、温度继电器、压力继电器、热继电器等专用继电器 ⑥ 能够焊接、安装、测试单相整流稳压电路和简单的放大电路	① 电工操作技术与工艺知识 ② 机床配线、安装工艺知识 ③ 电子电路基本原理及应用知识 ④ 电子电路焊接、安装、测试工艺方法
	（3）调试		① 电气系统的一般调试方法和步骤 ② 试验记录的基本知识

表9-7 中级维修电工

职业功能	工作内容	技能要求	相关知识
工作前准备	（1）工具、量具及仪器、仪表	能够根据工作内容正确选用仪器、仪表	常用电工仪器、仪表的种类、特点及适用范围
	（2）读圈与分析	能够读懂X62W铣床、MGB1420磨床等较复杂机械设备的电气控制原理图	（1）常用较复杂机械设备的电气控制线路图 （2）较复杂电气图的读图方法

续表

职业功能	工作内容	技能要求	相关知识
装调与维修	（1）电气故障检修	（1）能够正确使用示波器、电桥、晶体管图示仪 （2）能够正确分析、检修、排除 55kW 以下的交流异步电动机、60kW 以下的直流电动机及各种特种电动机的故障 （3）能够正确分析、检修、排除 X62 铣床、MGB1420 磨床等较复杂机械设备控制系统的电路及电气故障	（1）示波器、电桥、晶体管图示仪的使用方法及注意事项 （2）直流电动机及各种特种电动机的结构、工作原理、使用与拆装方法 （3）单相晶闸管的交流技术
	（2）配线与安装	（1）能够按图样要求进行较复杂机械设备的主、控线路配电板的配线及整台设备的电气安装工作 （2）能够按图样要求焊接晶闸管调速器，并能用仪器仪表进行测试	明确电线及电器元件的选用知识
	（3）测绘	能够测绘一般复杂机械设备的电气部分	电气测绘基本方法
	（4）调试	能够独立进行 X62W 铣床、MGB1420 磨床等较复杂机械设备的通电工作，并能正确处理调试中出现的问题，经过测试、调整，最后达到控制要求	较复杂机械设备电气控制调试方法

表 9-8　高级维修电工

职业功能	工作内容	技能要求	相关知识
工作前准备	读圈与分析	能够读懂经济型数控系统、中高频电源、三相晶闸控制系统等复杂机械设备控制系统和装置的电气控制原理图	① 数控系统基本原理 ② 中高频电源电路基本原理
装调与维修	（1）电气故障检修	能够根据设备资料，排除 B2010 龙门刨床、经济型数控、中高频电源、三相晶闸管、可编程序控制器等机械设备控制系统及装置的电气故障	① 电力拖动及自动控制原理基本知识及应用知识 ② 经济型数控机床的构成、特点及应用知识 ③ 中高频电炉或淬火设备的工作特点及注意事项 ④ 三相晶闸管变流技术基础
	（2）配线与安装	能够按图样要求安装带有 80 点以下开关量输入输出的可编程序控制器的设备	可编程序控制器的控制原理、特点、注意事项及编程器的使用方法
	（3）测绘	①能够测绘 X62W 铣床等较复杂机械设备的电气原理图、接线圈及电气元件明细表 ②能够测绘晶闸管触发电路等电子线路并绘出其原理图 ③能够测绘固定板、支架、轴、套、联轴器等机电装置的零件图及简单装配图	① 常用电子元器件的参数标识及常用单元电路 ② 机械制图及公差配合知识 ③ 材料知识
	（4）调试	能够调试经济型数控系统等复杂机械设备及装置的电气控制系统，并达到说明书的电气技术要求	有关机械设备电气控制系统的说明书及相关技术资料
	（5）新技术应用	能够结合生产应用可编程序控制器改造较简单的继电器控制系统，编制逻辑运算程序，绘出相应的电路图，并应用于生产	① 逻辑代数、编码器、寄存器、触发器等数字电路的基本知识 ② 计算机基本知识
	（6）工艺编制	能够编制一般机械设备的电气修理工艺	电气设备修理工艺知识及其编制方法
培训指导	指导操作	能够指导本职业初、中级工进行实际操作	指导操作的基本方法

表9-9 理论知识权重表

<table>
<tr><th colspan="3">模 块</th><th>初级（%）</th><th>中级（%）</th><th>高级（%）</th></tr>
<tr><td rowspan="2">基本要求</td><td colspan="2">职业道德</td><td>5</td><td>5</td><td>5</td></tr>
<tr><td colspan="2">基础知识</td><td>22</td><td>17</td><td>14</td></tr>
<tr><td rowspan="13">相关知识</td><td rowspan="3">工作前准备</td><td>劳动保护与安全文明生产</td><td>8</td><td>5</td><td>5</td></tr>
<tr><td>工具、量具及仪器、仪表</td><td>4</td><td>5</td><td>4</td></tr>
<tr><td>材料选用</td><td>5</td><td>3</td><td>3</td></tr>
<tr><td rowspan="8">装调与维修</td><td>读图与分析</td><td>9</td><td>10</td><td>10</td></tr>
<tr><td>电气故障检修</td><td>15</td><td>17</td><td>18</td></tr>
<tr><td>配线与安装</td><td>20</td><td>22</td><td>18</td></tr>
<tr><td>调试</td><td>12</td><td>13</td><td>13</td></tr>
<tr><td>测绘</td><td>—</td><td>3</td><td>4</td></tr>
<tr><td>新技术应用</td><td>—</td><td>—</td><td>2</td></tr>
<tr><td>工艺编制</td><td>—</td><td>—</td><td>2</td></tr>
<tr><td>设计</td><td>—</td><td>—</td><td>—</td></tr>
<tr><td rowspan="2">培训指导</td><td>指导操作</td><td>—</td><td>—</td><td>2</td></tr>
<tr><td>理论培训</td><td>—</td><td>—</td><td>—</td></tr>
<tr><td colspan="3">合 计</td><td>100</td><td>100</td><td>100</td></tr>
</table>

表9-10 技能操作权重表

<table>
<tr><th colspan="3">模 块</th><th>初级（%）</th><th>中级（%）</th><th>高级（%）</th></tr>
<tr><td rowspan="13">技术要求</td><td rowspan="3">工作前准备</td><td>劳动保护与安全文明生产</td><td>10</td><td>5</td><td>5</td></tr>
<tr><td>工具、量具及仪器、仪表</td><td>5</td><td>10</td><td>8</td></tr>
<tr><td>材料选用</td><td>10</td><td>5</td><td>2</td></tr>
<tr><td rowspan="8">装调与维修</td><td>读图与分析</td><td>10</td><td>10</td><td>10</td></tr>
<tr><td>电气故障检修</td><td>25</td><td>26</td><td>25</td></tr>
<tr><td>配线与安装</td><td>25</td><td>24</td><td>15</td></tr>
<tr><td>调试</td><td>15</td><td>18</td><td>19</td></tr>
<tr><td>测绘</td><td>—</td><td>2</td><td>7</td></tr>
<tr><td>新技术应用</td><td>—</td><td>—</td><td>3</td></tr>
<tr><td>工艺编制</td><td>—</td><td>—</td><td>4</td></tr>
<tr><td>设计</td><td>—</td><td>—</td><td>—</td></tr>
<tr><td rowspan="2">培训指导</td><td>指导操作</td><td>—</td><td>—</td><td>2</td></tr>
<tr><td>理论培训</td><td>—</td><td>—</td><td>—</td></tr>
<tr><td colspan="3">合 计</td><td>100</td><td>100</td><td>100</td></tr>
</table>

注：中级以上“劳动保护与安全文明生产”与“材料选用”模块内容按初级标准考核；高级“工具、量具及仪器、仪表”模块内容按中级标准考核。

【本章小结 9】

动力设备的控制线路常用检查和判断方法有电阻测量法、交流电压检测法和逐步短接法等几种。其中交流电压测量法有分阶测量法和分段测量法两种；逐步短接法有局部短接法和长短线短接法两种。

采用电阻测量法检查和判断故障时，应注意：万用表的挡位选择要正确；被测电路不能与其他电路或负载并联；不能带电操作。

采用交流电压测量法、逐步短接法检查和判断故障时，应注意安全，避免触电。

在机床中，为了确保安全工作常在电路中装设联锁保护。“联锁”是指一个接触器得电动作时，通过其常闭控制触点使另一个接触器不能得电动作。

【思考与练习 9】

1．填空题

（1）动力设备的控制线路常用的检查和判断方法有_____、____和____等。

（2）交流电压测量法分为_____和_____两种。

（3）逐步短接法又分______和_____两种。

（4）用电阻测量法检查和判断故障时，检测前必须_____，不能_____操作，否则会损坏万用表。

（5）采用逐步短接法检查和判断故障时，应______，避免_____。

2．判断题（对打“√”，错打“×”）

（1）用电阻测量法检查和判断故障时，可以带电测量。（　）

（2）用电阻测量法检查和判断故障时，测量电路不能与其他电路或负载并联，否则测量结果不准确。（　）

（3）交流电压测量法可以带电测量。（　）

（4）逐步短接法只能用于检查导线与元器件接触不良的故障，对于负载本身断路或接触不良等不适用。（　）

（5）如果线路中同时有 2 个或 2 个以上的故障点，可以用局部短接法检查。（　）

3．简答题

（1）用电阻测量法检查和判断设备故障时，应注意什么问题？

（2）用交流电压测量法检查和判断设备故障时，应注意什么问题？

（3）用逐步短接法检查和判断设备故障时，应注意什么问题？

（4）试分析 C620 型车床开车后按下停止按钮不能停车的原因？

（5）试分析 M7120 型平面磨床按下启动按钮，砂轮电动机不能启动工作的原因？

（6）试述 X62W 型铣床工作台快速移动的方法。

（7）试分析 T68 型卧式镗床低速能启动，高速不能启动的原因？

（8）对 Z35 型摇臂钻床大修后，试车时出现“十字开关已扳在下降位置上，而摇臂不是下降却是上升”的故障应如何处理，请分析其原因。

（9）有电工为某企业生产机械设计出既能点动又能连续运行，并有短路和过载保护的电气控制线路，如图 9-13 所示，试分析该线路能否正常工作。

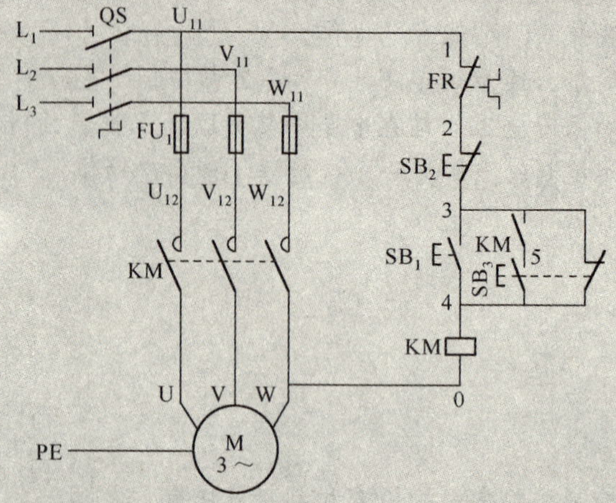

图 9-13 某电工为企业设计的生产机械电气控制线路

附录A 电工图常用图形符号

图 形 符 号	名称及说明	图 形 符 号	名称及说明
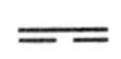	直流	~	交流
	机械、气动、液压连接		热效应
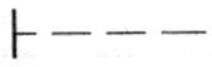	手动控制操作件，一般符号	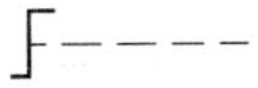	旋转操作
	按动操作		紧急操作，“蘑菇头” 式的
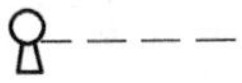	钥匙操作	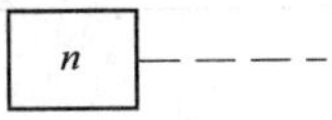 *n*	转速控制
	接地，一般符号	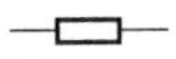	电阻器，一般符号
	可调电阻器	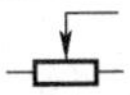	带滑动触点的电位器
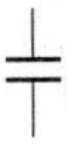	电容器，一般符号		电解电容器
	电感器，线圈，绕组，扼流圈		二极管，一般符号
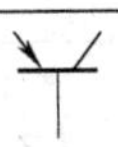	PNP 型三极管		NPN 型三极管
 M	直流电动机	 M 3~	三相鼠笼式异步电动机
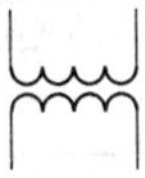	双绕组变压器	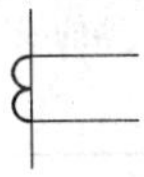	电流互感器 脉冲互感器
	电压互感器		桥式全波整流器
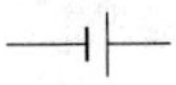	电池 长线代表阳极，短线代表阴极		动合（常开）触点， 可作开关的一般符号

续表

图形符号	名称及说明	图形符号	名称及说明
	动断（常闭）触点		中间断开的双向触点
	当操作器件被吸合时延时闭合的动合触点		当操作器件被释放时延时断开的动合触点
	当操作器件被吸合时延时断开的动断触点		当操作器件被释放时延时闭合的动断触点
	手动操作开关，一般符号		具有动合触点且自动复位的按钮开关
	位置开关，动合触点		位置开关，动断触点
	接触器的主动合触点		具有由内装的测量继电器或脱扣器触发的自动释放功能的接触器
	断路器		隔离开关
	负荷开关（负荷隔离开关）		操作件，一般符号 继电器线圈，一般符号
	缓慢释放继电器的线圈		缓慢吸合继电器的线圈
	热继电器的驱动器件		熔断器
	熔断器式开关		避雷器
V	电压表	A	电流表

续表

图形符号	名称及说明	图形符号	名称及说明
W	功率表	var	无功功率表
$\cos\varphi$	功率因数表		检流计
n	转速表	Wh	电能表
	向上配线		向下配线
	盒（箱），一般符号		连接盒或接线盒
	屏、台、箱、柜，一般符号		动力或动力-照明配电箱
	照明配电箱		按钮，一般符号
	电磁阀		风扇，一般符号
	单相插座		单极开关
	暗装		暗装
	密封（防水）		密封（防水）
	防爆		防爆
	带保护接点插座，带接地插孔的单相插座		双极开关
	带接地插孔的三相插座		三极开关
	单极拉线开关		单极双控拉线开关
	灯或信号灯，一般符号		荧光灯，一般符号
	室内分线盒		室外分线盒
	球形灯		天棚灯
	花灯		壁灯

附录 B　电工图常用基本文字符号

名　　称	新文字符号		旧文字符号
	单　字　母	多　字　母	
直流发电机	G	GD（C）	ZLF，ZF
交流发电机	G	GA（C）	JLF，JF
直流电动机	M	MD（C）	ZD，ZLD
交流电动机	M	MA（C）	JD，JLD
变压器	T		B
自耦变压器	T	TA（U）	ZOB，OB
控制变压器	T	TC*	KB
电压互感器	T	TV*（或 PT）	YH
电流互感器	T	TA*（或 CT）	LH
开关	Q，S	QK	K
刀开关	Q	SCB	DK
组合开关	S	SC（O）	ZK
转换开关	S	QS（F）	HK
负荷开关	Q	QF（S）	
熔断器式刀开关	Q	QF*	DK-RD
断路器	Q	QS*	ZK，DL，GD
隔离开关	Q	SA*	GK
控制开关	S	QG	KK
行程开关	S	SB*	XK，CK
按钮	S		AN
启动按钮	S	SB（T）	QA
停止按钮	S	SB（P）	TA
接触器	K	KM*	C
星形–三角形启动器	K	KS（D）	XJQ，XQ
自耦减压启动器	K	KA（T）	OBQ，BQ
继电器	K		J
电压继电器	K	KV	YJ
过电压继电器	K	KOV	GYJ，GJ
欠电压继电器	K	KUV	QYJ，QJ
电流继电器	K	KA（或 KI）	LJ
过电流继电器	K	KOC	GLJ，GJ
时间继电器	K	KT*	SJ

续表

名 称	新文字符号		旧文字符号
	单 字 母	多 字 母	
热继电器	K（或F）	KR（或FR）	RJ
速度继电器	K	KS（P）	SDJ，SJ
中间继电器	K	KA	ZJ
避雷器	F	FA*	BL
熔断器	F	FU*	RD
二极管	V	VD	D，Z，ZP
三极管，晶体管	V	VT	BG，Tr
晶闸管	V	VT（H）	SCR，KP，KE，Th
稳压管	V	VS	WY，WG，DW
单结晶体管	V	VU	UJT，DJG，BT
场效应晶体管	V	VF（E）	FET
整流器	U	UR	ZL
电阻器	R		R
电位器	R		W
电容器	C		C
电流表	A**	PA	A
电压表	V**	PV	V
功率表	W**	PW	W
无功功率表		var**	
功率因数表		$\cos\varphi$	$\cos\varphi$
检流计	P		G
电磁铁	Y	YA*	DT
电磁离合器	Y	YC*	CLH
电磁阀	Y	YV*	DCF
插头	X	XP*	CT
插座	X	XS*	CZ
信号灯，指示灯	H	HL*	ZSD，XD
照明灯	E	EL*	ZD
电铃	H	HA*	DL
电喇叭，蜂鸣器	H	HA*	FM，LB，JD
端子板，接线座	X	XT*	JX，JZ
红色信号灯	H	HLR	HD
绿色信号灯	H	HLG	LD
黄色信号灯	H	HLY	UD
白色信号灯	H	HLW	BD
蓝色信号灯	H	HLB	AD

注：表中带有“*”号的文字符号为GB7159中规定采用的符号，带“**”的文字符号为GB4728规定图形符号中必须采用的文字符号。

附录 C 常用建筑图例符号

图例	名称	图例	名称
	普通砖墙		自然土壤
	普通砖墙		砂、灰土及粉刷材料
	普通砖柱		普通砖
	钢筋混凝上柱		混凝土
	窗户		钢筋混凝土
	窗户		金属
	单扇门		木材
	双扇门		玻璃
	双扇弹簧门		松土夯实
	高窗		空门洞
	不可见孔洞		墙内单扇推拉门
	可见孔洞		污水池
0.000	标高符号（用 m 表示）	上 下 上 下	楼梯 底层 中间层 顶层
1 24	轴线号与附加轴线号		

附录 D　电工职业技能岗位鉴定习题

1．判断题（对打“√”，错打“×”）

（1）导体的电阻只与导体的材料有关。（　）

（2）40W 的灯泡，每天用电 5h，5 月份共用电 6kWh。（　）

（3）在用兆欧表测试前，必须使设备带电，这样，测试结果才准确。（　）

（4）单相电能表的额定电压一般为 220V、380V、660V。（　）

（5）试电笔能分辨出交流电和直流电。（　）

（6）橡胶、棉纱、纸、麻、蚕丝、石油等都属于有机绝缘材料。（　）

（7）导线接头接触不良往往是电气事故的来源。（　）

（8）为了用电安全，我们一定要牢记“相线（俗称‘火线’）进开关，零线（俗称‘地线’）进灯头”的法则。（　）

（9）电气故障寻迹前，一定要做到“先切断电源、后操作”。（　）

（10）电能表（电度表）是一种测量电功率的仪表。（　）

（11）黑胶布可用于 500V 以下的电线绝缘恢复。（　）

（12）熔断器是电气设备中作短路保护的装置。（　）

（13）为了用电安全，应在三相四线制电路的中性线上安装熔断器。（　）

（14）熔断器安装时，应做到下一级熔体比上一级熔体小。（　）

（15）导线羊眼圈的绕制方向是逆时针的。（　）

（16）良好的导线连接，其接头机械拉力不得小于原导线机械拉力的 80%。（　）

（17）安装的扳把开关规定：扳把向下为电路接通；扳把向上为电路断开。（　）

（18）为了不使接头处承受灯具的重力，吊灯电源线在进入挂线盒后，在离接线端头 50mm 处一定要打个保险结（即电工结）。（　）

（19）采用螺口灯座时，应将相（火）线接顶芯极，零线接螺纹极，否则容易发生触电事故。（　）

（20）线路敷设时的预留线端长度一般为 200～300mm。（　）

（21）使用万用表测量电阻，每换一次欧姆挡都要把指针调零一次。（　）

（22）电烙铁的保护接线端可以接线，也可不接线。（　）

（23）装接地线时，应先装三相线路端，然后装接地端；拆时相反，先拆接地端，后拆三相线路端。（　）

（24）经常反转及频繁通断工作的电动机，宜用热继电器来保护。（　）

（25）检查低压电动机定子、转子绕组各相之间和绕组对地的绝缘电阻，用 500V 绝缘电阻测量时，其数值不应低于 0.5MΩ，否则应进行干燥处理。（　）

2．填空题

（1）我国住宅的电源电压一般为 __ V，频率为____Hz。

（2）万用表的是一种用来测量 ___、____、____和 ___的测仪表。

（3）判断电气设备（如电动机）绝缘性能的仪表叫 __ 。在使用时，应用单股导线将仪表的 ____ 端与设备外壳相连接，仪表的____端与设备的待测部位相连接。

（4）电力部门规定：设备对地电压为____V 及____V 以下者，为安全电压。

（5）电器设备发生故障，一般应先______ ，用_____ 验电，确认无电后才能进行检查工作。

（6）凡单相三芯插座，其插座的上孔接___，插座下面的 2 个孔分别接___和____（即左孔接 ____，右孔接 ____ ），不能接错。

（7）配电箱的安装，有 ____ 和 ____ 等方式。

（8）采用挂式安装配电箱时，箱底距地间为 ____（除特殊要求外），箱（板）垂直安装偏差不大于____ 。

（9）导线绝缘层的剥离方法有_____、_____ 和 _____ 等几种。

（10）所谓导线绝缘层的“恢复”，是指将破坏或连接后的导线连接处，用绝缘材料（如胶布）重新进行恢复绝缘的工艺过程。电工通常采用的方法是：_____ 。

（11）电气图包括____、____、____、____。

（12）_______可以将同一电气元件分解为几部分，画在不同的回路中，但以同一文字符号标注。

（13）用符号表示成套装置、设备或装置的内外部各种连接关系的一种简图称为_____。

（14）电工常用的仪表除电流表、电压表外，还有_____、_____、_____。

（15）万用表由____、____、____部分组成。

（16）兆欧表也称____，是专供测量____用的仪表。

（17）一般情况下，低压电器的静触头应接_____，动触头接_____。

（18）母线相序的色别规定，L1 相为___颜色，L2 相为__颜色，L3 相为____颜色，其中接地零线为 __颜色。

（19）导线连接有_____、____、______三种方法。

3．选择题

（1）一般钳形表实际上是由一个电流互感器和 一个交流（　　）的组合体。

A．电压表　　B．电流表　　C．频率表

（2）电动机额定功率的单位是（　　）。

A．kVA　　B．kW　　C．kvar

（3）延边角状连接启动法，将定子绕组的一部分接成星状。另一部分接成角状，采用此法启动的电动机共有（　　）抽头。

A．3 个　　B．6 个　　C．9 个　　D．12 个

（4）用万用表 $R\times100\Omega$档测量一只晶体管各极间正反向电阻，如果都呈现很小的阻值，则这只晶体管（　　）。

A．越大越好　　B．越小越好　　C．不大则好

（5）用万用表欧姆挡测量二极管的极性和好坏时，应把欧姆挡拨到（　　）。

A．R×100Ω或R×1 kΩ挡　　B．R×1Ω挡　　C．R×10 kΩ挡

（6）二极管桥式整流电路，需要（　　）二极管。

A．2只　　B．4只　　C．6只　　D．1/3只

（7）隔离开关的主要作用是（　　）。

A．断开负荷电路　　B．断开无负荷电路　　C．断开短路电流

（8）室内吊灯高度一般不低于（　　）m，户外照明灯具不应低于（　　）m。

A．2　　B．2.2　　C．2.5　　D．3　　E．3.5

（9）绑扎用的线应选用与导线相同金属的单股线，其直径不应小于（　　）。

A．1.5 mm　　B.2 mm　　C．2.5mm

（10）直埋电缆与热力管道交叉时，应大于或等于最小允许距离，否则在接近或交叉点前1m范围内，要采用隔热层处理，使周围土壤的温升在（　　）以下。

A．5℃　　B．10℃　　C．15℃

（11）在正常情况下，绝缘材料也会逐渐因（　）而降低绝缘性能。

A．摩擦　　B．老化　　C．腐蚀

（12）电器设备未经验电，一律视为（　　）。

A．有电，不准用手触及　　B．无电，可以用手触及　　C．无危险电压

（13）旋转电动机着火时，应使用（　　）、（　　）、（　　）和（　　）等灭火。

A．喷雾水枪　　B．二氧化碳灭火机

C．泡沫灭火机　　D．黄沙　　E．干粉灭火机

F．四氯化碳灭火机　　G．二氟-氯-溴甲烷

（14）如果触电者心跳停止而呼吸尚存，应立即对其施行（　　）急救。

A．仰卧压胸法　　B．仰卧压背法

C．胸外心脏按压法　　D．口对口呼吸法

（15）电工操作前，必须检查工具、测量仪器、绝缘用具是否灵敏可靠，应（　　）失灵的测量仪表和绝缘不良的工具。

A．禁止使用　　B．谨慎使用　　C．视工作急需，暂时使用

（16）如果线路上有人工作，停电作业时应在线路开关和刀闸操作手柄上悬挂（　　）的标志牌。

A．止步，高压危险　　B．禁止合闸，线路有人工作　　C．在此工作

（17）三相异步电动机空载运行时，其转差率为（　　）。

A．S=0　　B．S=0.004～0.007

C．S=0.01～0.07　　D．S=1

（18）三相异步电动机的额定功率是指（　　）。

A．输入的视在功率　　B．输入的有功功率

C．产生的电磁功率　　D．输出的机械功率

（19）三相异步电动机机械负载加重时，其定子电流将（　　）。

A．增大　　B．减小　　C．不变　　D．不一定

（20）三相异步电动机启动转矩不大的主要原因是（ B ）。

A．启动时电压低　　B．启动时电流不大

C．启动时磁通少　　D．启动时功率因数低

4．名称解释

（1）三相交流电

（2）相序

（3）跨步电压

（4）接地线

（5）遮拦、标示牌

5．问答题

（1）对室内布线有哪些要求？

（2）对导线的连接有哪些基本要求？

（3）对接地装置的一般要求有哪些？

（4）如何查找电动机过载的主要原因？

（5）Y-△启动的工作原理是什么？它选用什么样的电动机？

（6）什么叫欠压保护？什么叫失压保护？什么叫制动？

（7）采取哪些措施可以防止触电事故的发生？

（8）如何进行触电现场急救？

（9）发生电气火灾时如何扑救？

6．作图与操作题

（1）某生产机械要求既能点动又能连续运行，并有过载保护，画出电动机控制电路图，并在实训板上进行电器件安装和线路连接。

（2）画出三相异步电动机双重联锁正反转控制电路图，要求有过载保护，并在实训校上进行电器件安装和线路连接。

（3）画出利用行程开关控制的三相异步电动机正反转控制电路图，并在实训校上进行电器件安装和线路连接。

（4）画出三相异步电动机单向启动、反接制动的控制电路图，并在实训校上进行电器件安装和线路连接。

（5）有两台电动机 M_1 和 M_2，要求：

① M_1 先启动，经过一定延时后，M_2 才能启动。

② M_2 启动后，M_1 立即停转。

画出其电气控制电路图，并在实训板上进行电器件安装和线路连接。